AF510408

FORTSCHRITTE DER PHYSIKALISCHEN CHEMIE

FORTSCHRITTE DER PHYSIKALISCHEN CHEMIE

HERAUSGEGEBEN VON

PROF. DR. W. JOST · GÖTTINGEN

BAND 6

FORTSCHRITTE IN DER KINETIK DER HOMOGENEN GASREAKTIONEN

DR. DIETRICH STEINKOPFF VERLAG

DARMSTADT 1961

FORTSCHRITTE IN DER KINETIK DER HOMOGENEN GASREAKTIONEN

VON

PROF. DR. Z. G. SZABÓ

Direktor des Institutes für Anorganische und
Analytische Chemie der Universität Szeged (Ungarn)

Mit 15 Abbildungen und 53 Tabellen

DR. DIETRICH STEINKOPFF VERLAG

DARMSTADT 1961

ISBN-13: 978-3-7985-0188-1 e-ISBN-13: 978-3-642-86742-2
DOI: 10.1007/978-3-642-86742-2

Alle Rechte vorbehalten

Kein Teil dieses Buches darf in irgendeiner Form
(Fotokopie, Mikrofilm oder ein anderes Verfahren)
ohne schriftliche Genehmigung des Verlages reproduziert werden.

Copyright 1961 by Dr. Dietrich Steinkopff Verlag, Darmstadt

Zweck und Ziel der Sammlung

Die vorliegende Monographienreihe verdankt ihre Entstehung u. a. der Initiative H. Ulichs. Sie wird in anspruchslosen kleinen Bändchen die heutigen Kenntnisse aus verschiedenen Zweigen unseres Faches darstellen. Der in Industrie, Forschung oder Lehre tätige Wissenschaftler kann daraus den neuesten Stand eines Gebietes kennenlernen, der Studierende Ergänzungen über den knappen Rahmen vorhandener Lehrbücher hinaus finden. Auch mag diese Reihe in gewissem Sinne sich zu einem flexiblen Ersatz nicht existierender Handbücher entwickeln.

Herausgeber und Verlag

MAX BODENSTEIN

DEM ALTMEISTER DER REAKTIONSKINETIK

MEINEM LEHRER

Vorwort

Vor etwa 20 Jahren ist das Buch von H. J. SCHUMACHER: „Chemische Gasreaktionen“ im Verlag von THEODOR STEINKOPFF (Dresden und Leipzig) erschienen. Es hat die bis dahin gesammelten experimentellen Ergebnisse der Kinetik homogener Gasreaktionen kritisch und knapp zusammengefaßt und Wege zur theoretischen Behandlung chemischer Reaktionen aufgezeigt. Was von der damaligen Literatur im SCHUMACHERschen Buch nicht berücksichtigt wurde, hat meist auch später keine Bedeutung erlangt. Während der vergangenen zwei Jahrzehnte hat die Reaktionskinetik auch auf dem Gebiet der homogenen Gasreaktionen bedeutende Ergebnisse erzielt, obwohl die Entwicklung durch den Zweiten Weltkrieg nicht gleichmäßig war. Über diese Fortschritte wurden in der angelsächsischen und sowjetischen Literatur zusammenfassende Berichte veröffentlicht, so von LAIDLER, FROST und PEARSON, von TROTMAN-DICKENSON, sowie von STEACIE, SEMENOV, KONDRATJEW und BENSON.

Der gegenwärtige Band wünscht dem deutschsprachigen Leserkreis ein Spiegel dieser Entwicklung zu sein und die Fortschritte zusammenzufassen. Im Gegensatz zu den oben erwähnten Werken ist es nicht das Ziel dieses Berichtes, die mehr oder weniger bekannten Grundbegriffe und Reaktionen zu behandeln, vielmehr möchte er sich bescheiden, einen Blick auf die seit 1938 gewonnenen Erkenntnisse zu werfen. Der stoffliche Inhalt baut sich also auf dem SCHUMACHERschen Buch auf.

Das zu behandelnde Material ist auch so umfangreich. Vernünftige Grenzen waren bei der Auswahl des Stoffes im Auge zu behalten. So wurden die photochemischen, im allgemeinen die strahlungschemischen Vorgänge und die Isotopenreaktionen nicht mitaufgenommen, oder nur dann, wenn deren Ergebnisse zur Aufklärung der Mechanismen homogener thermischer Gasreaktionen beizutragen schienen. So wurden auch die Oxydationsreaktionen weggelassen, die ein großes Sonderkapitel der Reaktionskinetik insbesondere bei Einschluß der Flammen und Detonationen bilden. Andererseits konnte man die Besprechung von Wand-Reaktionen nicht außer acht lassen, da sie bei fast allen homogenen Gasreaktionen eine mehr oder weniger große Rolle spielen können.

Obwohl das Hauptgewicht der Behandlung auf den experimentellen Ergebnissen liegt, besteht das Buch aus zwei Teilen. Im ersten, allgemeinen Teil wurden solche experimentellen Ergebnisse zusammengefaßt, welche die im Paragraphentitel angegebenen theoretischen Beziehungen stützen oder illustrieren. Hier werden Verfahren und Ergebnisse nach allgemeinen Gesichtspunkten behandelt. Im zweiten, experimentellen Teil war mein Streben, die wichtigsten Versuchsergebnisse systematisch wiederzugeben. Ein Überblick über die gesamte einschlägige Literatur, auch nur in Form von bloßen Literaturzitaten, hätte den Rahmen des Buches überstiegen. Deshalb wurde das Hauptgewicht auf das Referieren neuer Resultate gelegt und solche Mitteilungen unter Umständen außer acht gelassen, die zwar nach 1938 veröffentlicht wurden, aber durch das Erscheinen neuerer und genauerer Arbeiten viel von ihrer Aktualität verloren haben. So kann dieses Buch keinesfalls als eine vollständige Zusammenfassung der Literatur über homogene Gasreaktionen der letzten zwei Jahrzehnte betrachtet werden.

Beim Sammeln des Stoffes und Redigieren des Buches hatte ich die Hilfe meines Mitarbeiters Dr. T. Bérces. Den Paragraphen A. 2. 2. stellte Herr Dozent Dr. P. Huhn zusammen. Die sprachliche und redaktionelle Vorbereitung für den Druck besorgten mit großem Verständnis die Herren H. Formanek und K. W. Michel, beide Göttingen. Ihnen sei auch hier gedankt.

Szeged, Herbst 1960

Z. G. Szabó

Inhaltsverzeichnis

Einleitung

Die ursprüngliche Aufgabe der Reaktionskinetik, die Bestimmung der Geschwindigkeit des chemischen Geschehens, hat sich im Laufe der Entwicklung vertieft und erweitert. Über die Feststellung der Reaktionsordnung hinaus werden Wesen und Einzelheiten des Reaktionsmechanismus untersucht, d. h. diejenigen elementaren Vorgänge, aus denen die Bruttoveränderung zusammengesetzt ist. Auch diese Untersuchung kann auf zwei Arten gestaltet werden: einerseits formal, wenn nur die Typen der Elementarreaktionen festgestellt werden, andererseits mehr in die Tiefe greifend, wenn die in den einzelnen Elementarschritten vorkommenden Stoffe, Atome und Molekeln in Betracht gezogen werden. Diesen zweiten, tiefergehenden Teil der Erforschung des Mechanismus bezeichnet man zweckmäßig als Untersuchung des Chemismus der Reaktionen.

Die Kenntnis der Mechanismen der Vorgänge ist einerseits von großer praktischer Bedeutung, denn sie gibt die theoretische Möglichkeit zur Regelung und Lenkung technischer Verfahren. Andererseits ist sie aber auch von theoretischer Wichtigkeit, denn mit den charakteristischen Daten der Elementarvorgänge ist man imstande, die aus diesen zusammengesetzten Bruttoreaktionen zu beschreiben. Große theoretische Bedeutung haben kinetische Untersuchungen auch bei der Frage nach der Bindungsstärke; denn dadurch kommen wir der Bestimmung der Reaktivität näher. Immerhin stehen theoretische und praktische Forschungen in Wechselwirkung, da die technischen Vorgänge oft theoretische Untersuchungen anregen; andererseits hat z. B. die Kenntnis der Bindungsstärke viel zur Lösung von Reaktionsmechanismen beigetragen.

Bis zum Beginn des zweiten Weltkrieges waren zahlreiche Reaktionen erforscht, viele Mechanismen geklärt und eine beträchtliche Zahl elementarer Geschwindigkeitskonstanten gemessen. Während des Krieges wurden in erster Linie Verbrennungs- und Explosionsvorgänge untersucht. In der Literatur der Nachkriegszeit ist es aber augenfällig, daß die Forschung mehr nach der tieferen Beherrschung einiger typischer Reaktionen strebt.

In der Entwicklung der Kinetik homogener Gasreaktionen herrschte zeitweilig die Untersuchung von Zerfallsreaktionen vor. In diesen Vorgängen können freie Radikale vorkommen, deren Entstehungs- sowie Reaktionsmöglichkeiten man hier leichter studieren kann. Diese Reaktionen liefern manchmal eine unmittelbare Möglichkeit für die Bestimmung von Bindungsstärken, nicht zu reden von den in vielen Fällen sehr bedeutsamen, praktischen Anwendungen.

Die Zahl der wirklich einfachen Vorgänge verringerte sich in den letzten zwei Jahrzehnten in großem Maße, da viele Reaktionen verkappte Kettenmechanismen enthielten. Dies macht neben der Kennzeichnung durch die Reaktionsordnung eine neue Art der Systematisierung notwendig.

Die Analyse zusammengesetzter chemischer Vorgänge ist im allgemeinen keine leichte Aufgabe. Die Aufstellung des Mechanismus aus den experimentell gemessenen kinetischen Angaben ist oft nicht eindeutig und erfordert in jedem Falle umständliche Rechnungen. Moderne Rechen- und Analysentechnik könnten hier weiterhelfen.

ALLGEMEINER TEIL

Kapitel 1

Einige allgemeine Bemerkungen zur Kinetik der Gasreaktionen

Gasreaktionen, besonders homogene Gasreaktionen, sind insofern von großer Bedeutung, als sich die kinetischen Gesetze bei ihnen am reinsten offenbaren. So ist es verständlich, daß die wesentlichsten allgemeinen Gesetzmäßigkeiten der Reaktionskinetik, wie z. B. die Theorie der absoluten Reaktionsgeschwindigkeit, besonders für die homogenen Gasreaktionen anwendbar sind.

Grundsätzlich wichtig ist das Problem des aktiven Komplexes. Die Aufbauregeln werden in der Theorie der absoluten Reaktionsgeschwindigkeit nur allgemein festgesetzt, und wenig Konkretes wird über den Zerfall des aktiven Komplexes ausgesagt [vgl. z. B. die Kritik von Benson (1) und dazu Slater (2)].

Die Theorie der unimolekularen Reaktion ist auch weiterhin ein Zentralproblem der Reaktionskinetik. Die Hauptfrage ist, wie aus experimentell aufgenommenen Druckkurven der Reaktionsgeschwindigkeit weitere Auskünfte über den aktiven Zustand und seine Zerfallsgeschwindigkeit zu gewinnen seien (3, 4). Die Kenntnis der Schwingungen des aktiven Komplexes ist ausschlaggebend, denn bei einem aktiven Komplex von gegebener Gestalt wird die Stelle der Dissoziation von den Schwingungen bestimmt. Darauf hat die Art der Aktivierung einen wesentlichen Einfluß [vgl. Norrish (5)] Der Zerfall eines Ketons oder Aldehyds kann beispielsweise auf zwei Wegen verlaufen. Nach dem einen Typ bilden sich zwei Radikale, die eine längere oder kürzere Kette einleiten. Nach dem zweiten Typ reißt die α–β-Bindung und es bildet sich ein Olefin. Die Versuche beweisen, daß der Vorgang vom zweiten Typ eine größere Aktivierungsenergie benötigt, was in den photochemischen Vorgängen also der Absorption kürzerer Wellenlänge entspricht (siehe Kap. 3. § 1).

Für die Struktur des aktiven Komplexes und seinen Zerfall in die Endprodukte spielt die Bindungsstärke eine ausschlaggebende Rolle. Substituenten verändern die Ladungsverteilung und damit auch die Bindungsstärke, letzten Endes die Reaktionsfähigkeit. So haben Smith und Eyring (6) die Ladungsverteilung in halogenierten aliphatischen Kohlenwasserstoffen und in Halogenwasserstoffen berechnet und diese Daten mit den Aktivierungsenergien verglichen, welche diese Halogenverbindungen in Natriumflammen gezeigt haben.

Analoge Betrachtungen haben SUTTON und Mitarb. (7) über den Einfluß der Bindungslänge in homologen Verbindungen auf deren Reaktionsfähigkeit angestellt. Weitere Daten über die Abhängigkeit der Reaktionsfähigkeit von den molekularen Parametern bei der Pyrolyse von Estern wurden von SMITH und WETZEL (8) veröffentlicht.

Leider sind wir heute noch immer weit davon entfernt, die Bindungsstärken im aktiven Komplex und dessen Schwingungszustände zu kennen. So können wir nicht vorhersagen, welche Bindungen des aktiven Komplexes bevorzugt getrennt oder welche Reaktionsprodukte gebildet werden. Wenn dagegen die Reaktionsprodukte bekannt sind, ist es möglich daraus rückwärts nicht nur auf die dissoziierende Bindung, sondern auch auf die Struktur des aktiven Komplexes zu schließen. Diese Tatsache wird durch eine Regel der Reaktionskinetik ausgedrückt, gelegentlich RICE-TELLERsches Prinzip (9) oder Prinzip der kleinsten Bewegung genannt. Ein reagierendes System wird auf demjenigen Reaktionswege fortschreiten, auf dem die Aktivierungsenergie die kleinste ist. Wenn sich die Atome aus dem Anfangszustand zum Übergangszustand bewegen, ist eine Energieaufnahme nötig, die um so höher ist, je mehr die Bindungen gestreckt werden. Es ist vorteilhaft, wenn der Übergangskomplex so gebildet werden kann, daß in den Lagen der Atome verhältnismäßig kleine Verschiebungen, insbesondere möglichst kleine Änderungen der Bindungslängen auftreten.

In diesem Sinne wurden die Reaktionen der Wasserstoffabspaltung durch Radikale, wo beispielsweise $R + C_2H_6 \rightarrow RH + CH_3CH_2$ gegenüber $R + CH_3CH_3 \rightarrow R - CH_3 + CH_3$ bevorzugt ist (9), und einige Zerfallsreaktionen (10) von RICE und TELLER diskutiert.

Eine andere Regel, die bei der Aufstellung von Mechanismen zusammengesetzter Vorgänge gute Dienste leistet, ist die Spinerhaltungsregel von WIGNER (11). Reaktionen, in welchen der Gesamtspin der gebildeten Molekeln derselbe ist wie bei den Ausgangsmolekeln sind wahrscheinlicher als solche, bei welchen diese Bedingung nicht erfüllt ist.

Chemische Vorgänge bevorzugen oft aus mehreren Schritten bestehende Reaktionswege; denn die aktiven Zwischenprodukte schneller Vorgänge setzten sich mit wesentlich geringerer Aktivierungsenergie um, als die in einem Schritt ablaufende Umlagerung benötigte. Diese Verminderung der Aktivierungsenergie steht in gewisser Analogie zu der kleinen Aktivierungsenergie von katalysierten Vorgängen, und so können die Kettenvorgänge als sich selbst katalysierende Reaktionen betrachtet werden (12).

Bei der Auswahl der Elementarreaktionen ist ein weiterer Erfahrungssatz nützlich, nach welchem die Bindungsstärken, wenn die beeinflussenden Effekte in Rechnung gezogen werden, als konstant angesehen werden.

Übertragbarkeit elementarer Geschwindigkeitskonstanten (13) ist nur in homogenen Reaktionen möglich. Die Wand kann meistens nicht in dem Maße standardisiert werden, daß die Geschwindigkeit der Elementarvorgänge an ihr ein für allemal bestimmt werden könnte, insbesondere nicht bei Verbrennungsvorgängen. SZABÓ und Mitarb. (14) haben die thermische Zersetzung von Propionaldehyd homogen, d. h. von Wandeinflüssen unabhängig gefunden, obwohl im Zerfallsmechanismus sicher auch ein sauerstoffhaltiges Radikal vorkommt. Es ist sehr wahrscheinlich, daß die peroxydartigen Kettenträger der Verbrennungsvorgänge wandempfindlich sind und dadurch die von anderen homogenen Gasreaktionen abweichenden Eigenschaften der Verbrennungsvorgänge verursachen.

Ein Vergleich elementarer Reaktionsgeschwindigkeiten, von Aktivierungsenergien und die Feststellung allgemeinerer Gesetze ist nur dann möglich, wenn Reaktionen verglichen werden, die im Aufbau ihrer aktiven Komplexe weitgehend analog sind. Auch die Molekularität als wesentliches Charakteristikum von Reaktionen ist immer noch nicht völlig geklärt. Immerhin ist bekannt, daß bimolekulare Aktivierung bei unimolekularen Vorgängen eine wesentliche Rolle spielt, und daß sich viele, früher als trimolekular betrachtete Reaktionen durch Zwischenschaltung eines vorgelagerten Gleichgewichtes in zwei bimolekulare Schritte auflösen. Der negative Temperaturkoeffizient solcher Reaktionen unterstützt nach DAVIDSON und Mitarb. (siehe Kap. 3. § 2.) diese Annahme.

Die Diffusionsflammen vom POLANYI (20), ferner die JOHNSTONschen Versuche (19) haben zur Kenntnis schneller Reaktionen viel beigetragen [vgl. A. REED und RABINOVITCH (15)].

Die Entwicklung der Kinetik homogener Gasreaktionen ist in großem Maße dadurch gefördert worden, daß neben Druckmessung oder umständliche analytische Verfahren Massenspektrometer, Infrarotmethoden und andere moderne Techniken getreten sind. Die so gewonnenen Erkenntnisse haben zur Aufklärung zahlreicher, bis dahin unklar gebliebener Mechanismen beigetragen (s. Kap. 6.).

Für den Zusammenhang zwischen Reaktionskinetik und Thermodynamik sei u. a. auf die Arbeiten von HORIUTI (16) und VAN RYSSELBERGHE (17) verwiesen. Diesen Problemkreis berührende Grenzfragen der Thermodynamik werden von DENBIGH (21) und DE GROOT (22), MEIXNER (23), HAASE (24) behandelt. Für die Kinetik nicht isothermer Systeme siehe u. a. GAENSSLEN und MACKENZIE (18).

Literatur zu Kapitel 1

LAIDLER, K. J., Chemical Kinetics (New York 1950).

FROST, A. A. u. R. G. PEARSON, Kinetics and Mechanism (New York 1953).

TROTMAN-DICKENSON, A. F., Gas Kinetics (London 1955).

STEACIE, E. W. R., Atomic and Free Radical Reactions. Second Edition, I–II (New York 1954).

SEMENOV, N. N., Einige Probleme der Reaktionsfähigkeit und chemischen Kinetik. (Russisch.) (Moskau 1958).

Some Problems of Chemical Kinetics and Reactivity (London 1958).

KONDRATJEV, V. N., Chemische Kinetik der Gasreaktionen. (Russisch.) (Moskau 1958).

BENSON, S. W., The Foundation of Chem. Kinetics (New York 1960).

1. BENSON, S. W., J. Chem. Phys. **19**, 802 (1951); **20**, 1064 (1952).
2. SLATER, N. B., Proc. Roy. Soc. A **194**, 112 (1948); Phil. Trans. A **246**, 57 (1953).
3. JOHNSTON, H. S., J. Chem. Phys. **20**, 1103 (1952); JOHNSTON, H. S. u. WHITE, J. R., J. Chem. Phys. **22**, 1969—1971 (1954).
4. KASSEL, L. S., J. Chem. Phys. **21**, 1093 (1953).
5. NORRISH, R. G. W. u. M. E. S. APPLEYARD, J. Chem. Soc. **1934**, 874.
6. SMITH, R. P., T. REE, J. L. MAGEE u. H. EYRING, J. Amer. Chem. Soc. **73**, 2263 (1951); SMITH, R. P. u. H. EYRING, J. Amer. Chem. Soc. **74**, 229 (1952).
7. GILCHRIST, A. u. L. E. SUTTON, J. Phys. Chem. **56**, 319 (1952).
8. SMITH, G. G. u. W. H. WETZEL, J. Amer. Chem. Soc. **79**, 875 (1957).
9. RICE, F. O. u. E. TELLER, J. Chem. Phys. **6**, 489 (1938).
10. RICE, F. O. u. M. THOMAS MURPHY, J. Amer. Chem. Soc. **64**, 896 (1942).
11. WIGNER, E., Göttinger Nachrichten, S. 375 (1927) [zitiert von LAIDLER, K. J. in: The Chemical Kinetics of Excited States (Oxford 1955), S. 29].
12. ABEL, E., Österr. Chem. Ztg. **56**, 305 (1955); Advances in Catalysis and Related Subjects. **9**, 330 (1957).
13. JOHNSTON, H. S., Ann. Rev. Phys. Chem. **8**, 249 (1957).
14. SZABÓ, Z. G. u. F. MÁRTA, J. Amer. Chem. Soc. (im Druck).
15. REED, J. F. u. B. S. RABINOVITCH, J. Phys. Chem. **59**, 261 (1955); s. ferner WARHURST, E., Quart. Revs. **5**, 44 (1951).
16. HORIUTI J., Z. phys. Chem. N.F. **12**, 321 (1957); Advances in Catalysis, **9**, 339 (1957).
17. VAN RYSSELBERGHE, P., J. Chem. Phys. **29**, 640 (1958).
18. GAENSSLEN, H. u. H. A. E. MACKENZIE, J. Appl. Chem. **5**, 552 (1955).
19. JOHNSTON, H. S. u. YOST, J. Chem. Phys. **17**, 386 (1949); JOHNSTON, H. S., L. FOERING, u. R. J. THOMPSON, J. Phys. Chem. **57**, 390 (1953); JOHNSTON, H. S., Discussions Faraday Soc. **17**, 14 (1954).
20. STEACIE, E. W. R., Atomic and Free Radical Reactions (New York 1954), S. 21.
21. DENBIGH, K. G., The Thermodynamics of the Steady State (New York 1951).
22. DE GROOT, S. R., Thermodynamics of Irreversible Processes (Amsterdam 1951).

23. MEIXNER, J., Handbuch der Physik, Band III/2, S. 413 (Berlin 1959).
24. HAASE, R., Ergebnisse der exakten Naturwissenschaften XXVI, S. 56 (Berlin 1959).

Kapitel 2

Formale Behandlung der Gleichungen zusammengesetzter Reaktionen

§ 1. Die scheinbare Ordnung einer Reaktion

Auf dem Wege zur Klärung des Mechanismus einer chemischen Reaktion ist der erste Schritt die Feststellung ihrer Ordnung.

Man verfügt über zahlreiche Methoden zur Feststellung der Reaktionsordnung. Dafür sei auf die Literatur (1) verwiesen. Bei der Integrationsmethode werden die Versuchsdaten in die integrierten Formen der Geschwindigkeitsgleichungen verschiedener Ordnung eingesetzt, von denen diejenige als richtig betrachtet wird, welche die Geschwindigkeit ohne Gang wiedergibt. Dieses Verfahren ist ziemlich langwierig und bei wenigen Meßpunkten nicht empfindlich. Die von OSTWALD empfohlene sogenannte Halbwertszeit-Methode, welche aus der zu einem gewissen Umsetzungsgrad nötigen Zeit die Ordnung bestimmt, wird auch auf Teilkonzentrationen angewandt (s. FROST und PEARSON, loc. cit.).

Die Differentialmethode von VAN'T HOFF, nach dem der Logarithmus der Geschwindigkeit gegen den Logarithmus der Konzentration aufgetragen wird, gibt nicht nur die Ordnung an – sofern von dieser im Falle einer zusammengesetzten Reaktion überhaupt die Rede sein kann –, sondern kann auch über eventuelle Seitenreaktionen Auskünfte liefern. In der Kinetik homogener Gasreaktionen ist sie zweckmäßig.

Das Integrationsverfahren informiert neben der Ordnung auch über die Geschwindigkeitskonstante. Es kann jedoch vorkommen, daß die integrierte Form der Geschwindigkeitsgleichung innerhalb eines Versuches mit den experimentellen Ergebnissen in Übereinstimmung zu sein scheint, während die Geschwindigkeitskonstanten verschiedener Versuche nicht wirklich konstant sondern eine Funktion der Anfangskonzentration sind. Dies beweist die

Komplexität des Vorganges. In solchen Fällen ist es zweckmäßig, zweierlei Ordnungen für die Reaktion festzulegen (2). Im einen Falle wird die Geschwindigkeit der Reaktion mit der Konzentration in Beziehung gesetzt, diese Ordnung wurde von LETORT als wahre Ordnung betrachtet. Eine andere Ordnung erhält man, wenn die Konzentrationsänderung auf Grund des Integrationsverfahrens als Funktion der Zeit betrachtet wird. Wenn sich diese „Zeit"-Ordnung größer als die wahre Ordnung ergibt, kommt die hemmende Wirkung des Reaktionsproduktes zur Geltung. Wenn aber die „Zeit"-Ordnung kleiner ist als die wahre, mit anderen Worten, die Reaktionsgeschwindigkeit nicht so schnell abnimmt, wie es aus der Konzentrationsänderung folgen sollte, dann beschleunigt das Produkt – eventuell ein Zwischenprodukt – den Vorgang, d. h es handelt sich um eine Autokatalyse.

Die kinetischen Kurven von Reaktionen gleicher Ordnung sind identisch, wenn der Vorgang durch dimensionslose Variable dargestellt wird (POWELL, R. E., zitiert von FROST und PEARSON, loc. cit., S. 14). $c/c_0 = \alpha$ sei die relative Konzentration, $kc_0^{n-1}t = \tau$ der Zeitparameter. Die folgende Abbildung zeigt den Zusammenhang zwischen α und τ für Reaktionen von nullter, erster, zweiter und dritter Ordnung.

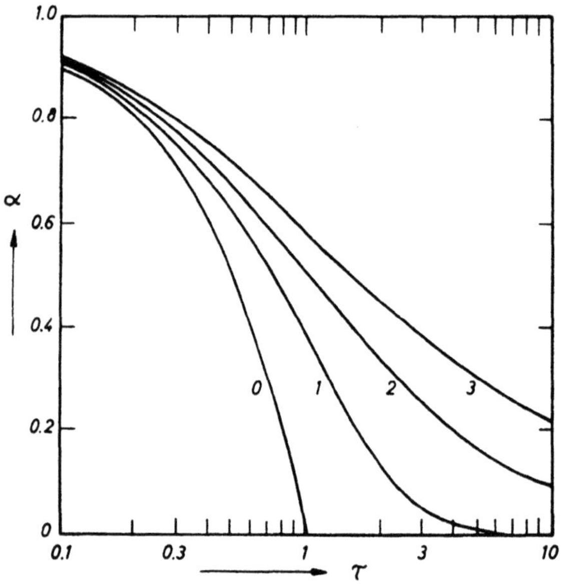

Abb. 1. Die Werte der reduzierten Konzentrationen (α) als Funktion des Zeitparameters (τ) für Reaktionen nullter, erster, zweiter und dritter Ordnung

Die aus den Versuchsdaten berechneten α-Werte werden gegen $\log t$ aufgetragen. Die so gewonnene Kurve fällt, nach gewisser Verschiebung entlang der $\log t$-Achse, die dem zweiten Glied auf der rechten Seite von $\log \tau = \log t + \log k c_0^{n-1}$ entspricht, mit einer der aufgezeichneten Kurven zusammen.

Eine ähnliche, allgemein anwendbare Methode wurde von Wen-Hsuan Chang (3) zur Bestimmung der Ordnung und der Geschwindigkeitskonstanten empfohlen. Hierbei bildet man das Verhältnis von zu verschiedenen Umsetzungsgraden gehörigen Reaktionszeiten und liest aus Tabellen die Ordnungen ab. Die erforderlichen Rechnungen kann man sich durch Anwendung von Nomogrammen ersparen [z. B. Machwart und Quilici (4)].

§ 2. Die kinetischen Gleichungen von zusammengesetzten Parallel- und Folgereaktionen

Im folgenden werden die wichtigsten Beispiele von zusammengesetzten Parallel- und Folgereaktionen und deren kinetische Gleichungen zusammengestellt.

Die in der Spalte „Lösungen" angegebenen Ausdrücke für die Geschwindigkeitskonstanten k_1 und k_2 bei Folgen von Teilreaktionen erster Ordnung $A \xrightarrow{k_1} B \xrightarrow{k_2} C$ werden auch von Swain (13), Klein und Fagley (14) und von Micka (15) diskutiert.

Folgt eine Reaktion erster Ordnung einer solchen zweiter Ordnung

$$2A \xrightarrow{k_1} B \xrightarrow{k_2} C,$$

so finden Balandin und Lebenson (16) [siehe dazu auch Yen-Juan Chien (5)] falls Quasistationarität $d(B)/dt = 0$ gerechtfertigt ist:

$$\text{a)} \quad \frac{\sqrt{d(C)/dt}}{(A)_0/2 - (C)} = 2\sqrt{k_1}, \qquad \text{wenn } \frac{k_2}{2k_1} \gg (A)$$

$$\text{b)} \quad \frac{d(C)/dt}{(A)_0/2 - (C)} = k_2, \qquad \text{wenn } \frac{k_2}{2k_1} \ll (A)\,.$$

French (6) leitete aus der Lösung des Systems von drei Differentialgleichungen erster Ordnung für Folgen der Art:

$$A + B \xrightarrow{k_1} C\,;\; C + B \xrightarrow{k_2} D$$

einen Ausdruck für die Konzentration von B her:

$$b = b_0 - a_0[2 - 2e^{-x} - (e^{-x} - e^{-xy})/(y - 1)]\,,$$

wo kleine Buchstaben die jeweiligen Konzentrationen von A, B und C bedeuten, $k_2/k_1 = y$, $\vartheta = b\,dt$ und $k_1\vartheta = x$. Trägt man $(b_0 - b)/a_0$ gegen $\log x$ für verschiedene y auf, so erhält man eine Schar von „S"-förmigen Kurven.

Tabelle 1. Die Geschwindigkeitsgleichungen von typischen

Mechanismus	Bezeichnungen und Anfangsbedingungen	Geschwindigkeitsgleichungen
$A \xrightarrow{k_1} B$ $B \xrightarrow{k_2} C$ uni-uni-molekular	$(A) = x_1,\ (B) = x_2,\ (C) = x_3$ $t = 0:\ x_1 = a_0,\ x_2 = x_3 = 0$ $\tau = e^{-k_1 t},\ \varkappa = k_2/k_1$	$dx_1/dt = -k_1 x_1$ $dx_2/dt = k_1 x_1 - k_2 x_2$ $dx_3/dt = k_2 x_2$
$A \xrightarrow{k_1} B$ $2B \xrightarrow{k_2} C$ uni-bimolekular	$(A) = x_1,\ (B) = x_2,\ (C) = x_3$ $t = 0:\ x_1 = a_0,\ x_2 = x_3 = 0$ $\tau = e^{-k_1 t},\ \varkappa = a_0 k_2/k_1,\ I_j$ und $H_j^{(1)}$ sind die BESSELschen Funktionen von erster und dritter Art und j-ter Ordnung ($j = 0, 1, 2$), ferner $\beta = i I_1 (2i\sqrt{\varkappa})/H_1^{(1)}(2i\sqrt{\varkappa})$	$dx_1/dt = -k_1 x_1$ $dx_2/dt = k_1 x_1 - k_2 x_2^2$ $dx_3/dt = \frac{1}{2} k_2 x_2^2$
$A \xrightarrow{k_1} B$ $B + D \xrightarrow{k_2} C$ uni-bimolekular	$(A) = a_0 - x,\ (B) = x - y,\ (C) = y,$ $(D) = d_0 - y$ $t = 0:\ x = y = 0$ $\tau = e^{-k_1 t},\ \varkappa = a_0 k_2/k_1,$ $\lambda_0 = (a_0 - d_0)/d_0$, ferner $\Gamma(n, x) = \int_0^x \xi^{n-1} e^{\xi}\, d\xi - Ei(-x)$ $= \int_x^\infty \frac{e^{-\xi}}{\xi}\, d\xi$	$d(a_0 - x)/dt = -k_1 (a_0 - x)$ $dy/dt = k_2 (x - y)(d_0 - y)$
$2A \xrightarrow{k_1} B$ $B \xrightarrow{k_2} C$ bi-unimolekular	$(A) = a_0 - 2x,\ (B) = x - y,\ (C) = y$ $t = 0:\ x = y = 0$ $\tau = 1 + a_0 k_1 t,\ \varkappa = k_2/a_0 k_1,$ $I = \varkappa e^{-\varkappa\tau}\,[Ei(\varkappa\tau) - Ei(\varkappa)]$	$d(a_0 - 2x)/dt =$ $= -k_1 (a_0 - 2x)^2$ $dy/dt = k_2 (x - y)$
$2A \xrightarrow{k_1} B$ $2B \xrightarrow{k_2} C$ bi-bimolekular	$(A) = x_1,\ (B) = x_2,\ (C) = x_3$ $t = 0:\ x_1 = a_0,\ x_2 = x_3 = 0$ $\tau = 1 + a_0 k_1 t,\ \varkappa = k_2/k_1$ $\mu = \sqrt{1 + 2\varkappa}$	$dx_1/dt = -k_1 x_1^2$ $dx_2/dt = \frac{1}{2} k_1 x_1^2 - k_2 x_2^2$ $dx_3/dt = \frac{1}{2} k_2 x_2^2$

Folge- und Simultanreaktionen und deren Lösungen

Lösungen	Literatur
$(A) = a_0 \tau$ $(B) = a_0 \dfrac{\tau^{\varkappa} - \tau}{1 - \varkappa}$ $(C) = a_0 - (A) - (B)$	(5)
$(A) = a_0$ $(B) = a_0 \sqrt{\dfrac{\tau}{\varkappa}} \dfrac{i I_1 (2 i \sqrt{\varkappa\tau}) - H_1^{(1)} (2 i \sqrt{\varkappa\tau})}{I_0 (2 i \sqrt{\varkappa\tau}) + \beta i H_0^{(1)} (2 i \sqrt{\varkappa\tau})}$ $(C) = \dfrac{1}{2} (a_0 - (A) - (B))$	(5)
$(A) = a_0 \tau$ $(D) = d_0 \dfrac{\tau^{\lambda_0 \varkappa} e^{-\varkappa\tau}}{e^{-\varkappa} - (1 - \lambda_0)^{(1-\lambda_0\varkappa)} [\Gamma(\lambda_0 \varkappa, \varkappa\tau) - \Gamma(\lambda_0 \varkappa, \varkappa)]}$ $(C) = d_0 - (D)$ $(B) = a_0 - (A) - (C)$ Speziell, wenn $a_0 = d_0$ ist, ändert sich (D) und damit auch der Ausdruck für (C) und (B) $(D) = a_0 \dfrac{e^{-\varkappa\tau}}{e^{-\varkappa} + \varkappa[-Ei(-\varkappa\tau) + Ei(-\varkappa)]}$	(5)
$(A) = a_0/\tau$ $(B) = \dfrac{a_0}{2} [e^{-\varkappa(\tau-1)} + I] - \dfrac{(A)}{2}$ $(C) = \dfrac{a_0}{2} [1 - e^{-\varkappa(\tau-1)} - I]$	(5)
$(A) = a_0/\tau$ $(B) = a_0 \dfrac{1}{2\varkappa\tau} \left[\mu + 1 - \dfrac{2\mu}{1 + \dfrac{\mu-1}{\mu+1} \tau^{\mu}}\right]$ $(C) = \dfrac{1}{2} \left(\dfrac{a_0}{2} - \dfrac{(A)}{2} - (B)\right)$	(5)

Tabelle 1

Mechanismus	Bezeichnungen und Anfangsbedingungen	Geschwindigkeitsgleichungen
$2A \xrightarrow{k_1} B$ $B + D \xrightarrow{k_2} C$ bi-bimolekular	$(A) = a_0 - 2x,\ (B) = x - y,\ (C) = y,$ $(D) = d_0 - y;\ t = 0:\ X = y = 0$ $\tau = 1 + a_0 k_1 t,\ \varkappa = k_2/2k_1,$ $\lambda_0 = (a_0 - 2d_0)/a_0$	$d(a_0 - 2x)/dt =$ $= -k_1(a_0 - 2x)^2$ $dy/dt = k_2(x - y)(d_0 - y)$
$A + B \xrightarrow{k_1} C$ $B + C \xrightarrow{k_2} D$ bi-bimolekular	$(A) = a,\ (B) = b,\ (C) = c$ $t = 0:\ a = a_0,\ b = b_0,\ c = 0$ $\vartheta = \int_0^t b(t)\,dt$	$da/d\vartheta = -k_1 a$ $db/d\vartheta = -k_1 a - k_2 c$ $dc/d\vartheta = k_1 a - k_2 c$
$A + B \xrightarrow{k_1} C$ $A + C \xrightarrow{k_2} D$	$(A) = a,\ (B) = b,\ (C) = c$ $t = 0:\ a = a_0 = 2b_0,\ b = b_0,$ so $a - 2b - c = a_0 - 2b_0 = 0$ damit $c = a - 2b$ $a/a_0 = \alpha,\ b/b_0 = \beta,\ \tau = b_0 k_1 t,\ \varkappa = k_2/k_1$	$da/dt = (2k_2 - k_1)ab - k_2 a^2$ $db/dt = -k_1 ab$
$A \xrightarrow{k_1} B$ $A + B \xrightarrow{k_2} 2B + C$	$(A) = a_0 - x$	$dx/dt = k_1(a_0 - x) +$ $+ k_2 x(a_0 - x)$
$A \underset{k_2}{\overset{k_1}{\rightleftharpoons}} B + C$ $A + B \underset{k_2}{\overset{k_1}{\rightleftharpoons}} C + D$ $2A \xrightarrow{k_1} B$ $A + B \xrightarrow{k_2} 2B + C$	$(A) = a_0 - x,\ (B) = (C) = x$ $(A)_{equ} = a_0 - x_e$ $a_0,\ x,\ x_e$ wie vorher $b_{t=0} = b_0 = a_0,\ (C) = (D) = x$ $(A) = a_0 - x,\ t = 0:\ x = 0$ $Q = k_2 - k_1$	

Fortsetzung

Lösungen	Literatur
$(A) = a_0/\tau$ $(D) = d_0 \dfrac{\tau^{\varkappa} e^{-\tau}}{1 - \dfrac{1-\lambda_0}{\lambda_0} (\lambda_0 \varkappa)^{\varkappa} e^{\lambda_0} [\Gamma(\varkappa+1, \lambda_0 \varkappa \tau) - \Gamma(\varkappa+1, \lambda_0 \varkappa)]}$ $(C) = d_0 - (D)$ $(B) = \dfrac{1}{2}(a_0 - (A) - (C))$ Im speziellen Fall $a_0 = 2d_0$ ändert sich (D) auf folgende Weise: $(D) = \dfrac{a_0}{2} \dfrac{(\varkappa+1)\tau^{\varkappa}}{1+\varkappa\tau^{\varkappa+1}}$ und damit ergeben sich auch die entsprechenden Werte für (C) und (B)	(5)
$a = a_0 e^{-k_1}$ $b = b_0 - a_0 [2 - 2e^{-k_1 \vartheta} - k_1 (e^{-k_2 \vartheta} - e^{-k_1 \vartheta})/(k_1 - k_2)]$ $c = k_1 a_0 [e^{-k_1 \vartheta} - e^{-k_2 \vartheta}]/(k_2 - k_1)$	(6)
$\alpha = \dfrac{1-2\varkappa}{2(1-\varkappa)} \beta + \dfrac{1}{2(1-\varkappa)} \beta^{\varkappa}$ $\tau = \dfrac{1-\varkappa}{1-2\varkappa} \displaystyle\int_{\beta}^{1} \dfrac{d\beta}{\beta^2 [1 + 1/(1-2\varkappa)\beta^{\varkappa-1}]}$	(7)
$\ln \dfrac{(k_1/k_2) + x}{a_0 - x} = k_2 [(k_1/k_2) + a_0] t + \ln (k_1/a_0 k_2)$	(8)
$\ln \dfrac{(a_0 x_e)/(a_0 - x_e) + x}{x_e - x} = \dfrac{2a_0 - x_e}{x_e} k_1 t + \ln \dfrac{a_0}{a_0 - x_e}$ [1] $\ln \dfrac{(a_0 x_e)/(a_0 - 2x_e) + x}{x_e - x} = \dfrac{2a_0 (a_0 - x_e)}{x_e} k_1 t + \ln \dfrac{a_0}{a_0 - 2x_e}$ [1] $\ln \dfrac{(k_1 a_0/Q) + x}{a_0 - x} = Q \left(\dfrac{k_1 a_0}{Q} + a_0 \right) t + \ln \dfrac{k_1}{Q}$ [1]	(8)

[1]) Der Ausdruck der Gleichgewichtskonzentration x_e bzw. Q enthält die Geschwindigkeitskonstante k_2.

Tabelle 1

Mechanismus	Bezeichnungen und Anfangsbedingungen	Geschwindigkeitsgleichungen
$A_i \underset{k_{ji}}{\overset{k_{ij}}{\rightleftharpoons}} A_j$ $i, j = 1, 2, \ldots, m$ $i \neq j$ bzw. $k_{ii} = 0$ unimolekulare umkehrbare Folgereaktion	$(A_i) = A_i$ $t = 0: A_i = A_i^0$ $K_{ij} = -k_{ji},\ i \neq j$ $K_{ii} = \sum_{p=1}^{m} k_{ip}$ $B_{1r} = 1$, die weiteren B_{ir} sind die zu $\lambda = \lambda_r$ gehörigen Lösungen des Gleichungssystems $\sum_{j=1}^{m} (K_{ij} - \delta_{ij}\lambda) B_j = 0$ Q_r^0 sind Konstanten, die aus den Anfangsbedingungen zu bestimmen sind.	$dA_i/dt = (-k_{i1} - k_{i2} - \cdots - k_{im}) A_i + k_{1i} A_1 + k_{2i} A_2 + \cdots + k_{mi} A_m$ oder $dA_i/dt + \sum_{j=1}^{m} K_{ij} A_j = 0$

Durch Vergleich der experimentellen und berechneten $(b_0 - b)/a_0 = f(\log \vartheta)$ Kurven kann näherungsweise der Wert von y bestimmt werden und damit auch k_1 als die Verschiebung zwischen den $\log x$ und $\log \vartheta$ Achsen.

Ähnlich wird der folgende Mechanismus

(1) $A + B \xrightarrow{k_1} C + F$ (2) $A + C \xrightarrow{k_2} D + G$

(3) $A + B \xrightarrow{k_3} E + G$ (4) $A + E \xrightarrow{k_4} D + F$

von Chao-Tung Chen (17) behandelt.

Von den Folgen von Reaktionen zweiter Ordnung wird der Vorgang

$$2\,A \rightarrow 2\,A_1 \rightarrow A_2$$

von Stepuchowitsch und Timonin (18) diskutiert.

Korverzee (19) beschäftigt sich mit der Folgereaktion als Spezialfall der Reaktion $A_i \underset{k_{ji}}{\overset{k_{ij}}{\rightleftharpoons}} A_j$.

Adirowitsch (20) untersucht den Gang der Integralkurven für die Bewegung eines repräsentativen Punktes im Phasenraum für die Reaktionen:

$$A + B \underset{b}{\overset{a}{\rightleftharpoons}} [AB] \xrightarrow{g} AB\,.$$

Das System der gekoppelten Reaktionen

(1) $A + B \xrightarrow{k_1} C$

(2) $C + B \xrightarrow{k_2} F'$

(3) $C + C \xrightarrow{k_3} F''$

Fortsetzung

Lösungen	Literatur
$A_i = \sum_{r=0}^{m} B_{ir} Q_r^0 e^{-\lambda_r t}$ wo λ_r $(r = 1, 2, \ldots, m)$ irgendeine der Wurzeln der Gleichung: $\lvert K_{ij} - \delta_{ij} \lambda \rvert = 0$ bedeutet.	(9) (10) (11) (12)

wurde von LAUTOUT, WYLLIE und MAGAT (21) diskutiert. Zur allgemeinen formalen Theorie von Systemen von Reaktionen I. Ordnung vgl. JOST (51). SALNIKOV (22) diskutiert das Auftreten von Periodizitäten.

Geschwindigkeitskonstanten von Reaktionen, die sich durch die allgemeine Gleichung

$$k t = \ln c \frac{a - x}{b - x}$$

beschreiben lassen, können nach STURTEVANT (23) durch Methoden der darstellenden Geometrie numerisch erhalten werden. WIDEQUIST (24) beschäftigt sich mit der Bestimmung der zwei Geschwindigkeitskonstanten der Reaktion $A + B \rightarrow C + D$, die gemischt nach erster und zweiter Ordnung und simultan verlaufen kann.

Die Bestimmung der Geschwindigkeitskonstanten aus dem kinetischen Verhalten der Reaktion wird allgemein von CHRISTIANSEN diskutiert (25). Die Anwendung der Methode der stationären Konzentration ergibt stets einen Ausdruck der Form

$$t = A_1 \int_0^{\alpha} \varphi_1 \, dx + A_2 \int_0^{\alpha} \varphi_2 \, dx + \cdots + A_n \int_0^{\alpha} \varphi_n \, dx,$$

welcher immer integrierbar ist.

NATTA und MANTICA (26) leiten die Verteilungsfunktionen für die Komponenten in der Reaktionsfolge

$$AB_{i-1} + B \xrightarrow{k_i} AB_i \qquad (i = 1, 2, \ldots n)$$

ab.

§ 3. Allgemeines Schema der Kettenreaktionen

In zusammengesetzten Reaktionen (Reaktionsfolgen) erfolgt die Umwandlung der Ausgangssubstanz oder -substanzen in die Endstoffe über mehrere Teilreaktionen. Nach CHRISTIANSEN handelt es sich um eine Folge, wenn mindestens ein Endstoff der i-ten Reaktion Anfangsstoff der $(i + 1)$-ten Reaktion ist. Wenn dazu mindestens ein Endstoff der n-ten Reaktion als Anfangsstoff der ersten auftritt, ist die Folge geschlossen und wird auch als Kettenreaktion bezeichnet. Offene Folgen wurden im vorigen Paragraphen behandelt.

Das Schema einer Kettenreaktion ist z. B.

Ketteneinleitung	$\cdots \to mR + \ldots$	mr_i
Kettenfortpflanzung	$R + \cdots \to R + \ldots$	$r_p R$
Kettenabbruch	$R + R + \cdots \to$	$r_b R^2$,

wo R den Kettenträger bzw. seine Konzentration darstellt und die letzte Spalte die Geschwindigkeiten der einzelnen Teilreaktionen ausdrückt. Im allgemeinen wird mehr als ein Kettenträger, der ein Atom oder ein Radikal sein kann, auftreten.

Bei langen Ketten, wo das Endprodukt hauptsächlich in den kettenfortpflanzenden Schritten erzeugt wird, lautet die Bruttogeschwindigkeit unter Annahme der Quasistationarität

$$dx/dt = r_p (m r_i / 2\, r_b)^{1/2}.$$

Hierbei erfolgt der Kettenabbruch nach der zweiten Ordnung.

Die Geschwindigkeit der Kettenfortpflanzung ergibt sich allgemeiner zu

$$r_p (r_i/r_b)^{1/w},$$

wo w die Ordnung des Kettenabbruchs auf den Kettenträger bezogen sei. Die Geschwindigkeit einer Kettenreaktion ist also der Geschwindigkeitskonstanten der Kettenfortpflanzung und der $1/w$-ten Potenz des Verhältnisses von Primär- und Abbruchsreaktion proportional.

Der allgemeine Ausdruck für die Kettenlänge lautet:

$$\nu \sim (r_p/r_i)\,(r_i/r_b)^{1/w}.$$

Der Begriff der Kettenlänge ist nicht einheitlich definiert. Man definiert sie z. B. als Zahl der Zyklen, welche dem Kettenabbruch vorausgehen. Eine praktische Definition ist die Zahl der Molekeln des Endprodukts, welche von einem Einleitungsschritt herrühren. In photochemischen Reaktionen, ist die Kettenlänge einfach gleich der Quantenausbeute. Die experimentelle Kettenlänge in thermischen Reaktionen wird durch das Verhältnis der Bruttogeschwindigkeit zur Geschwindigkeit der Primärreaktion gegeben, wenn diese zu bestimmen ist. Aus der obigen Gleichung ersehen wir, daß eine Erhöhung der Ordnung des Kettenabbruchs längere Ketten begünstigt.

Geht der Kettenträger R eine Reaktion ein, in der zwei oder mehrere neue Kettenträger entstehen, so spricht man von einer verzweigten Kette. Nur wenn die Geschwindigkeit des Kettenabbruchs die der Verzweigung übertrifft bleibt der Vorgang stationär. Anderenfalls tritt Explosion ein [Näheres siehe SEMENOV (37)].

Die allgemeinen Geschwindigkeitsgleichungen werden auf den Zerfall von Kohlenwasserstoffen, Ketonen, Aldehyden, Alkoholen, Äthern usw. angewandt, da diese Zersetzungen über freie Radikale verlaufen, wie zuerst von RICE und HERZFELD diskutiert (27). Bei langen Ketten, wie sie in solchen Zersetzungen anzunehmen sind, ergibt die Theorie die experimentell gefundenen Ordnungen $^3/_2$ bzw. $^1/_2$ für die Geschwindigkeitsgleichungen je nach der Art des Kettenabbruchs. Im einzelnen wurde dies von GOLDFINGER, LETORT und NICLAUSE (28) diskutiert. Sie bezeichneten Radikale, welche die Kette in bimolekularer Reaktion fortpflanzen, als β-Radikale, solche, die unimolekular zerfallend einen neuen Kettenträger liefern, als μ-Radikale. Die verschiedenen Kombinationen dieser Radikale in der Abbruchsreaktion drücken sich in unterschiedlicher Ordnung der Gesamtreaktion aus. Die dominierende Abbruchsreaktion wird nicht nur durch die Art der reagierenden Moleküle sondern auch noch durch die Verhältnisse der Konzentrationen und die Aktivierungsenergien und -entropien der einzelnen Teilreaktionen bestimmt. Experimentelle Daten hierzu wurden von EVANS und SZWARC (29) gegeben. HILL (30) versuchte die sterischen Faktoren in Radikalreaktionen theoretisch abzuschätzen. Ordnungsänderung bei Variation der Temperatur werden von RICE und HERZFELD der Wandwirkung zugeschrieben (31).

BOBLETER (32) diskutierte das Schema der Chlorknallgasreaktion.

Eine abweichende Methode zur Analyse von komplexen Reaktionen hat SZABÓ vorgeschlagen (33). Diese ist auf stationäre und nichtstationäre Reaktionen anwendbar. Das Prinzip ist das folgende:

Zur Vereinfachung eines komplizierten Systems von Differentialgleichungen zusammengesetzter Reaktionen werden die elementaren Reaktionsschritte in verschiedene Kategorien eingeteilt. Im allgemeinen nimmt man die folgenden vier Kategorien an:

(1) Start- oder Primärreaktion,

(2) Folgereaktion oder Kettenfortpflanzung,

(3) Kettenverzweigung,

(4) Kettenabbruch.

Damit wird das allgemeine Reaktionsschema

(1.)	$A + A(C) \rightarrow B + X$		
(2a.)	$A + X \rightarrow B + Y$		
(2b.)	$A + Y \rightarrow B + X$		
(3.)	$A + X^* \rightarrow B + 2Y$	oder	$A^* + X \rightarrow B + 2Y$
	$A + Y^* \rightarrow B + 2X$		$A^* + Y \rightarrow B + 2X$
(4.)	$X \rightarrow, Y \rightarrow, A^* \rightarrow$,		

wo A (und eventuell C) die Ausgangssubstanz, B das Endprodukt, X und Y kettenfortführende aktive Partikeln, A^*, X^* und Y^* energetisch besonders ausgezeichnete Molekeln, deren Reaktion zur Verzweigung führen kann, bezeichnen. An diese elementaren Reaktionen schließt sich noch eine Reihe von Kettenträger vernichtenden Abbruchsreaktionen an.

Die eigentliche Umsetzung verläuft also immer über die obigen drei Stufen.

Der Vorgang ist immerhin noch recht kompliziert, denn auch innerhalb der einzelnen Kategorien treten mehrere Reaktionen auf und tragen zur Umsetzung bei. Die gleichzeitige Berücksichtigung teils nebeneinander verlaufender Reaktionen führt immer noch zu verwickelten Differentialgleichungen. Der zweite vereinfachende Schritt in der Analyse besteht darin, daß der Begriff des geschwindigkeitsbestimmenden Prozesses auch für Systeme mit simultanen und sukzessiven Reaktionen erklärt wird. *Unter simultanen Reaktionen ist die schnellste, unter den sukzessiven die langsamste geschwindigkeitsbestimmend.* Durch dieses Ordnungsprinzip verringert sich die Anzahl der nötigen Gleichungen in solchem Maße, daß das Problem mathematisch behandelt werden kann. In jeder Kategorie (Stufe) muß nur eine Reaktion berücksichtigt werden. So bleiben bloß vier Vorgänge übrig, die in den Geschwindigkeitsgleichungen eine Rolle spielen. Der Prozeß kann durch zwei Differentialgleichungen beschrieben werden, von denen sich die eine auf die Konzentration der Kettenträger, die andere auf die der reagierenden Substanz bezieht. Die Geschwindigkeiten dieser zwei Konzentrationsänderungen können den obigen Stufen gemäß folgendermaßen geschrieben werden:

$$\frac{dn}{dt} = v_1 + v_3 - v_4$$

$$-\frac{dc}{dt} = v_1 + v_2 + v_3 \ ,$$

wo n die Konzentration der aktiven Zentren, c die der reagierenden Substanz, v_1, v_2, v_3 und v_4 der Reihe nach die Geschwindigkeiten der Start-, Ketten-, Verzweigungs- und Abbruchsreaktionen sind. Die Ausdrücke der

Geschwindigkeiten v_1, v_2, v_3 und v_4 können als Produkte verschiedener Konzentrationspotenzen und entsprechender Geschwindigkeitskonstanten angegeben werden. Z. B. $v_1 = k_1 c^\lambda$, wo $\lambda = 0, 1, 2$ davon abhängig ist, ob die Startreaktion von der Konzentration unabhängig oder eine Reaktion erster bzw. zweiter Ordnung ist. Die Ausdrücke für v_2 und v_3 können aus der Reaktion zwischen der reagierenden Substanz und dem Kettenträger abgeleitet werden: $v_2 = k_2 c n$, $v_3 = k_3 c n$. Endlich kann für die Geschwindigkeitskomponente v_4 eine uni- oder bimolekulare Reaktion angenommen werden entsprechend der Gleichung: $v_4 = k_4 n^\mu$, wo $\mu = 1, 2$ ist. Infolgedessen nimmt das System der Geschwindigkeitsgleichungen des Vorganges die folgende Gestalt an:

$$\frac{dn}{dt} = k_1 c^\lambda + k_3 c n - k_4 n^\mu$$

und

$$-\frac{dc}{dt} = k_1 c^\lambda + k_2 c n \,.$$

Die verbleibende Aufgabe ist die Bestimmung der Geschwindigkeitskoeffizienten (k_1, k_2, k_3, k_4) der vier Stufen.

Das Problem ist auch in dieser vereinfachten Auffassung nicht leicht. In Spezialfällen, wenn z. B. $\lambda = 2$, $\mu = 2$ ist, kann die Differentialgleichung weiter reduziert werden, und die gesuchte Konzentration $c = c(t)$ als Funktion der Zeit explizit erhalten werden.

Solche Lösungsmöglichkeiten sind jedoch selten. Es ist also zweckmäßiger die Lösung sofort auf graphisch-numerischem Wege zu beginnen. Dies besitzt den erheblichen Vorteil, daß *die numerische Integration immer zur Lösung der Differentialgleichung führt.*

Zur Integration benötigt man die Werte der Konstanten k_1, k_2, k_3 und k_4. Diese sind aber gerade in der numerischen Integration durch Probieren zu suchen. Die Aufgabe ist also, ein Wertequadrupel zu finden, für welches die Lösung des Gleichungssystems mit den empirisch gefundenen Funktionen $c = c(t)$ und $v = v(t)$ übereinstimmt.

Am Anfang des Prozesses ist die Konzentration des Kettenträgers gering und die Abbruchsreaktion kann noch vernachlässigt werden. Weiterhin ist vor allem die Kettenreaktion für die Abnahme der Substanz verantwortlich. Daher müssen von dem oben gegebenen Gleichungssystem nur die folgenden Glieder berücksichtigt werden:

$$\frac{dn}{dt} = k_1 c^2 + k_3 c n$$

$$-\frac{dc}{dt} = k_2 c n \,.$$

Im Falle solcher Reaktionen, wo sich Verzweigung und Abbruch gegenseitig kompensieren, kann das Produkt $k_1 k_2$ aus der Dauer der Induktionsperiode mit Hilfe des Ausdrucks

$$k_1 k_2 = \frac{\ln (1 + \sqrt{2})}{c_0 \, t_{\max}}$$

berechnet werden.

Nach dieser vorläufigen Orientierung kann die Integration des Gleichungssystems mittels der EULER-CAUCHYschen Polygonmethode oder nach RUNGE-KUTTA ausgeführt werden. Dazu wird die Zeit, in der sich die Reaktion abspielt, in geeignete Intervalle geteilt. Der Vorgang wird während der einzelnen Intervalle so betrachtet, als ob die Geschwindigkeiten $\frac{dn}{dt}$ bzw. $-\frac{dc}{dt}$ konstant wären. Mit diesen als konstant angenommenen Werten wird die Zunahme der Konzentration von aktiven Zentren bzw. das Sinken der Konzentration der Ausgangssubstanz in den einzelnen Intervallen berechnet. Dabei wird pro Schritt nur der Wert einer einzigen Geschwindigkeitskonstante variiert.

Das Berechnungsverfahren führt zu wertvollen Ergebnissen. Nichtstationäre Kettenreaktionen können erfolgreich behandelt werden. Die Methode gibt nicht nur die Reaktionsgeschwindigkeit als Funktion der Zeit oder der Konzentration sondern gleichzeitig auch Auskunft über die Geschwindigkeitskonstanten der Teilreaktionen, weiterhin auch über die Konzentration des aktiven Zwischenstoffes.

Die oben umrissene Methode des Vierstufenmechanismus liefert, indem sie die Geschwindigkeit-Zeit-Funktion angibt, bloß formale Ergebnisse. Dieses formalkinetische Resultat ist aber wertvoll, wenn man den einzelnen Reaktionsstufen einen chemischen Inhalt zuschreiben will. Der Vierstufenmechanismus gibt z. B. die Ordnung der einzelnen Stufen an, und dadurch erleichtert er die Auswahl der konkreten Elementar-Vorgänge. SZABÓ und Mitarb. haben die Anwendung der Methode in der kinetischen Analyse der thermischen Zersetzung von Sulfurylchlorid und Chlormonoxyd illustriert (34, 35).

§ 4. Induktionsperiode und BODENSTEINsches Verfahren

Die Anlaufzeit einer Kettenreaktion kann sich aus zwei Abschnitten zusammensetzen. Der Begriff Induktionsperiode ist in der Literatur nicht einheitlich. Hier wird so verfahren, daß der Abschnitt ohne beobachtbare Änderung der Zusammensetzung als Inkubationszeit oder Latenzzeit, und der Abschnitt bis zum Geschwindigkeitsmaximum als eigentliche Induktionsperiode bezeichnet wird.

Am Ende der Induktionsperiode erreicht die Konzentration kurzlebiger, aktiver Zwischenprodukte (Kettenträger) ihren Maximalwert, von welchem aus sie im zweiten Reaktionsstadium gegen Null abfällt. Ist die Zerfallskonstante dieser Zwischenprodukte groß gegenüber der der Ausgangssubstanz und ist die Differenz zwischen ihrer Bildungs- und Verbrauchsgeschwindigkeit klein, so können ihre Konzentrationen mit guter Näherung als stationär betrachtet werden. Diese Näherung der Methode des stationären Zustandes (steady state) wurde zuerst von BODENSTEIN verwendet und ermöglichte es, die Geschwindigkeitsgleichungen im Bereich abnehmender Geschwindigkeit aus dem Reaktionsschema abzuleiten.

Während des ersten Abschnitts der Reaktion baut sich die quasistationäre Konzentration der aktiven Zwischenprodukte auf. Deshalb wird dieser Abschnitt nichtstationäre Periode (non stationary oder pre-steady state) genannt. Die momentanen Geschwindigkeitskonstanten zeigen hier eine Abhängigkeit höherer Ordnung von der Konzentration als im quasistationären Stadium. Deshalb erreicht man durch die kinetische Analyse besonders jenes Abschnitts oft eine Bestimmung der Konstantenkomplexe zusammengesetzter Reaktionen.

Geringe Verunreinigungen können in Reaktionsfolgen und insbesonders in Kettenreaktionen scheinbare Induktionsperioden hervorrufen. Wirkliche und scheinbare Induktionsperioden werden am Verhalten von weiter gereinigten Ausgangsstoffen oder eines Reaktionsgemisches, welches noch während der beobachteten Induktionszeit vorübergehend eingefroren wurde, erkannt.

Die Induktionsperiode kann verkürzt oder verlängert werden, je nachdem man dem Reaktionsgemisch das Zwischenprodukt in substantia (bei Oxydationen Aldehyde bzw. Erzeugung durch Lichteinstrahlung) oder einen Inhibitor hinzufügt.

Zur Aufrechterhaltung der Reaktion ist nur eine gewisse Konzentration aktiver Zwischenkörper notwendig. Ein Überschuß bleibt unwirksam und zersetzt sich. Diese Erscheinung wurde von NORRISH (36) als negative Induktionsperiode bezeichnet.

Eine ausführliche Diskussion der Induktionsperiode findet man bei SEMENOV (37, 52). Die Abhängigkeit der Induktionsperiode von den Konzentrationen und vom Umwandlungsgrad der Ausgangssubstanzen untersuchte HUHN (38) nach dem Vierstufenmechanismus. Die Differenz der Wahrscheinlichkeiten von Kettenverzweigung f und Kettenabbruch g bestimmt, ob der Vorgang stationär oder explosionsartig abläuft. Diese Differenz erweist sich in der folgenden Form als konzentrationsabhängig:

$$(f - g) = (k_3 c - k_4)$$

Dies erklärt, warum das Zustandekommen einer Explosion in einem Reaktionsgemisch mit einer Mindestkonzentration $c_{\text{krit}} = k_4/k_3$ verbunden ist. SZABÓ und Mitarb. (39) haben mit dem Vierstufenmechanismus den thermischen Zerfall von Sulfurylchlorid analysiert und gute Übereinstimmung zwischen berechneten und experimentellen Werten der Induktionsperiode erzielt.

Die Beziehung zwischen Reaktionsparametern und der Konzentration der Zwischenprodukte hängt vom Mechanismus ab. Für bimolekularen Start und bimolekularen Kettenabbruch leitete SZABÓ 1951 (40) den folgenden Ausdruck für die Induktionsperiode ab:

$$t_{\max} = \frac{1}{c_p k_1 k_2} \ln (1 + \sqrt{2}) .$$

HOWLETT fand, daß die Induktionszeit im Kettenzerfall chlorierter Kohlenwasserstoffe (41) von $I = 10^{-12} \exp (44300/RT)$ sec mit dem theoretisch abgeleiteten Wert gut übereinstimmt. HOWLETT verallgemeinerte seine Rechnung, die er auf das Trichloräthylen (42) und das 1,2-Dichloräthylen (43) anwandte, und erhielt Beziehungen zwischen den einzelnen Geschwindigkeitskonstanten und der Induktionszeit. GOODALL (44) präzisierte die Rechnung für verschiedene Reaktionsbedingungen, u. a. auch für Wandeffekte.

Die Konzentrationsabhängigkeit der Induktionsperiode wurde von MULCAHY und RIDGE (45) in der Oxydation des Propylens und von RIDGE (46) in der Oxydation von Isobutan festgestellt.

In der Tieftemperaturoxydation des n-Butans und Propylens ist die reziproke Induktionsperiode dem Produkt der Kohlenwasserstoff- und Sauerstoffkonzentrationen proportional (47).

BENSON (48) diskutierte die Länge der Induktionsperiode für verschiedene Reaktionsfolgen. Aus seinen Berechnungen ergab sich die relative Konzentration intermediärer Produkte bezogen auf Konzentrationen des stationären Zustandes. Das Verhältnis der Geschwindigkeitskonstanten des Kettenabbruchs zur Geschwindigkeitskonstanten der Startreaktion $k'/k = K$ ist im allgemeinen größer als $4/\alpha$, wo α den Umwandlungsgrad am Ende der Induktionsperiode bedeutet. Bei Kettenvorgängen besteht die Bedingung, daß die mittlere Geschwindigkeit oder die Geschwindigkeit des langsamsten Schrittes der Kette kleiner sein muß als die mit $4/\alpha$ multiplizierte Abbruchsgeschwindigkeit jenes Kettenträgers, welcher die Kette einleitet [siehe noch TALAT-ERBEN (49)].

Die nach BODENSTEIN gewonnene Näherungs-Lösung der Geschwindigkeit hat HUHN (50) diskutiert. Er gewinnt die Lösung nach dem Vierstufenmechanismus

$$-\frac{dc}{dt} = k_2 \sqrt{\frac{2k_1}{2k_4 - \lambda k_2} \left\{1 - \left(\frac{c}{c_0}\right)^{(2k_4 - \lambda k_2)/k_2}\right\}}\, c^{1 + \lambda/2} ,$$

wo die Bezeichnungen der einzelnen Geschwindigkeitskonstanten der Symbolik des Vierstufenmechanismus (siehe **3.** § 3) entsprechen und λ der Exponent der Startreaktion ist. Aus der Gleichung können zwei Grenzfälle abgeleitet werden. Wenn $2\,k_4 > \lambda\,k_2$, kann das zweite Glied in der Klammer mit der Abnahme von c neben 1 vernachlässigt werden. Die Geschwindigkeitsgleichung reduziert sich dann auf:

$$-\frac{dc}{dt} = k_2 \sqrt{\frac{2\,k_1}{2\,k_4 - \lambda\,k_2}}\; c^{1+\lambda/2}.$$

Hingegen ist der Geschwindigkeitsausdruck nach BODENSTEIN:

$$-\frac{dc}{dt} = k_2 \sqrt{\frac{k_1}{k_4}}\; c^{1+\lambda/2}.$$

Die Differenz zwischen beiden ist in diesem Falle nicht besonders groß. Im anderen Grenzfall, wenn $\lambda\,k_2 > 2\,k_4$, kann 1 neben $\left(\frac{c_0}{c}\right)^{(\lambda k - 2 k_4)/k_2}$ vernachlässigt werden. Die Geschwindigkeitsgleichung hat also die Form:

$$-\frac{dc}{dt} = k_2 \sqrt{\frac{2\,k_1}{\lambda\,k_2 - 2\,k_4}}\; c_0^{(\lambda k_2 - 2 k_4)/2 k_2}\; c^{(k_2 + k_4) k_2}.$$

Diese Gleichung unterscheidet sich grundsätzlich von den beiden vorigen, und zwar hinsichtlich der Reaktionsordnung, der Abhängigkeit der Geschwindigkeitskonstanten von der Anfangskonzentration und endlich auch darin, daß der Verlauf der stationären Geschwindigkeit nach der Stabilisierung der Ordnung nicht so entschieden und schnell ist, wie er es vorher – insbesonders im Falle $k_4 \gg k_2$ – war.

Während sich im ersten Fall die Integralkurve für $n = n(c)$ im spitzen Winkel dem Ursprung nähert, verlaufen diese Kurven im zweiten Fall entlang der Ordinatenachse, mit anderen Worten, der Verlauf des Quotienten n/c entspricht nicht einmal angenähert dem Verhältnis nach der BODENSTEINschen Bedingung. Die HUHNsche Methode ist nützlich hinsichtlich der Berechtigung und Genauigkeit der in der kinetischen Analyse angewandten Methoden.

Literatur zu Kapitel 2

1. LAIDLER, K. J., Chemical Kinetics, S. 13—18 (New York 1950); FROST, A. A. u. R. G. PEARSON, Kinetics and Mechanism, S. 40—44 (New York 1953); BENSON, S. W., The Foundation of Chem. Kinetics, S. 10—25 (New York 1960).
2. LETORT, M., J. Chim. Phys. **34**, 206 (1937); Bull. Soc. Chim. France **9**, 1 (1942).

3. WEN-HSUAN CHANG, J. Phys. Chem. **61**, 819 (1957).
4. MACHWART, G. M. u. R. E. QUILICI, Ind. Eng. Chem. **48**, 1194 (1956).
5. YEN-JUAN CHIEN, J. Amer. Chem. Soc. **70**, 2256 (1948).
6. FRENCH, D., J. Amer. Chem. Soc. **72**, 4806 (1950).
7. FROST, A. A. u. W. C. SCHWEMER, J. Amer. Chem. Soc. **74**, 1268 (1952); **73**, 4541 (1951).
8. TOBIN, M. C., J. Phys. Chem. **59**, 799 (1955).
9. SKRABAL, A., Homogenkinetik (Dresden u. Leipzig 1941).
10. RAKOWSKI, A., Z. phys. Chem. **57**, 321 (1907).
11. ZWOLINSKI, J. u. H. EYRING, J. Amer. Chem. Soc. **69**, 2702 (1947).
12. MATSEN, F. A. u. J. L. FRANKLIN, J. Amer. Chem. Soc. **72**, 3337 (1950).
13. SWAIN, C. G., J. Amer. Chem. Soc. **66**, 1696 (1944).
14. KLEIN, E. u. T. F. FAGLEY, J. Phys. Chem. **58**, 447 (1954).
15. MICKA, K., Chemické Listy **48**, 355 (1954).
16. BALANDIN, A. A. u. L. S. LEBENSON, Ber. Akad. Wiss. UdSSR. **39**, 23 (1949).
17. CHAO-TUNG CHEN, J. Phys. Chem. **62**, 639 (1958).
18. STEPUCHOWITSCH, A. D. u. L. M. TIMONIN, J. Physik. Chem. UdSSR **25**, 143 (1951).
19. KORVEZEE, A. E., Rec. Trav. Chim. des Pays-Bas **59**, 913 (1940).
20. ADIROWITSCH, M. T., Ber. Akad. Wiss. UdSSR. **61**, 467 (1948).
21. LAUTOUT, M., G. WYLLIE u. M. MAGAT, J. Chim. Phys. **50**, 199 (1953).
22. SALNIKOV, I. E., Ber. Akad. Wiss. UdSSR. **60**, 405 (1948).
23. STURTEVANT, J. M., J. Amer. Chem. Soc. **59**, 699 (1937).
24. WIDEQUIST, S., Arkiv Kemi **2**, 303 (1950).
25. CHRISTIANSEN, J. A., Z. phys. Chem. **196**, 12 (1950); **189**, 126 (1941).
26. NATTA, G. u. E. MANTICA, J. Amer. Chem. Soc. **74**, 3152 (1952).
27. RICE, F. O. u. K. F. HERZFELD, J. Amer. Chem. Soc. **56**, 284 (1934).
28. GOLDFINGER, P., M. LETORT u. M. NICLAUSE, „Contribution à l'étude de la structure moléculaire" Vol. commem. VICTOR HENRI (Liége 1948), S. 283.
29. EVANS, M. G. u. M. SZWARC, Trans. Faraday Soc. **45**, 940 (1949).
30. HILL, T. L., J. Chem. Phys. **17**, 503 (1949).
31. RICE, F. O. u. K. F. HERZFELD, J. Phys. Coll. Chem. **55**, 975 (1951)
32. BOBLETER, O., Z. phys. Chem. N.F. **4**, 1 (1955).
33. SZABÓ, Z. G., Z. Elektrochem. **59**, 1083 (1955); SZABÓ, Z. G., P. HUHN u. A. BERGH, Magy. Kém. Folyóirat **58**, 370 (1952); SZABÓ, Z. G., Trans. Faraday Soc. **55**, 1127 (1959).
34. SZABÓ, Z. G., T. BÉRCES u. P. HUHN, Trans. Faraday Soc. **55**, 1129 (1959).
35. SZABÓ, Z. G., P. HUHN u. F. MÁRTA, Trans. Faraday Soc. **55**, 1131 (1959).
36. NORRISH, R. G. W., Discuss. Faraday Soc. **10**, 269 (1951).
37. SEMENOV, N., Chemical Kinetics and Chain Reactions (Oxford 1935).
38. HUHN, P., Magyar Kémiai Folyóirat **58**, 380 (1952).
39. SZABÓ, Z. G., T. BÉRCES u. P. HUHN, Magyar Kémiai Folyóirat **64**, 225 (1958).
40. SZABÓ, Z. G., MTA, Kémiai Tudományok Osztályának Közleményei, **I**, 11 (1952); SZABÓ, Z. G., P. HUHN u. Á. BERGH, Magyar Kémiai Folyóirat **58**, 370 (1952).

41. HOWLETT, K. E., Trans. Faraday Soc. **48**, 25, 35 (1952).
42. GOODALL, A. M. u. K. E. HOWLETT, J. Chem. Soc. **1954**, 2599.
43. GOODALL, A. M. u. K. E. HOWLETT, J. Chem. Soc. **1956**, 3092.
44. GOODALL, A. M., Trans. Faraday Soc. **54**, 195 (1958).
45. MULCAHY, M. F. u. M. J. RIDGE, Trans. Faraday Soc. **49**, 1297 (1953).
46. RIDGE, M. J., Trans. Faraday Soc. **52**, 858 (1956).
47. MULCAHY, M. F., Trans. Faraday Soc. **45**, 575 (1949).
48. BENSON, S. W., J. Chem. Phys. **20**, 1605 (1952).
49. TALAT-ERBEN, M., J. Chem. Phys. **25**, 1293 (1956).
50. HUHN, P., Magyar Kémiai Folyóirat **64**, 263 (1958).
51. JOST, W., Z. Naturforschung **2a**, 159 (1947).
52. SEMENOV, N. N., Some Problems of Chemical Kinetics and Reactivity (London 1958).

Kapitel 3

Die kinetische Bedeutung der Energieübertragung

§ 1. Aktivierungsprozeß bei unimolekularen Reaktionen

Die Überführung der Molekeln in den aktiven Zustand bedeutet eine Anhäufung von Energie, die meistens durch Stöße erworben wird.

Untersuchungsmethoden der Energieübertragung mit Ultraschall, oder in Stoßwellen werden im Buch von MASSEY und BURHOP (1) zusammengefaßt.

Die Energieüberführung zwischen Rotations- und Translationsfreiheitsgraden ist die wirksamste und erfordert Stöße, deren Zahl in Größenordnung von 10^1–10^2 liegt. Je schwerer und komplexer die Molekel, desto geringer ist die Zahl der Stöße. Langsamer ist die Energieüberführung von Translations- auf Schwingungsfreiheitsgrade; so sind größenordnungsmäßig beim Stickstoff 10^7, beim Kohlendioxyd 10^5 und beim Distickstoffoxyd 10^4 Stöße nötig. Größere Molekeln erfordern auch hier eine geringere Zahl von Stößen, z. B. Kohlenstofftetrafluorid 6000, Äthylen 2000, Benzol 400, Äthan 50. Allgemein gilt, je kleiner die Schwingungsfrequenz, desto kleiner ist die Zahl der notwendigen Stöße. FOGG, HANKS und LAMBERT (2) haben den Logarithmus der Stoßzahl, welche zur Übertragung der Schwingungsenergie von Methylhalogeniden nötig ist, als eine lineare Funktion der niedrigsten Schwingungsfrequenz gefunden. UBBELOHDE und Mitarb. (3) bemerkten, daß Kohlenwasserstoffe, welche in ihrem Aufbau elastischer und biegsamer sind, besonders leicht ihre Schwingungsenergie auf Äthylen übertragen. Diese biegsamen Kohlenwasserstoffmolekeln weisen in der Diffusion den „Wasserstoffeffekt“ auf, daß nämlich der Stoßdurchmesser gegenüber Wasserstoff bedeutend größer ist als gegenüber anderen Gasen (4).

Infolge der großen Unterschiede in den Stoßwirksamkeiten können die Verhältnisse auch von geringen Verunreinigungen stark verändert werden. Wie schon erwähnt, sind etwa 86000 Stöße beim Kohlendioxyd nötig zur Anregung eines Schwingungsfreiheitsgrades. Aber bereits 215 Stöße erreichen dies, wenn das Kohlendioxyd mit Wasserstoff und 17, wenn es mit Wasser in Wechselwirkung tritt.

Unimolekulare Reaktionen sind zum Studium der Energieübertragung sehr geeignet. Je einfacher die Molekel ist, bei desto höherem Druck tritt in ihrem Zerfall der Bereich in Erscheinung, wo die Stoßaktivierung geschwindigkeitsbestimmend wird. Die Geschwindigkeit der Aktivierung kann durch Zugabe von fremden Gasen beschleunigt werden.

Johnston und Mitarb. (5) (siehe S. 161) haben im Falle der Stickstoffpentoxydzersetzung auch die Wirksamkeit der Desaktivierung mitberücksichtigt. Im unimolekularen Zerfall von Nitrylchlorid haben Volpe und Johnston (6, 7) die Wirkungsfaktoren von 16 Fremdgasen für die Energieübertragung bestimmt. [Zerfall der O_2-Molekel s. (52)].

Bei der Aktivierung analoger Reaktanten haben Fremdgase weitgehend gleiche Wirksamkeiten, wie von Pritchard, Sowden und Trotman-Dickenson (8, 9) im Falle der Isomerisierung von Cyclopropan und in der Zerfallsreaktion des Cyclobutans gezeigt wurde.

Bell, Robinson und Trenwith (10) haben beim thermischen Zerfall von Distickstoffmonoxyd gefunden, daß die Aktivierungsenergie des Zerfalls von den Fremdgasen abhängt. Ein besonderes Verhalten des Distickstoffmonoxyds bei der Aktivierung durch Edelgas wurde auch bei Ultraschallversuchen beobachtet (11).

Mit der statistischen Interpretation der Geschwindigkeit unimolekularer Reaktionen und mit der Konsistenz von Geschwindigkeitsangaben haben sich Johnston und White (12) beschäftigt.

§ 2. Wirksamkeit des Dreierstoß-Partners bei Rekombinationsvorgängen

Wenn sich zwei Partikel X und Y vereinigen, dann kann man dafür die Elementarschritte schreiben:

(1) $$X + Y \xrightarrow{k_1} XY^*$$

(2) $$XY^* \xrightarrow{k_2} X + Y$$

(3) $$XY^* + M \xrightarrow{k_3} XY + M\,.$$

Im quasistationären Fall wird die Geschwindigkeit der Assoziation:

$$v = \frac{k_1 k_3 [X] [Y] [M]}{k_2 + k_3 [M]} .$$

Wenn $k_3 [M] \ll k_2$ ist, wird die experimentell zu messende Geschwindigkeitskonstante dritter Ordnung $k_1 k_3 / k_2$. Wenn dagegen $k_3 [M] \gg k_2$ ist, geht die Reaktion in einen Vorgang zweiter Ordnung über mit der Geschwindigkeitskonstante k_1.

XY^* enthält noch die Reaktionsenergie. Wenn X und Y Atome sind, ist die Lebensdauer des gebildeten zweiatomigen „Quasi"-Moleküls von gleicher Größenordnung wie die Dauer einer Schwingung, d. h. ca. 10^{-13} sec. Die Reaktion (1) kann dann bei jedem Stoß verlaufen, und der Wert von k_1 beträgt ungefähr $3 \cdot 10^{-10}$ cm^3 Atom^{-1} sec^{-1}. Wenn auch die Reaktion (3) bei jedem Stoß stattfindet, mit anderen Worten, wenn M einen vollkommen wirksamen desaktivierenden Partner darstellt, ist für die Geschwindigkeitskonstante des Rekombinationsvorganges dritter Ordnung die Größenordnung 10^{-32} cm^6 Atom^{-2} sec^{-1} zu erwarten. Die experimentellen Messungen haben tatsächlich diese Größenordnung ergeben. Der Wechsel eines Vorganges von dritter Ordnung in die zweite Ordnung, tritt in Atomrekombinationen nur bei sehr großen Konzentrationen auf, ungefähr bei 2000 Atm. Druck, wenn die Temperatur 200° C ist. Wird die Wirksamkeit von M besonders groß, so muß man u. U. die obigen Schritte (1, 2, 3) durch die folgenden ersetzen:

(1′) $$X + M = XM^*$$

(2′) $$XM^* = X + M$$

(3′) $$XM^* + Y = XY + M .$$

Dieses Schema wird durch die Deutung des Temperaturkoeffizienten der Reaktion dritter Ordnung gestützt. Die Geschwindigkeit der Reaktion hat die folgende Gestalt: $v = A \exp (U/RT)$, wo U die Dissoziationsenergie von XM ist und der Größenordnung der van der Waalsschen Kräfte entspricht.

Wenn XY^* eine mehratomige Molekel ist, kann ihre Lebensdauer viel länger als 10^{-13} sec sein, da sich die Schwingungsenergie auf mehrere Freiheitsgrade zu verteilen vermag. Mehrere Schwingungen können verlaufen, bis sich die Assoziationsenergie wieder auf einer Bindung ansammelt und zur Dissoziation führt. Je größer die Geschwindigkeitskonstante der Desaktivierung ist, desto kleiner wird der Druck, bei welchem die dritte Ordnung in die zweite übergeht.

Bei komplizierteren Molekeln, wie z. B. in Oxydationsreaktionen der Kohlenwasserstoffe, kann auf den Schritt $R + O_2 = RO_2^*$ die Reaktion $RO_2^* + RH = ROOH + R$, d. h. die Bildung von Hydroperoxyden folgen. Dies ist aber nur möglich, wenn das angeregte RO_2^*-Radikal seinen Energieüberschuß nicht inzwischen durch Stöße verliert. Die Anwesenheit von Fremdgasen, insbesondere von Wasserstoff, begünstigt die Desaktivierung $RO_2^* + X = RO_2 + X^*$, was sich in Abnahme der Geschwindigkeit offenbart (4).

Auf die Notwendigkeit der Annahme der Atomrekombination dritter Ordnung hat zuerst Bodenstein (13) bei der photochemischen Bromwasserstoffbildung hingewiesen und die genauere experimentelle Bestätigung ist Jung und Jost (14, 15) zu verdanken. Auch die Wirksamkeit der Dreierstoßpartner konnte festgestellt werden. Schweitzer und van Artsdalen (16) fanden bei der photochemischen Bromierung von Neopentan, daß dieses ein etwa 175mal wirksamerer Dreierstoßpartner ist als Wasserstoff.

Rabinowitch (17) hat die Wirksamkeit des Dreierstoßpartners bei der Rekombination von Bromatomen auch auf direktem Wege, jedoch nur bei sehr geringer Atomkonzentration gemessen. Die Weiterentwicklung photochemischer Messungen durch Porter (18) und Mitarb. zur Blitzlichtphotolyse hat die Herstellung viel größerer Atomkonzentrationen und dadurch genauere Messungen ermöglicht (Abb. 2).

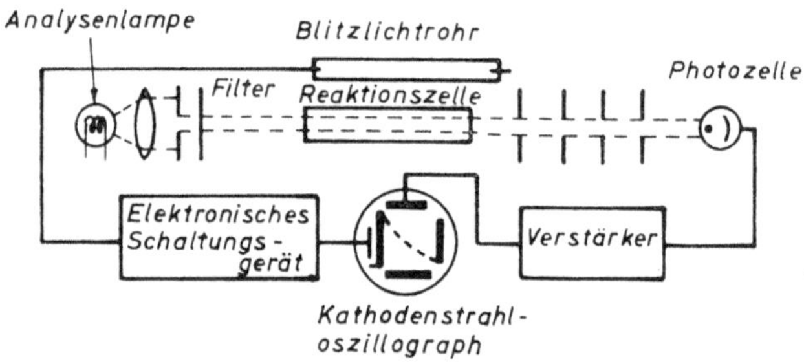

Abb. 2. Die Apparatur zur Blitzlichtphotolyse

Die Portersche Methode wurde auch von Marshall und Davidson (19), von Russell und Simons (20) und von Willard und Mitarb. (21) zur Messung der Jod- bzw. Bromatomrekombination angewandt. Beim Jod ergab sich die nach der Gleichung $-d[J]/dt = k[J]^2[Ar]$ definierte Geschwindigkeitskonstante bei Zimmertemperatur und in Anwesenheit von Argon folgendermaßen:

Tabelle 2

Geschwindigkeitskonstante der Rekombination des Jodatoms in Anwesenheit von Argon bei Zimmertemperatur nach verschiedenen Verfassern

Verfasser	$10^{32} k$ (cm^6 Molekel^{-2} sec^{-1})
CHRISTIE und Mitarb. (1953) (Teil I)	$2{,}42 \pm 0{,}06$
MARSHALL und DAVIDSON (1953)	$2{,}32 \pm 0{,}22$
RUSSELL und SIMONS (1953)	$2{,}00 \pm 0{,}10$
STRONG und WILLARD (1954)	$1{,}60 \pm 0{,}05$ $(Ar) = 500$ mm Hg
	$1{,}47 \pm 0{,}04$ $(Ar) = 700$ mm Hg

Messungen der Cambridgeer Schule ergaben, daß die Jodmolekel ein besonders wirksamer Dreierstoßpartner ist, in dessen Anwesenheit die Rekombination bei Zimmertemperatur etwa 500mal schneller ist als in Anwesenheit von Argon. Dies kann durch die besondere Stabilität des J_3-Moleküls gedeutet werden. Für die Edelgase ergaben sich die folgenden Werte der Geschwindigkeitskonstante:

Tabelle 3

Einfluß verschiedener Edelgase auf die Rekombination der Jodatome

M	He	Ne	Ar	Kr	Xe
$10^{32} k$ (cm^6 Molekel^{-2} sec^{-1}) . . .	0,67	0,92	1,84	2,25	2,99

Bei der Wiederholung der Versuche haben CHRISTIE, HARRISON, NORRISH und PORTER systematische Abweichungen von der dritten Ordnung gefunden. So nahm der Wert der Geschwindigkeitskonstanten in inerten Gasen mit dem Verhältnis $[J_2]/[M]$ zu. Dieser Effekt wurde in den früheren Messungen deshalb nicht gefunden, weil k wegen eines thermischen Effekts gleichzeitig abnimmt. Als diese störende Wirkung berücksichtigt wurde, erhielt man in Anwesenheit von Argon eine kleinere Geschwindigkeitskonstante als früher, aber eine größere als die von STRONG und WILLARD gemessene.

STRONG, CHIEN, GRAF und WILLARD (loc. cit.) haben aus Messungen von Zimmertemperatur bis 160° C eine negative scheinbare Aktivierungsenergie für den Rekombinationsvorgang festgestellt; z. B. im Falle des Jods in Argon — 1,4 kcal/Mol. Sie fanden bei Zimmertemperatur ferner, daß der Stickstoff ein 1,3mal und der Sauerstoff ein 2,2mal wirksamerer Dreierstoßpartner ist als Argon. Für die Bromrekombination in Argon ergab sich eine scheinbare Aktivierungsenergie von 2,09 kcal/Mol.

DAVIDSON und Mitarb. (22) haben die Dissoziation des Jods im Temperaturintervall 1000–1600° K mittels Stoßwellen untersucht. Für die Geschwindigkeit der Rekombination wurden in Anwesenheit von Ar, He, N_2, O_2, CO_2 die folgenden Werte gefunden:

Tabelle 4
Geschwindigkeitskonstanten der Jodatom-Rekombinationsreaktion in Anwesenheit von verschiedenen Gasen

Gas	$k \cdot 10^{-8}$ (Liter² Mol⁻² sec⁻¹)	Geschwindigkeitskonstante bezogen auf Argon
Ar	4,5 (1300 °K)	1
He	1,8 (1400 °K)	0,5
N_2	4,4 (1300 °K)	1,0
N_2	7,1 (1300 °K)	1,6
O_2.	5,3 (1275 °K)	1,2
CO_2	9,3 (1120 °K)	1,6

Die Tabelle enthält für Stickstoff zwei Werte. Der erste bezieht sich auf die während des Stoßes angeregte, der zweite auf die unangeregte Molekel. Die negativen Aktivierungsenergien ergaben sich zu ca. 4500 cal in Ar, 7960 cal in He und 9460 cal in CO_2. Die aus diesen Daten auf Zimmertemperatur extrapolierte Rekombinationsgeschwindigkeit der Jodatome stimmte mit den Cambridger Messungen ziemlich gut überein. Mit der Temperatur ändert sich auch die Wirksamkeit des Dreierstoßpartners. So ist das Verhältnis der Wirksamkeiten von Jod und Argon bei 1300 °K nur noch 30, während es bei Zimmertemperatur etwa 500 ausmacht.

Die Dissoziations- und Rekombinationsgeschwindigkeit der Brommolekel wurde im Temperaturintervall von 1400–2700° K von Britton und Davidson (23) mit Stoßwellen untersucht. Bei aller Ungenauigkeit konnte auch in diesem Falle auf einen negativen Temperaturkoeffizienten geschlossen werden, da für die Rekombinationsgeschwindigkeit bei 1600° K der Wert $3{,}4 \cdot 10^8$ Liter² Mol⁻² sec⁻¹ gemessen wurde, während sich mit Blitzlichtphotolyse bei Zimmertemperatur die Geschwindigkeit in denselben Einheiten zu $2{,}5 \cdot 10^9$ ergab. Die Brommolekeln sind als Dreierstoßpartner etwa achtmal wirksamer als Argon. Zu völlig übereinstimmenden Werten gelangten auch Palmer und Hornig (24). [Neuere Ergebnisse s. (54)].

Norrish und Mitarb. (25) fanden mit Hilfe der kinetischen Spektroskopie, daß die in ihren Schwingungen angeregte Sauerstoffmolekeln bei der Ozonzersetzung die größte Rolle spielen. Diese Gebilde entstehen in der Reaktion $O + O_3 \rightarrow O_2^* + O_2$ und ihre Wechselwirkung mit Ozon $O_2^* + O_3 \rightarrow 2O_2 + O$ pflanzt die Kette fort. Die angeregten Sauerstoffmolekeln weisen eine Schwingungsanregung von etwa 16 Quanten auf. Das Sauerstoffatom gibt mit Sauerstoffmolekel im Dreierstoß Ozon: $O + O_2 + M \rightarrow O_3 + M$. Die Wirksamkeit des Dreierstoßpartners ist wie folgt:

Tabelle 5

Wirksamkeit des Dreierstoßpartners in der Reaktion $O + O_2 + M \rightarrow O_3 + M$

He	Ar	SF_6	CO_2	N_2	N_2O	O_2
1	1	1,5	14	16	17	—
0,5	1	—	10	6	—	10

Die erste Zeile der Tabelle gibt die Stoß/Stoß-Wirksamkeiten nach McGrath und Norrish wieder, während die zweite Reihe dieselbe aus Versuchen von Beretta und Schumacher (26) berechnete Wirksamkeit zeigt. Wie ersichtlich, sind die kugelsymmetrischen Moleküle und Edelgase bedeutend weniger wirksame Dreierstoßpartner als nicht-symmetrische Molekeln. In der Schwingung angeregte Sauerstoffmolekeln wurden von Lipscomb, Norrish und Thrush (27) auch in den folgenden Reaktionen dargestellt:

$$O + NO_2 \rightarrow NO + O_2^*$$
$$O + ClO_2 \rightarrow ClO + O_2^*$$

als Stickstoffdioxyd bzw. Chlordioxyd der Blitzlichtphotolyse ausgesetzt wurde. Die Desaktivierung von angeregten Sauerstoffmolekeln zeigte in Anwesenheit von verschiedenen Gasen das folgende Bild:

Tabelle 6

Desaktivierung von angeregten Sauerstoffmolekeln

Desaktivierende Molekeln	Die zur Desaktivierung nötige Zahl der Stöße	Frequenz der nächsten Schwingung (cm^{-1})
N_2	10^7	2359
CO_2	7000	1286, 1388
ClO	2000	868
ClO_2	2000	945, 1106
Ar	10^7	—
NO_2	500	1320, 1621

Die Frequenzen der angeregten Sauerstoffmolekeln bei den Übergängen $7 \rightarrow 6$, bzw. $6 \rightarrow 5$ sind 1417, bzw. 1440 cm^{-1}. Wie aus diesen Angaben ersichtlich ist, wird die Schwingungsenergie desto leichter entfernt, je näher die Eigenfrequenz des Partners der Frequenz des angeregten Sauerstoffs ist. Besonders leicht geschieht es bei Radikalen, deren ungepaartes Elektron die Energieübernahme beim Stoß erleichtert.

§ 3. Reaktionen von angeregten Teilchen. Sensibilisierung

Die Reaktionskinetik angeregter Partikel wird in Zusammenfassungen (z. B. 28, 29) und in der Monographie von LAIDLER (30) behandelt.

Moleküle und Atome, welche sich nicht im Grundzustand befinden, bezeichnet man als angeregt. Solche Zustände besonderer Energie können in einem Gasgemisch durch Ultraschall, Stoßwellen, Absorption geeigneter elektromagnetischer Wellen, Korpuskularstrahlung usw. hervorgebracht werden. In chemischen Reaktionen können dann angeregte Produkte entstehen, wenn in den Elementar-Vorgängen Atome oder Radikale auftreten. Die Anregungs-Zustände werden u. U. durch Lumineszenz des Reaktionsgemisches angezeigt, wie beispielsweise in Flammen. [S. noch (53)].

Angeregte Zustände können Zweierstoßassoziationen ermöglichen, indem die Überschußenergie – statt vom Dreierstoßpartner abgeführt zu werden – im sogenannten Rekombinationskontinuum abgestrahlt wird, so daß sich das Molekül stabilisieren kann. Dafür kennt man die folgenden Beispiele:

$$CO + O \rightarrow CO_2^* \rightarrow CO_2 + h\nu$$

Nach MULLIKEN (31) spielt sich der Vorgang über die folgenden Elektronenzustände ab:

$$O(^3P) + CO(^1\Sigma^+) \rightarrow CO_2^*(^3\Pi, {}^3\Sigma) \rightarrow CO_2(^1\Sigma_g^+) + h\nu\,.$$

Ein anderes Beispiel ist:

$$NO + O \rightarrow NO_2^* \rightarrow NO_2 + h\nu\,.$$

Diese Reaktion kann für den qualitativen Nachweis und die quantitative „Titration“ von atomarem Sauerstoff in Reaktionsgemischen gebraucht werden.

Dreierstoßassoziationen können in zwei Typen eingeteilt werden:

a) $$A + B + C \rightarrow AB^* + C$$

b) $$A + B + C \rightarrow AB + C^*$$

Die erste Reaktion ist die Umkehrung einer photolytischen Sekundär-Reaktion, während die zweite eine umgekehrte photosensibilisierte Dissoziation darstellt. Der in diesen Reaktionen gebildete angeregte Zustand weist ein diskretes Spektrum auf. Als Beispiel für den ersten Vorgang kann die Rekombination von Stickstoff- oder Sauerstoffatomen erwähnt werden, ferner die Reaktion

$$O(^3P) + CO(^1\Sigma^+) + M \rightarrow CO_2^*(^3\Pi) + M\,.$$

Die Assoziation von Wasserstoffatomen spielt sich in Anwesenheit von Schwefelmolekeln nach dem zweiten Typ ab:

$$H + H + S_2 \rightarrow H_2 + S_2^*$$

oder in Anwesenheit von Natriumatomen:

$$Na(^2S) + 2\,H(^2S) \rightarrow Na^*(^2P) + H_2(^1\Sigma_g^+).$$

Repräsentanten von Austauschreaktionen, die zu angeregten Produkten führen, sind:

$$A + BC \rightarrow AB + C^* \quad \text{z. B.} \quad Na_2 + Cl \rightarrow NaCl + Na^*$$

$$AB + CD \rightarrow AC^* + BD \quad \text{z. B.} \quad CH + O_2 \rightarrow CO + OH^*$$

Die kinetische oder innere Energie einer Molekel kann im nichtelastischen Stoß in die Elektronen-Anregungs-Energie eines anderen Atoms oder Moleküls umgewandelt werden. Dies ist der Fall bei Stößen zweiter Art:

$$NaCl + Na(^2S) \rightarrow NaCl + Na^*(^2P),$$

wo die Schwingungsenergie von NaCl in Anregungs-Energie des Na-Atoms umgewandelt wird. Dieser Vorgang läuft nicht mit großer Ausbeute ab.

Die wichtigsten Typen der Reaktionen angeregter Atome und Molekeln sind:

1. Spontane Dissoziation: $AB^* \rightarrow A + B$, z.B. $C_2H_4^* \rightarrow C_2H_2 + H_2$ (32).
2. Spontane Isomerisierung: $AB^* \rightarrow BA$. Einige, von Kistiakowsky und Mitarb. schon in den dreißiger Jahren untersuchte cis-trans-Isomerisierungen gehören hierher.
3. Physikalische Auslöschung, wenn die Elektronen-Energie der angeregten Molekeln ohne chemische Reaktion entfernt wird.

$$A^* + B \rightarrow A + B,$$

z. B.

$$Na^*(^2P) + H_2(^1\Sigma_g^+) \rightarrow Na(^2S) + H_2(^1\Sigma_g^+).$$

Die Wirksamkeit der Auslöschung pflegt man durch den Auslöschungsdurchmesser anzugeben, welcher die Wahrscheinlichkeit angibt, mit der die stoßende Molekel die Elektronen-Anregungs-Energie übernehmen kann. Auslöschungsdurchmesser sind für die obige Reaktion in verschiedenen Gasen in der folgenden Tabelle gegeben (siehe Laidler loc. cit. S. 102).

Edelgase	H_2	N_2	CO	J_2	Br_2	CH_4	C_2H_6	C_2H_4
O	7,4	14,5	28,0	40,0	100,0	0,11	0,17	44,0

4. Übertragung von Elektronen-Energie auf die stoßende Molekel: $A^* + B \rightarrow A + B^*$. Dies ist die sensibilisierte Fluoreszenz, wie sie zuerst

von CARIO und FRANCK beobachtet wurde: $Hg^*(^3P_1) + Tl(^2P_{1/2}) \rightarrow \rightarrow Hg(^1S_0) + Tl^*$.

5. Auslöschung begleitet von der Dissoziation der stoßenden Molekel: $A^* + BC \rightarrow A + B + C$. Dies ist der Vorgang der sensibilisierten Dissoziation: $Hg^*(^3P_1) + H_2 \rightarrow Hg(^1S_0) + 2H$.

6. Chemische Auslöschung: $A^* + BC \rightarrow AB + C$. Diese kommt in der Dissoziation des Wasserstoffmoleküls sensibilisiert durch angeregtes Cadmium vor: $Cd^*(^3P_1) + H_2 \rightarrow CdH(^2\Sigma^+) + H$.

7. Auslöschung, die mit Dissoziation der angeregten Molekel verbunden ist: $AB^* + C \rightarrow A + B + C$.

$$\mathrm{OH}^*(^2\Sigma^+) + \mathrm{H}_2(^1\Sigma_g^+) \rightarrow \mathrm{O}(^3\mathrm{P}) + \mathrm{H}(^2\mathrm{S}) + \mathrm{H}_2(^1\Sigma_g^+) \quad (33).$$

8. Auslöschung, verbunden mit der Isomerisierung der angeregten Molekel: $AB^* + C \rightarrow BA + C$, STEACIE und Mitarb. (34)

$$C_4H_8^*-1 + C_4H_8-1 \rightarrow C_4H_8-2 + C_4H_8-1.$$

9. Dreierstoßassoziation zwischen der angeregten Molekel und einer stoßenden Molekel: $A^* + B(+M) \rightarrow AB(+M)$. Dieser Fall kommt vor z. B. in der Reaktion des angeregten Sauerstoffatoms und Kohlenmonoxyd-Moleküls (35): $\mathrm{O}^*(^1\mathrm{D}) + \mathrm{CO}(^1\Sigma^+) + \mathrm{M} \rightarrow \mathrm{CO}_2(^1\Sigma_g^+) + \mathrm{M}$.

In Reaktionen von angeregten Atomen, bzw. Molekeln muß insbesondere darauf geachtet werden, daß sich der totale Spin während des Vorganges im Sinne der WIGNERschen Regel (siehe Kap. 1. S. 4) nicht verändert. In den obigen Beispielen ist diese Regel erfüllt. Andererseits können nach dieser Regel die folgenden Reaktionen nicht stattfinden:

$$\mathrm{N_2O_5}(^1\mathrm{A}) \rightarrow \mathrm{N_2O_3}(^1\mathrm{A}) + \mathrm{O_2}(^3\Sigma_g^-)$$
$$\mathrm{O}(^3\mathrm{P}) + \mathrm{CO}(^1\Sigma) \rightarrow \mathrm{CO_2}(^1\Sigma_g^+)$$
$$\mathrm{Hg}^*(^3\mathrm{P}) + \mathrm{H_2}(^1\Sigma_g^+) \rightarrow \mathrm{Hg}(^1\mathrm{S}) + \mathrm{H_2}(^1\Sigma_g^+).$$

Reaktionen angeregter Zustände können sehr verschiedenartig ausfallen. CALVERT und LAYNE (36) haben neuerdings den früheren Befund von NORRISH und GRIFFITHS (37) bestätigt, nach dem jede angeregte Molekel in der Photolyse des Glyoxaldampfes reagiert und sekundäre Desaktivierung nicht vorkommt. Im Gegensatz dazu haben MARTIN und SUTTON (38) nicht nur die Desaktivierung des angeregten Zustandes sondern auch eine neue Reaktionsmöglichkeit des in einem niedrigeren Anregungszustand befindlichen Moleküls entdeckt. Im Aceton-Jod-Gemisch hängt die Quantenausbeute sowohl von der Aceton- wie von der Jodkonzentration ab. Dies kann durch die folgenden Reaktionsschritte gedeutet werden:

(1) $$A + h\nu \rightarrow A'$$
(2) $$A' \rightarrow CH_3 + CH_3CO$$
(3) $$A' + J_2 \rightarrow A''$$
(4) $$A'' \rightarrow CH_3 + CH_3CO$$
(5) $$A'' + M \rightarrow A + M.$$

PORTER und WRIGHT (39) haben die Phosphoreszenz in Dämpfen von Aromaten untersucht und beschreiben die Desaktivierung über einen Triplettzustand mit folgenden Schritten:

(1′) $$A + h\nu \rightarrow A^*$$
(2′) $$A^* \rightarrow A + h\nu$$
(3′) $$A^* \rightarrow A_T$$
(4′) $$A^* + M \rightarrow A_T + M$$
(5′) $$A_T \rightarrow A$$
(6′) $$A_T + M \rightarrow A + M.$$

In jüngster Zeit ergänzten sich die in neun Kategorien eingeteilten Reaktionstypen in mancher Hinsicht oder wurden durch weitere Experimente wieder bestätigt. So gelang es DARWENT (40) in der Dissoziation des angeregten Äthylens nachzuweisen, daß die Zersetzung an der Wand erfolgt.

NORRISH und Mitarb. (41) stellten Sauerstoffmolekeln, deren Schwingungen bis zu etwa 8 Quanten angeregt waren, in der Photolyse des Chlordioxyds und Stickstoffdioxyds her. Ferner erreichten und bewiesen sie die Anregung der Sauerstoffmolekeln bis 16 Quanten in der Ozonphotolyse und untersuchten ihre Desaktivierungsmöglichkeiten. Mit der Rolle des im Kettenzerfall des Ozons vorkommenden, angeregten Reaktionspartners hat sich auch BENSON beschäftigt (42). Die in nicht-elastischen Stößen vorkommenden Energieübertragungsvorgänge, einschließlich des Elektronenaustausches, ferner die Umwandlung der Anregungsenergie in kinetische Energie untersuchten MUSCHLITZ und SIMONS (43). WILLIAMS und Mitarb. (44) haben durch Untersuchung der „heißen“ Wasserstoff- und Deuterium-Atomreaktionen neue Beispiele für den Typ 5 gebracht. Die gekoppelten Reaktionen waren auch zur Feststellung der Differenzen der Aktivierungsenergie geeignet. MARTIN und Mitarb. (45) haben Molekülstrahlen von stabilen Gasen zur Einleitung chemischer Vorgänge, wie z. B. des Chlordioxydzerfalls benutzt.

EYRING, HIRSCHFELDER und TAYLOR (46) haben die Geschwindigkeit der Reaktion $H_2 + H_2^+ \rightarrow H_3^+ + H$ diskutiert und den Wert der Geschwindigkeitskonstanten abgeleitet. STEVENSON und SCHISSLER (47) gelang es, die Geschwindigkeiten von 21 Reaktionen im Massenspektrometer zu bestimmen, wie z. B.

(1) $Kr^+ + H_2 \rightarrow KrH^+ + H$

(2) $H_2^+ + O_2 \rightarrow HO_2^+ + H$

(3) $HCl^+ + HCl \rightarrow H_2Cl^+ + Cl$

(4) $CH_3OH^+ + CH_3OH \rightarrow CH_3OH_2^+ + CH_3O$

(5) $CH_3^+ + CH_4 \rightarrow C_2H_5^+ + H_2$

(6) $C_3H_6^+ + C_3H_6 \rightarrow C_4H_8^+ + C_2H_4$ usw.

MEISELS und Mitarb. (48), ferner FIELD und Mitarb. (49) haben die Ergebnisse von STEVENSON und SCHISSLER bestätigt und gaben einen allgemeinen Ausdruck für den Stoßdurchmesser solcher Reaktionen an.

FIELD, FRANKLIN und LAMPE (50) haben weitere Geschwindigkeitskonstanten und Stoßquerschnitte bestimmt. Ihre experimentellen Ergebnisse sind aus der folgenden Tabelle zu ersehen:

Tabelle 7

Stoßquerschnitte und Geschwindigkeitskonstanten nach FIELD, FRANKLIN und LAMPE

Reaktion	Experimenteller Wert		Theoretischer Wert
	Stoßquerschnitt ($cm^2 \cdot 10^{16}$)	Geschwindigkeitskonstante ($cm^3\ Mol^{-1}\ sec^{-1} \cdot 10^9$)	
$CH_4 + CH_4 \rightarrow CH_5^+ + CH_3$	221	2,8	1,3
$CH_3 + CH_4 \rightarrow C_2H_5^+ + H_2$	251	3,2	1,3
$C_2H_2^+ + C_2H_4 \rightarrow (C_4H_6^+)$	123	1,2	1,3
$C_2H_4^+ + C_2H_4 \rightarrow (C_4H_8^+)$	155	1,5	1,3
$C_2H^+ + C_2H_4 \rightarrow C_4H_3^+ + H_2$	131	1,2	1,3
$C_2^+ + C_2H_4 \rightarrow C_4H_2 + H_2$	284	3,5	1,3

Diese Vorgänge sind äußerst schnell und die Stoßquerschnitte sehr groß. Die Geschwindigkeitskonstanten stimmen mit theoretischen Werten, nach EYRING, HIRSCHFELDER und TAYLOR berechnet, gut überein.

Diese Versuche haben zur Stützung der Theorie der absoluten Reaktionsgeschwindigkeit beigetragen; andererseits haben sie nützliche Angaben für solche Reaktionen geliefert, welche im elektrischen Entladungsrohr, im fernen Ultraviolett, in Mikro- und Stoßwellen oder in den oberen Schichten unserer Atmosphäre vorkommen.

Zum Schluß sei noch ein Versuch von GORDUS und WILLARD (51) erwähnt, der ein Beispiel des Types 6 ist. Durch Neutronbestrahlung (n, γ) wurden die Isotopen ^{128}J, ^{38}Cl und ^{80}Br dargestellt. Mit diesen Isotopen spielt sich ein Verdrängungsvorgang von Typ $X + RH = RX + H$ ab.

Literatur zu Kapitel 3

1. MASSEY, H. S. W. u. E. H. S. BURHOP, Electronic and Ionic Impact Phenomena (Oxford 1952).
2. FOGG, P. G. T., P. A. HANKS u. J. D. LAMBERT, Proc. Roy. Soc., A **219**, 490 (1953).
3. MCGRATH, W. D. u. A. R. UBBELOHDE, Nature **173**, 990 (1954).
4. UBBELOHDE, A. R. u. J. C. MCCOUBREY, Discuss. Faraday Soc. **10**, 94 (1951); McD. CUMMINGS, G. A. u. A. R. UBBELOHDE, J. Chem. Soc. **1953**, 3751; MCCOUBREY, J. C., J. B. PARKE u. A. R. UBBELOHDE, Proc. Roy. Soc., A **223**, 155 (1954); McD. CUMMINGS, G. A., E. MCLAUGHLIN u. A. R. UBBELOHDE, J. Chem. Soc. **1955**, 1141; MCGRATH, W. D. u. A. R. UBBELOHDE, Proc. Roy. Soc., A **227**, 1 (1955); LAMBERT, J. D., K. J. COTTON, M. W. PAILTHORPE, A. M. ROBINSON, J. SCRIVINS, M. R. F. VALE u. R. M. YOUNG, Proc. Roy. Soc., A **231**, 280 (1955).
5. WILSON, D. J. u. H. S. JOHNSTON, J. Amer. Chem. Soc. **75**, 5763 (1953); JOHNSTON, H. S., J. Amer. Chem. Soc. **75**, 1567 (1953).
6. VOLPE, M. u. H. S. JOHNSTON, J. Amer. Chem. Soc. **78**, 3903 (1956).
7. VOLPE, M. u. H. S. JOHNSTON, J. Amer. Chem. Soc. **78**, 3910 (1956).
8. PRITCHARD, H. O., R. G. SOWDEN u. A. F. TROTMAN-DICKENSON, Proc. Roy. Soc., A **217**, 563 (1953).
9. PRITCHARD, H. O., R. G. SOWDEN u. A. F. TROTMAN-DICKENSON, Proc. Roy. Soc., A **218**, 416 (1953).
10. BELL, T. N., P. L. ROBINSON u. A. B. TRENWITH, J. Chem. Soc. **1957**, 1474.
11. WALKER, R. A., T. D. ROSSING, S. LEGVOLT, Natl. Advisory Comm. Aeronaut. Tech. Note. No 3210 (1954).
12. JOHNSTON, H. S. u. J. R. WHITE, J. Chem. Phys. **22**, 1969 (1954).
13. BODENSTEIN, M. u. H. LÜTKEMEYER, Z. phys. Chem. **114**, 208 (1925).
14. JOST, W., Z. phys. Chem. **B 3**, 83 (1929).
15. JOST, W. u. G. JUNG, Z. phys. Chem. **B 3**, 95 (1929).
16. SCHWEITZER, F. E. u. E. R. VAN ARTSDALEN, J. Chem. Phys. **19**, 1028 (1951).
17. RABINOWITCH, E. u. W. C. WOOD, Trans. Faraday Soc. **32**, 907 (1936).
18. PORTER, G., Proc. Roy. Soc. A **200**, 284 (1950); CHRISTIE, M. I., R. G. W. NORRISH u. G. PORTER, Proc. Roy. Soc., A **216**, 152 (1953); Discuss. Faraday Soc. **17**, 107 (1954); CHRISTIE, M. I., A. J. HARRISON, R. G. W. NORRISH u. G. PORTER, Proc. Roy. Soc., A **231**, 446 (1955).
19. MARSHALL, R. u. N. DAVIDSON, J. Chem. Phys. **21**, 659 (1953).
20. RUSSELL, K. E. u. J. SIMONS, Proc. Roy. Soc., A **217**, 271 (1953).
21. STRONG, R. L., J. C. W. CHIEN, P. E. GRAF u. J. E. WILLARD, J. Chem. Phys. **26**, 1287 (1957).
22. BRITTON, D., N. DAVIDSON, W. GEHMAN u. G. SCHOTT, J. Chem. Phys. **25**, 804 (1956).
23. BRITTON, D. u. N. DAVIDSON, J. Chem. Phys. **25**, 810 (1956).

24. PALMER, H. B. u. D. F. HORNIG, J. Chem. Phys. **26**, 98 (1957).
25. MCGRATH, W. D. u. R. G. W. NORRISH, Proc. Roy. Soc., A **242**, 265 (1957).
26. BERETTA, U. u. H. J. SCHUMACHER, Z. phys. Chem. **B 17**, 417 (1932).
27. LIPSCOMB, F. J., R. G. W. NORRISH u. B. A. THRUSH, Proc. Roy. Soc., A **233**, 455 (1955—1956).
28. LAIDLER, K. J. u. K. E. SCHULER, Chem. Rev. **48**, 153 (1951).
29. BURTON, M., Ann. Rev. Phys. Chem. **1**, 113 (1950).
30. LAIDLER, K. J., The Chemical Kinetics of Excited States (Oxford 1955).
31. MULLIKEN, R. S., J. Chem. Phys. **3**, 720 (1935).
32. LE ROY, D. J. u. E. W. R. STEACIE, J. Chem. Phys. **9**, 829 (1941).
33. GAYDON, A. G., Spectroscopy and Combustion Theory. 2nd Edition (London 1948).
34. GUNNING, H. E. u. E. W. R. STEACIE, J. Chem. Phys. **14**, 581 (1946).
35. POPOW, B., Acta physicochim. UdSSR. **3**, 233 (1935).
36. CALVERT, J. G. u. G. S. LAYNE, J. Amer. Chem. Soc. **75**, 856 (1953).
37. NORRISH, R. G. W. u. J. G. A. GRIFFITHS, J. Chem. Soc. **1928**, 2829.
38. MARTIN, G. R. u. H. C. SUTTON, Trans. Faraday Soc. **48**, 812 (1952).
39. PORTER, G. u. F. J. WRIGHT, Trans. Faraday Soc. **51**, 1205 (1955).
40. DARWENT, B. de B., J. Chem. Phys. **19**, 258 (1951).
41. LIPSCOMB, F. J., R. G. W. NORRISH u. B. A. THRUSH, Proc. Roy. Soc., A **233**, 455 (1955—1956); MCGRATH, W. D. u. R. G. W. NORRISH, Proc. Roy. Soc., A **242**, 265 (1957).
42. BENSON, S. W., J. Chem. Phys. **26**, 1351 (1957).
43. MUSCHLITZ, jr. E. E. u. J. H. SIMONS, J. Phys. Chem. **56**, 837 (1952).
44. SCHWARZ, H. A., R. R. WILLIAMS jr. u. W. H. HAMILL, J. Amer. Chem. Soc. **74**, 6007 (1952); CARTER, R. J., W. H. HAMILL u. R. R. WILLIAMS jr., J. Amer. Chem. Soc. **77**, 6457 (1955).
45. MARTIN, H. u. H. J. MEYER, Naturwiss. **39**, 85 (1952).
46. EYRING, H., J. O. HIRSCHFELDER u. H. S. TAYLOR, J. Chem. Phys. **4**, 479 (1936).
47. STEVENSON, D. P. u. D. O. SCHISSLER, J. Chem. Phys. **23**, 1353 (1955); **24**, 926 (1956).
48. MEISELS, G. G., W. H. HAMILL u. R. R. WILLIAMS, jr., J. Chem. Phys. **25**, 790 (1956).
49. FIELD, F. H., J. L. FRANKLIN u. F. W. LAMPE, J. Amer. Chem. Soc. **78**, 5697 (1956).
50. FIELD, F. H., J. L. FRANKLIN u. F. W. LAMPE, J. Amer. Chem. Soc. **79**, 2419 (1957); **79**, 2665 (1957).
51. GORDUS, A. A. u. J. E. WILLARD, J. Amer. Chem. Soc. **79**, 4609 (1957).
52. BYRON, S. R., J. Chem. Phys. **30**, 1380 (1959).
53. MAGÉE, J. L. u. W. H. HAMILL, J. Chem. Phys. **31**, 1380 (1959).
54. GIVENS, W. G. jr. u. J. E. WILLARD, J. Amer. Chem. Soc. **81**, 4773 (1959).

Kapitel 4

Probleme der chemischen Reaktionsgeschwindigkeit

§ 1. Absolute Reaktionsgeschwindigkeit

[Methode des Übergangszustandes („transition state")]

Die Theorie des Übergangszustandes (transition state) wurde u. a. von EYRING in die heute übliche Form gebracht. Die Gleichgewichtskonstante $K^{\ddagger}$ des Gleichgewichtes zwischen Ausgangsmolekeln und aktivem Komplex wird durch die Zustandssummen und die Differenz E_0 zwischen den Nullpunktsenergien der Gleichgewichtspartner ausgedrückt:

$$K^{\ddagger} = \frac{F^{\ddagger}}{F_a \cdot F_b \cdots} e^{-E_0/RT}.$$

Für die Geschwindigkeitskonstante (1) erhält man

$$k = \varkappa \frac{kT}{h} K^{\ddagger}.$$

Die Zustandssumme des aktiven Komplexes erfordert die Kenntnis der räumlichen Verteilung der komplexbildenden Atome und der Bindungsstärken. Da man auch heute noch von einer rein theoretischen Bestimmung der dazu nötigen Daten weit entfernt ist, versucht man vielmehr rückwärts aus experimentellen Daten Vorschriften für den Aufbau des aktiven Komplexes zu finden.

Zur Konstruktion der Energieflächen geben HERSCHBACH, JOHNSTON, PITZER und POWELL (2) einige brauchbare Näherungsregeln. Kraftkonstanten von Streckschwingungen werden nach der BADGERschen, Resonanzeffekte nach der PAULINGschen Regel erfaßt. Gruppentheoretische Betrachtungen dienen der Einordnung und Vereinfachung der inneren Bewegungen des Komplexes. Die elektronische Entartung ergibt sich aus der vergleichenden Betrachtung von Ausgangs- und Endsubstanzen. Die erfolgreiche Anwendung dieser Methode auf 12 Reaktionen zeigte die Wichtigkeit der niederfrequenten Schwingungs- und Rotationsterme beim Zerfall des aktiven Komplexes.

WILSON und JOHNSTON (3) haben einige Wasserstoffabspaltungsreaktionen nach der obigen Methode behandelt. Sie setzten einen linearen aktiven Komplex voraus und zogen nur die für die Reaktion wichtigen Atome in Betracht. Die Bindung bei der Überführung des Wasserstoffatoms wurde als von halber Ordnung angenommen, und deren Länge nach der Regel von

PAULING (4) $R_1 - R = 0{,}30 \log_{10} n$ berechnet, wo R_1 die Länge der entsprechenden Einzelbindung, R die Länge der gesuchten Bindung und n die Bindungsordnung ist. Die Kraftkonstanten wurden mit Hilfe der BADGERschen Regel ermittelt. Die Leistungsfähigkeit des Verfahrens ist durch die Werte der A-Faktoren in Tab. 8 charakterisiert.

Tabelle 8

Theoretische und experimentelle präexponentielle Faktoren einiger Wasserstoffabspaltungsreaktionen

Reaktion	$\log_{10} A$			
	T, °K	Berech.	Beob.	Literatur
$H + H_2 \rightarrow H_2 + H$	1000	13,7	13,7	(1)
$CH_3 + H_2 \rightarrow CH_4 + H$	455	12,0	11,5–12,5	(2)
$H + CH_4 \rightarrow H_2 + CH_3$	455	13,6		
$CD_3 + CH_4 \rightarrow CD_3H + CH_3$	455	11,3	11,5	(3)
$CD_3 + C_2H_6 \rightarrow CD_3H + C_2H_5$	455	11,3	11,3	(4)
$CH_3 + n\text{-}C_4H_{10} \rightarrow CH_4 + C_4H_9$	455	11,8	11,0–11,5	(5)
$CH_3 + n\text{-}C_5H_{12} \rightarrow CH_4 + C_5H_{11}$	455	11,7	11,0	(6)
$CH_3 + n\text{-}C_6H_{14} \rightarrow CH_4 + C_6H_{13}$	455	11,7	11,1	(7)
$Br + H_2 \rightarrow HBr + H$	523	14,1	13,6–14,2	(8)
$Br + (CH_3)_3CH \rightarrow HBr + (CH_3)_3C$	393	12,4	17,6	(9)

Literatur zu Tab. 8

1. FARKAS, A., Z. physik Chem. **10 B**, 419 (1930); FARKAS, A. u. L. FARKAS, Proc. Roy. Soc., A **152**, 124 (1935); VAN MEERSCHE, M., Bull. Soc. Chim. Belg. **60**, 99 (1951).
2. MAJURY, T. G. u. E. W. R. STEACIE, Disc. Faraday Soc. **14**, 45 (1953); WHITTLE, E. u. E. W. R. STEACIE, J. Chem. Phys. **21**, 993 (1953); REBBERT, R. E. u. E. W. R. STEACIE, Canad. J. Chem. **32**, 113 (1954).
3. McNESBY, J. R. u. A. S. GORDON, J. Amer. Chem. Soc. **76**, 4196 (1954).
4. TROTMAN-DICKENSON, A. F., J. R. BIRCHARD u. E. W. R. STEACIE, J. chem. Phys. **19**, 163 (1951).
5. REBBERT, R. E. u. E. W. R. STEACIE, J. Chem. Phys. **21**, 1723 (1953); JONES, M. H. u. E. W. R. STEACIE, Canad. J. Chem. **31**, 505 (1953).
6. BODENSTEIN, M. u. S. C. LIND, Z. physik. Chem. **57**, 168 (1907); BODENSTEIN, M. u. G. JUNG, Z. physik. Chem. **121**, 127 (1926); KISTIAKOWSKY, G. B. u. E. R. VAN ARTSDALEN, J. Chem. Phys. **12**, 469 (1944).
7. ECKSTEIN, B. H., H. A. SCHERAGA u. E. R. VAN ARTSDALEN, J. Chem. Phys. **22**, 28 (1954).

PITZER (5) hat darauf hingewiesen, daß auch die klassischen Ausdrücke der Zustandsintegrale eine gute Näherung geben können. Abweichungen fand er nur im Falle sehr leichter Atome. Allen C—H-Bindungen in Reaktionen des Chloratoms mit Kohlenwasserstoffen schrieb er die gleiche Potentialfunktion zu und näherte die Cl · · · H—C-Wechselwirkung vom Modell Cl · · · H—H her an. Seine Berechnungen gaben für den präexponentiellen Faktor der Methan-Chloratom-Reaktion einen Wert, der mit dem experimentellen sehr gut übereinstimmte, (bei 400° K experimentell: $2{,}6 \cdot 10^{13} \exp(-3850/RT)$ $cm^3 Mol^{-1} sec^{-1}$, berechnet: $3{,}7 \cdot 10^{13}$ $cm^3 Mol^{-1} sec^{-1}$). PITZER hat gleichzeitig auf die Ursachen der Diskrepanzen in den Betrachtungen von KNOX und TROTMAN-DICKENSON (6) hingewiesen.

SHEPP (7) hat die Theorie der Photolyse mit rotierendem Sektor verfeinert und auf die Rekombination der Methylradikale aus der Acetonzersetzung angewandt. Aus den Daten von KISTIAKOWSKY und Mitarb. (8) hat er für die Geschwindigkeitskonstante $2{,}2 \cdot 10^{13}$ $cm^3 Mol^{-1} sec^{-1}$ berechnet, während AYSCOUGH (9) für die Rekombinationsgeschwindigkeit des Trifluormethylradikals nach derselben Methode den Wert $2{,}34 \cdot 10^{13}$ $cm^3 Mol^{-1} sec^{-1}$ gefunden hat. Dieser letztere stimmt mit dem von GORIN aus der Formel (10):

$$k = \frac{3\pi}{2}\left(\frac{kT}{2}\right)^{1/6} \frac{1}{\sigma_{AB}} \left(\frac{\alpha_A \alpha_B I_A I_B}{I_A + I_B}\right)^{1/3} \frac{M_A M_B}{(M_A + M_B)^{5/2}}\, \varkappa$$

berechneten Wert, $1{,}7 \cdot 10^{13}$ $cm^3 Mol^{-1} sec^{-1}$ gut überein. In der Formel bedeuten α_A und α_B die Polarisierbarkeit der Radikale A und B, I_A und I_B die Ionisierungspotentiale derselben, M_A und M_B die Molgewichte und endlich σ_{AB} die Symmetriezahl.

Zur Reaktion $H + D_2 = HD + D$ siehe BOATO und Mitarb. (11), KLEIN und Mitarb. (12).

§ 2. Aktivierungsenergie

Aus dem Temperaturkoeffizienten der Reaktionsgeschwindigkeit erhält man nach der ARRHENIUSschen Gleichung die „Aktivierungsenergie“. Dieser Wert entspricht bei *einfachen* Reaktionen dem Energieüberschuß, den das System besitzen muß, um den bestehenden Potentialwall zu überwinden.

Die Auftragung von $\log k$ gegen $1/T$ gibt auch bei zusammengesetzten Reaktionen oft eine Gerade, doch entspricht die Steigung nur selten der Aktivierungsenergie einer geschwindigkeitsbestimmenden Reaktion. Die scheinbare Aktivierungsenergie ist vielmehr ein zusammengesetzter Ausdruck.

Da über den aktiven Komplex allgemein wenig bekannt ist, ist man weitgehend auf empirische Regeln angewiesen. In diesem Sinne hat J. C. POLANYI in einigen einfachen Fällen, auch für den Isotopeneffekt, Versuche zur Berechnung gemacht (13).

ALTAR und EYRING (14) schlugen ein mechanisches, nomogrammartiges Gerät vor, welches das Aufsuchen des Energieminimums in Abhängigkeit von der Konfiguration erleichtert.

Die Anwendung der Ergebnisse ziemlich umständlicher quantenmechanischer Rechnungen in vereinfachter Form wurde von HIRSCHFELDER empfohlen (15). So ist die Aktivierungsenergie bei Eliminierungsreaktionen vom Typ $A + BC = AB + C$ ungefähr 5,5% der Energie der aufspaltenden schwächeren Bindung, wenn der Vorgang in exotherme Richtung verläuft: $E = 0{,}055 D_{BC}$. Die Aktivierungsenergie der endothermen Rückreaktion beträgt dann diese 5,5% zusätzlich der Reaktionswärme. In der gleichfalls exothermen Reaktion $AB + CD = AC + BD$ beträgt die Aktivierungsenergie etwa 28% der Stärke beider aufzuspaltenden Bindungen. Im Ausdruck $E = 0{,}28(D_{AB} + D_{CD})$ hat HIRSCHFELDER den Wert des Koeffizienten so gewählt, daß die Aktivierungsenergie der Reaktion $H_2 + J_2$ mit dem experimentell gefundenen Wert übereinstimmt. Diese HIRSCHFELDERschen Regeln sind die Weiterentwicklungen eines von EYRING (16) vorgeschlagenen Satzes, nach dem die Aktivierungsenergie gleich der halben Maximalenergie der aufzuspaltenden Bindung sei. Aus Tab. 9 sind die Gültigkeit der HIRSCHFELDERschen Regeln und ihre Grenzen ersichtlich.

Tabelle 9

Experimentelle und nach den HIRSCHFELDERschen Regeln berechnete Aktivierungsenergien

Reaktion	E kcal/Mol gefunden	E kcal/Mol berechnet nach HIRSCHFELDER
$H_2 + J_2 \rightarrow 2HJ$	40,0	(40)
$HJ + CH_3J \rightarrow CH_4 + J_2$	33,4	34
$HJ + C_2H_5J \rightarrow C_2H_6 + J_2$	29,8	34
$HJ + n\text{-}C_3H_7J \rightarrow C_3H_8 + J_2$	29,2	34
Dimerisationen		
1,3-Butadien	25,3	33
2-Isopren	28,9	33
Cyclopentadien	14,9	33
Cyclopentadien + Crotonaldehyd	15,2	33
i-Butylen + HCl	28,8	46
Propylen	38,0	33
Äthylen + Wasserstoff	43,2	46
Atom- bzw. Radikalreaktionen von zweiter Ordnung		
$H + H_2 \rightarrow H_2 + H$	6,2	6
$Br + H_2 \rightarrow HBr + H$	17,6	21
$H + HBr \rightarrow H_2 + Br$	1,2	5
$H + Br_2 \rightarrow HBr + Br$	1,2	2,5
$CH_3 + (CH_3)_2Hg$	9,0	5
$CH_3 + C_2H_6 \rightarrow$	10,4	5
CH_3 + Neopentan $\rightarrow$	10,0	5
CH_3 + n-Pentan $\rightarrow$	8,1	5

Man weiß, daß allgemein die Reaktionsfähigkeit von primärem Wasserstoff kleiner ist als die des sekundären und diese kleiner als die des tertiären. Die Unterschiede in den Geschwindigkeiten können auf Differenzen der Aktivierungsenergien zurückgeführt werden; denn Rechnungen haben gezeigt (siehe § 3 „Bindungsstärke"), daß sterische Effekte in Reaktionen dieser Wasserstoffatome keine Rolle spielen.

Außer diesen Regeln gelang es auch aus den bisher gesammelten experimentellen Daten gewisse Gesetzmäßigkeiten für die Aktivierungsenergie von einigen Verbindungs- bzw. Reaktionstypen festzulegen. Eine modifizierte Form der ursprünglichen Beziehung von EYRING ist die folgende:

$$E = \alpha \Delta H + c,$$

wo α und c für die einzelnen Reaktionsreihen charakteristische Konstanten sind. Dieser Zusammenhang ergab sich für die Reaktionen der Natriumatome mit Alkylhaloiden mit $0 < \alpha < 1$.

In der ursprünglichen Formel von BUTLER und POLANYI (17) ist $\alpha = 0{,}27$. BOLLAND (18) hat in Reaktionen des ROO-Radikals mit ungesättigten Verbindungen einen linearen Zusammenhang zwischen Aktivierungsenergie und Stärke der angegriffenen R—H-Bindung angenommen. TROTMAN-DICKENSON (19) fand in den Reaktionen des Methylradikals mit Paraffinkohlenwasserstoffen Proportionalität zwischen der Aktivierungsenergie und der Stärke der angegriffenen C—H-Bindung. Die Aktivierungsenergien waren die experimentellen Werte, unsicher war die C—H-Bindungsstärke [siehe STEVENSON (20)]. α ist in diesem Falle 0,5, was der Symmetrie der Reaktion entspricht.

Gesetzmäßigkeiten bei der Wasserstoffabspaltung wurden auch von DODD diskutiert (21). Die von EVANS und POLANYI (22) vorgeschlagene Beziehung $E_m = \alpha_m D(R - H) - \beta_m$ zwischen der Aktivierungsenergie und der Dissoziationsenergie einer Bindung wird mit den Werten

$$\alpha_m = 0{,}39, \qquad \beta_m = 27 \text{ kcal/Mol}$$

erfüllt.

Zwischen Aktivierungsenergien und Wärmetönungen homologer Reaktionen besteht nicht immer ein linearer Zusammenhang, wie dies z. B. aus den Daten der unimolekularen Zersetzungen

$$CH_3 - CR_1R_2X \rightarrow CH_2 : CR_1R_2 + HX$$

zu ersehen ist:

Tabelle 10

Aktivierungsenergien und Wärmetönungen einiger organischen Chloride und Bromide

Alkylrest der Verbindung	E (kcal)	ΔH (kcal)	E (kcal)	ΔH (kcal)
	Chloride		Bromide	
Äthyl	60,8	19,1	53,9	21,1
sec-Propyl	50,5	22,6	47,8	23,6
t-Butyl	41,4	22,5	42,2	23,9

Fairclough und Hinshelwood (23) haben einen Zusammenhang zwischen der Aktivierungsenergie und dem Logarithmus des A-Faktors angenommen: $\log A = bE + c$. Tatsächlich nimmt A häufig mit abnehmender Aktivierungsenergie ab. Doch ist der obige Zusammenhang so selten gültig, daß er nicht als eine Gesetzmäßigkeit gelten darf.

Ausführlicher wurden die Aktivierungsenergien einiger Diels-Alder-Reaktionen untersucht (24). In Systemen von so hoher Symmetrie brauchen sich die Reaktanten nicht stark zu verändern, um den aktiven Komplex zu bilden. Deshalb stimmen die berechneten Werte von 15–18 kcal mit den experimentell gefundenen gut überein. Rechnungen von Evans (25) führten zu mehr als doppelt so großen Werten, weil die Resonanz des Komplexes nicht beachtet wurde.

Bei cis-trans-Isomerisierungen wird die π-Bindung gelöst und neugebildet. So darf angenommen werden, daß auch der aktive Komplex weitgehend dem Ausgangszustand gleicht. Die Aktivierungsenergien weisen bei den meisten Reaktionen fast gleiche Werte auf, da der Reaktionsmechanismus von benachbarten Atomgruppen nur wenig beeinflußt wird, Tab. 11:

Tabelle 11

Aktivierungsenergien und A-Faktoren der cis-trans-Isomerisierungen

Verbindung	Druckgrenze mm normale A-Faktoren	$\log A$ sec^{-1}	E kcal	Literatur
trans-CHD:CHD . . .	9–310	12,5	61,3	(1)
cis-$CH_3CH:CHCH_3$ . .	4–2000	13,7	62,8	(3)
cis-$C_6H_5CH:CHC_6H_5$ . .	4–400	12,8	42,8	(2)
cis-$C_6H_5CCl:CHC_6H_5$.	Flüssigkeit	11,1	37	(2)
cis-$C_6H_5CCl:CClC_6H_5$.	Flüssigkeit	11,0	34	(2)

Literatur zu Tab. 11

1. Rabinovitch, B. S., J. E. Douglas u. F. S. Looney, J. Chem. Phys. **20**, 1807 (1952).
2. Taylor, T. W. J. u. A. R. Murray, J. Chem. Soc. **1938**, 2078.
3. Rabinovitch, B. S. u. K. W. Michel, J. Amer. Chem. Soc. **81**, 5065 (1959).

Bei Racemisierungen und anderen Isomerisierungen schwankt der Wert der Aktivierungsenergie häufig zwischen 40–45 kcal, A ist normal.

Bei Kettenreaktionen ist die experimentell gefundene Aktivierungsenergie ein zusammengesetzter Wert, aus welchem die Aktivierungsenergien der geschwindigkeitsbestimmenden Schritte nur bei voller Kenntnis des Mechanismus herausgeschält werden können. Wenn man von dem allgemeinen Schema (2. § 3) ausgeht und annimmt, daß die Geschwindigkeiten der Elementarvorgänge durch ARRHENIUSsche Gleichungen beschrieben werden können, ergibt sich für die Geschwindigkeit der Kettenfortpflanzung:

$$e^{-[E_p + (1/\mu)(E_i - E_b)]/RT}.$$

Die scheinbare Aktivierungsenergie ist also nicht unbedingt so groß, wie die Aktivierungsenergie des Anfangsschrittes. Nicht nur wenn $E_b > 0$ ist, kann die scheinbare Aktivierungsenergie kleiner als E_i werden, sondern auch dann, wenn $\mu > 1$ ist, d. h. auch im Falle des Kettenabbruchs von zweiter Ordnung, wie bereits im Anschluß an den RICE-HERZFELDschen Mechanismus erwähnt. Wenn die Reaktionsgeschwindigkeit durch hemmende Substanzen (NO, Propylen usw.) bis zu einem Minimum vermindert werden kann, nähert sich die gemessene Brutto-Aktivierungsenergie der Aktivierungsenergie des geschwindigkeitsbestimmenden Primärschrittes, braucht aber nicht unbedingt mit ihr identisch zu werden.

PARTINGTON (26) stellte beim thermischen Zerfall verschiedener gesättigter Kohlenwasserstoffe fest, daß in Anwesenheit von Stickoxyd die Aktivierungsenergie etwa 74 kcal/Mol beträgt, k nimmt zunächst mit der Zahl der Kohlenstoffatome zu, erreicht jedoch schon beim Butan einen konstanten Wert. Daraus schließt er, daß nur wenige Schwingungsfreiheitsgrade zur Aktivierung beitragen.

Auch die Aktivierungsenergie der Zersetzungsreaktionen von Radikalen kann nach der Methode des Übergangszustandes behandelt werden. Man muß beachten, daß der Zerfall mit Umlagerung von Elektronen verbunden ist. Entsprechend kann die Aktivierungsenergie wesentlich kleiner sein als aus der Bindungsstärke abgeschätzt werden könnte. Das Propylradikal zerfällt unter Abspaltung einer Methylgruppe, wobei eine C—C-Bindung dissoziiert (Stärke ca. 80 kcal). Die Aktivierungsenergie beträgt nur $\sim$ 20 kcal, gleich der Reaktionswärme. Im allgemeinen können unimolekulare Zersetzungsreaktionen freier Radikale in zwei Gruppen eingeteilt werden: einerseits spaltet sich mit einer Aktivierungsenergie von etwa 15–25 kcal eine Methylgruppe ab, andererseits können die Radikale ein Wasserstoffatom verlieren, was mit einer Aktivierungsenergie von $\sim$ 40 kcal geschieht. Die Differenz der Aktivierungsenergien beider Gruppen entspricht dem Energieunterschied der dissoziierenden Bindungen.

Der unimolekulare Zerfall freier Radikale kann nach Bywater und Steacie (27) durch folgende Elementarreaktionen beschrieben werden. Die Radikale entstehen gewöhnlich durch Photolyse.

Besonders bequem ist die photosensibilisierte Reaktion. Die Primärreaktion ist dann:

$$\text{Hg}^* + \text{RH} = \text{R} + \text{H} + \text{Hg}. \tag{1}$$

Entweder rekombinieren die gebildeten Wasserstoffatome im Dreierstoß:

$$\text{H} + \text{H} + \text{M} = \text{H}_2 + \text{M} \tag{2}$$

oder spalten von einem anderen Kohlenwasserstoffmolekül ein weiteres Wasserstoffatom ab:

$$\text{H} + \text{RH} = \text{R} + \text{H}_2. \tag{3}$$

Die gebildeten Alkylradikale rekombinieren oder disproportionieren:

$$\text{R} + \text{R} = \text{R}_2 \quad \text{oder} \quad \text{RH} + \text{Olefin}. \tag{4}$$

Mit Erhöhung der Temperatur wird Reaktion (3) in dem Maße dominieren, daß die Quantenausbeute der Wasserstoffmolekelbildung gegen 1 strebt, d. h. sich der theoretisch zu erwartenden oberen Grenze nähert. Bei Einstellung der Versuchstemperatur muß darauf geachtet werden, daß der Kohlenwasserstoff nicht selbst in beträchtlicher Menge zerfällt.

Bei weiterem Temperaturanstieg setzt auch der Zerfall des freien Radikals R ein, wobei sich ein kleineres Radikal, gewöhnlich ein Wasserstoffatom oder Methylradikal, und ein Olefin bilden.

$$\text{R} = \text{R}' + \text{P}. \tag{5}$$

Bei der Versuchstemperatur reagiert das R'-Radikal sofort mit einem neuen Kohlenwasserstoff:

$$\text{R}' + \text{RH} = \text{R}'\text{H} + \text{R}. \tag{6}$$

Das gebildete $R'H$ kann von den anderen Kohlenwasserstoffen analytisch unterschieden werden.

Die Zahl der Radikale, welche sich nach (5) zersetzen, ist gleich der Zahl der gebildeten $R'H$-Molekeln. Wenn diese Methan oder Äthan sind, ist ihre Bildungsgeschwindigkeit unmittelbar zu messen. Bedeutet $R'H$ aber Wasserstoff, so erhält man dessen Bildungsgeschwindigkeit, indem die Bildungsgeschwindigkeit des „nicht-Ketten“-Wasserstoffs von der Bildungsgeschwindigkeit des gesamten Wasserstoffs abgezogen wird. Für diesen Fall erhält man bei konstanter Lichtintensität einige Gleichungen, für die auf das Original verwiesen sei.

Weil die Rekombinationsgeschwindigkeit der Methylradikale auch bei anderen Radikalreaktionen ein Faktor von ausschlaggebender Bedeutung ist, versuchten verschiedene kinetische Schulen diese Größe zu bestimmen [siehe u. a. STEACIE (28)]. Aus den Messungen ergab sich die Geschwindigkeitskonstante der Reaktion $CH_3 + CH_3 = C_2H_6$ zu

$$k_4 = 10^{13,6} \exp\left[(-0 \pm 700)/RT\right] \text{cm}^3\,\text{Mol}^{-1}\,\text{sec}^{-1}$$

Wenn keine unmittelbaren und genauen Messungen zur Verfügung stehen, kann diese Geschwindigkeit auch für andere — nicht allzu große — Alkylradikale angenommen werden. Auch bei diesen ist die Aktivierungsenergie wahrscheinlich annähernd null.

Tab. 12 zeigt die Zersetzungsgeschwindigkeit von Alkylradikalen.

Tabelle 12

Zersetzung von Alkylradikalen
Großes Radikal → Olefin + kleines Radikal

Großes Radikal	C—H-Bindung	ΔH_5	E_5 (exp)	lg A_5 (max)	Literatur	lg A_{-5} (ber)	lg A_{-5} (exp)	E_{-5} (exp)	Literatur
Abspaltung von H-Atom									
C_2H_5	97,5	39	39,5	13,8	(1)	13	13,5	4,1	(6)
n-C_3H_7	99	35	38	14,4	(2)	13	14,4	5,0	(6)
CH_3CHCH_3	94	40	38	14,4	(2)	13	14,4	5,0	(6)
n-C_4H_9	101	31-33	hoch	—	(3)	—	—	—	
$C_2H_5CHCH_3$	94	38-40	hoch	—	(3)	—	—	—	
$(CH_3)_2CHCH_2$	100	32	40	15,4	(3)	14	—	—	
$(CH_3)_3C$	90	42	40	15,4	(3)	14	—	—	
Abspaltung von CH_3 *Radikal*									
n-C_3H_7	99	23	20	9,0	(2)	—	—	—	
	—	—	19	—	(4-5)	6	11,4	7,0	(7)
CH_3CHCH_3	94	28	20	9,0	(2)	6	—	—	
n-C_4H_9	101	18	23	11,0	(3)	8	—	—	
$C_2H_2CHCH_3$	94	25	23	11,0	(3)	8	11,0	6,0	(7)
$(CH_3)_2CHCH_2$	100	21	18,5	8,5	(3)	5	11,0	6,0	(7)
$(CH_3)_3C$	90	32	18,5	8,5	(3)	5	—	—	
Abspaltung von C_2H_5 *Radikal*									
n-C_4H_9	101	19	23	11,0	(3)	8	—	—	
$C_2H_5CHCH_3$	94	26	23	11,0	(3)	8	—	—	

Literatur zu Tab. 12

1. Bywater, S. u. E. W. R. Steacie, J. Chem. Phys. **19**, **326** (1951).
2. Bywater, S. u. E. W. R. Steacie, J. Chem. Phys. **19**, 319 (1951).
3. Bywater, S. u. E. W. R. Steacie, J. Chem. Phys. **19**, 172 (1951).
4. Masson, C. R., J. Amer. Chem. Soc. **74**, 4731 (1952).
5. Durham, R. W., G. R. Martin u. H. C. Sutton, Nature **164**, 1052 (1949).
6. Darwent, B. de B. u. R. Roberts, Disc. Faraday Soc. **14**, 55 (1953).
7. Mandelcorn, L. u. E. W. R. Steacie, Canad. J. Chem. **32**, 474 (1954).

Durch Photolyse erhaltene Wasserstoffatome oder Alkylradikale lagern sich an Doppelbindungen oder an andere Molekeln mit geeignetem Elektronensystem an. Einige Ergebnisse werden in Tab. 13 gezeigt:

Tabelle 13
Addition von Wasserstoffatomen oder Methylradikalen an Olefine

Radikal	Olefin	E kcal	$\log A$ cm^3 Mol^{-1} sec^{-1}	Stoßausbeute 10^4 18° C	Literatur
H-Atom	Äthylen	4,1	13,5	14,4	(1), (2)
	Propylen	5,0	14,4	2,0	(1), (2)
Methyl	Äthylen	7,0 ± 1,5	11,4		(3)
	Propylen	6,0 ± 1,0	11,0		(3)
	Buten	2,5	9,9		(3)
	Acetylen	5,5			(3)

Literatur zu Tab. 13

1. Darwent, B. de B. u. R. Roberts, Discuss. Faraday Soc. **14**, 55 (1953).
2. Melville, H. W. u. J. C. Robb, Proc. Roy. Soc., A **196**, 494 (1949); Allen, P. E. M., H. W. Melville u. J. C. Robb, Proc. Roy. Soc., A **218**, 311 (1953).
3. Mandelcorn, L. u. E. W. R. Steacie, Canad. J. Chem. **32**, 474 (1954).

In der folgenden Zusammenstellung sind Aktivierungsenergien einiger, in der Kinetik von Kohlenwasserstoffen wichtiger Elementarreaktionen aufgeführt:

Tabelle 14
Aktivierungsenergien einiger Elementarreaktionen

Reaktion	E kcal
$CH_4 \rightarrow CH_3 + H$	102
$C_2H_6 \rightarrow 2\,CH_3$	84
$C_3H_8 \rightarrow CH_3 + C_2H_5$	84
$n\text{-}C_4H_{10} \rightarrow 2\,C_2H_5$	84
$CH_3 + CH_4 \rightarrow CH_4 + CH_3$	10

Tabelle 14 (Fortsetzung)

Reaktion	E kcal
$CH_3 + C_2H_6 \rightarrow CH_4 + C_2H_5$	10,4
$CH_3 + C_3H_8 \rightarrow CH_4 + C_3H_7$	5,5
$CH_3 + C_4H_{10} \rightarrow CH_4 + C_4H_9$	5,5
$C_2H_5 \rightarrow C_2H_4 + H$	39
$C_3H_7 \rightarrow C_2H_4 + CH_3$	26
$C_4H_9 \rightarrow C_2H_4 + C_2H_5$	26
$H + CH_4 \rightarrow CH_3 + H_2$	11–13
$H + C_2H_6 \rightarrow C_2H_5 + H_2$	9
$H + C_3H_8 \rightarrow C_3H_7 + H_2$	9
$H + C_4H_{10} \rightarrow C_4H_9 + H_2$	9

§ 3. Bindungsstärke

Der thermochemische Begriff der mittleren Bindungsenergie (29) ist nicht für den Zusammenhang zwischen der Reaktionsfähigkeit und der Energie einer Bindung geeignet.

Auf Vorschlag von SKINNER und SPRINGALL wurde die wahre Energie der Bindung in einer Molekel oder einem Radikal Bindungsdissoziationsenergie (bond dissociation energy) oder Bindungsstärke genannt. Die Dissoziationsenergie der R—X-Bindung am absoluten Nullpunkt wird gegeben durch:

$$D(RX_{n-1} - X) = \Delta H^{f0}_{RX_{n-1}} + \Delta H^{f0}_{X} - \Delta H^{f0}_{RX_n}.$$

Öfters bezieht man die Bindungsstärke auf Normaltemperatur. Der maximale Unterschied beider Werte beträgt $4RT = 2{,}4$ kcal Mol^{-1}.

Die Spektroskopie liefert eine obere Grenze für die Dissoziationsenergie.

Eine andere gute Methode ist das Elektronenstoßverfahren. Nach STEVENSON (30) gilt für den Elektronenstoß

$$\mathrm{RH} \rightarrow \mathrm{R}^+ + \mathrm{H} + e^-.$$

Das Auftreten dieser Reaktion bei einem bestimmten Beschleunigungspotential zeigt sich in einer plötzlichen Zunahme des Ionenstromes. Dieses Potential wird Erscheinungspotential (appearence potential) genannt. Die niedrigste Elektronenergie, welche den Ionenstrom steigern kann, ist gleich der Summe von Dissoziationsenergie und Ionisationsenergie des dissoziierten Produktes, wenn keine angeregten Teilchen entstehen nach

$$RH \rightarrow (R^+)^* + H^* + e^-.$$

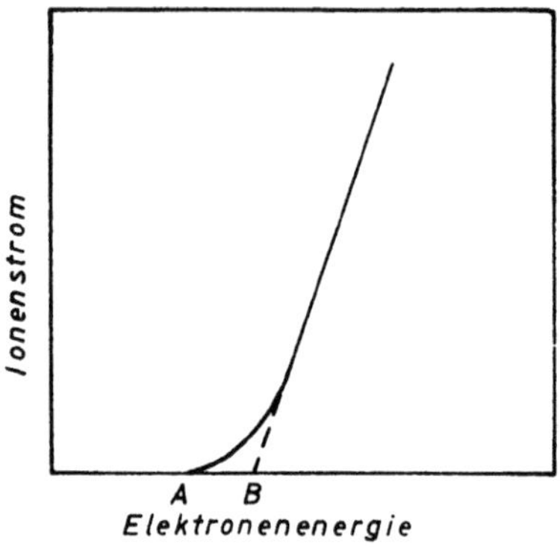

Abb. 3. Bestimmung des Erscheinungspotentials

Ein Beispiel zeigt Abb. 3. Es entsteht jedoch die Frage, ob die Extrapolation in den Punkt A oder in B die richtigere ist.

Wenn wir die Ionisierungsenergie des Radikals unabhängig bestimmen (31) können, ist die Elektronenstoßmethode das beste Verfahren zur Bestimmung von Bindungsstärken.

Polanyi schlug folgendes zur Bestimmung der Stärke der C—J-Bindung vor (32). Diese ist verhältnismäßig schwach, und die Absorption des entsprechenden Quants leitet den Primärvorgang $RJ = R + J$ ein. Die Reaktion kann man auch auf thermischem Wege im Strömungsversuch untersuchen, und zwar in Anwesenheit eines Trägergases von verhältnismäßig großer Konzentration, um unerwünschte Sekundärreaktionen zu unterdrücken.

Die beobachtete Aktivierungsenergie gibt unmittelbar die Stärke der C—J-Bindung, wenn die Rückreaktion ohne Aktivierungsenergie verläuft.

Wenn die Dissoziationsenergie für R—J bekannt ist, kann die Stärke einer anderen, z. B. der R—H-Bindung schon aus thermochemischen Daten berechnet werden.

Mit Hilfe der so ermittelten Bildungswärme des Methylradikals ist die Berechnung der Energie der Einzelbindung CH_3—H nach $CH_4 = CH_3 + H$ leicht[1]).

Die Bindungsdissoziationsenergien können auch aus kinetischen Messungen bestimmt werden.

In einer Reaktion von Typ

$$A + RH \underset{E_2}{\overset{E_1}{\rightleftharpoons}} AH + R + Q\,\text{kcal},$$

ist die Wärmetönung die Differenz der atomaren Bildungswärmen der AH und RH-Molekeln, d. h. die Differenz der Bindungsstärken $D(A-H)$,

[1]) Widersprüche in Bestimmung von Bindungsstärken der Kohlenstoffverbindungen können auftreten, wenn als Ausgangsstadium der Graphit gewählt wird. Für die Sublimationswärme des Kohlenstoffs wurden nämlich verschiedene Werte angegeben. Diese Widersprüche sind inzwischen geklärt worden, da Chupka und Inghram, und neuerdings Morrison und Stanton (33) die Sublimationswärme des Graphits eindeutig zu 171 kcal/Atom bestimmt haben.

bzw. $D(R - H)$. In einer homologen Reihe, wie

$$A + R'H \underset{E_2'}{\overset{E_1'}{\rightleftharpoons}} AH + R' + Q' \text{ kcal}$$

$$A + R''H \underset{E_2''}{\overset{E_1''}{\rightleftharpoons}} AH + R'' + Q'' \text{ kcal}, \quad \text{usw.}$$

hängt die Reaktionswärme nur von den Bindungsstärken der $R'H$, $R''H$ usw. ab. Da die Wärmetönung gleich der Differenz der Aktivierungsenergien von Hin- und Rückreaktionen ist, $E_2 - E_1 = Q$, folgt, daß der Gang der Aktivierungsenergien E_1', E_1'' in einer homologen Reihe genau der Änderung der Bindungsstärken entspricht, wenn $E_2 = 0$ oder ein konstanter Wert ist.

ANDERSEN, KISTIAKOWSKY und VAN ARTSDALEN (34) haben darauf hingewiesen, daß die Bindungsstärke $D(CH_3 - H)$ aus der photochemischen Bromierung des Methans errechnet werden kann. Der Mechanismus dieser Reaktion ist

(1) $$Br_2 + h\nu = 2\,Br$$

(2) $$Br + CH_4 = CH_3 + HBr$$

(3) $$CH_3 + Br_2 = CH_3Br + Br$$

(4) $$CH_3 + HBr = CH_4 + Br$$

(5) $$Br + Br + M = Br_2 + M\,.$$

Der geschwindigkeitsbestimmende Schritt ist (2), dessen Aktivierungsenergie auch die Bruttoaktivierungsenergie (17,8 kcal) des Vorganges bestimmt. Da (4) die Umkehrung von (2) ist, kann für die Wärmetönung geschrieben werden:

$$\begin{array}{r} CH_4 + Br = CH_3 + HBr - (17{,}8 - E_4)\text{ kcal} \\ HBr = H + Br - 85{,}8 \\ \hline CH_4 - CH_3 + H - (103{,}6 - E_4)\,. \end{array}$$

Aus anderen Messungen folgt, daß E_4 klein ist. So ergibt sich z. B. aus dem Temperaturkoeffizienten der Hemmung durch HBr, daß $E_4 - E_3 \sim 2$ kcal ist. Da E_3 auch sehr klein ist – die Reaktion ist eine stark exotherme Radikalreaktion –, kann E_4 auch nur ~ 2 kcal betragen. Andererseits wurde die photolytische Bildung des Methans in $CH_3J + HBr$-Gemischen nach Gl. (4) gefunden, und die Aktivierungsenergie (E_4) ergab sich nur um 0,8 kcal größer als die der Reaktion $CH_3 + J_2 = CH_3J + J$, deren Aktivierungsenergie null ist. So ergibt sich für $E_4 = 1{,}5 \pm 1$ kcal, und daraus für die Bindungsstärke $D(CH_3 - H)$: $103{,}6 - (1{,}5 \pm 1) = 102 \pm 1$ kcal. In Tab. 15 sind einige Dissoziationsenergien der Kohlenstoff-Wasserstoffbindung zusammengestellt:

Tabelle 15
Dissoziationsenergien der Kohlenstoff-Wasserstoff-, bzw. Kohlenstoff-Kohlenstoffbindung, nach verschiedenen Verfassern

Bindung	KISTIAKOWSKY	POLANYI	STEVENSON
CH_3—H	102	102,5	101,4
C_2H_5—H	98	97,5	96,8
CH_3—CH_3	85,6	87,0	83,4
CH_3—C_2H_5 . . .	83,8	85,0	81,1
C_2H_5—C_2H_5 . . .	82,4	—	79,1

Berücksichtigt man, daß diese Angaben Ergebnisse der ersten klassischen Messungen sind, so kann die Übereinstimmung als gut betrachtet werden. Das POLANYIsche Verfahren kann auch auf andere pyrolytische Reaktionen übertragen werden. F. O. RICE und K. K. RICE (35) wandten es auf das Reaktionsschema $RR' = R + R'$ an.

Im thermischen Zerfall des Toluols sind die Reaktionsprodukte fast ausschließlich Wasserstoff, Methan und Dibenzyl. SZWARC (36, 37) fand diesen Vorgang homogen und von erster Ordnung. Die Aktivierungsenergie der $(H_2 + CH_4)$-Bildung beträgt 77,5 kcal. Der angenommene Mechanismus ist

(1) $$C_6H_5CH_3 \rightarrow C_6H_5CH_2 + H$$

(2) $$H + C_6H_5CH_3 \rightarrow C_6H_5CH_2 + H_2$$

(3) $$H + C_6H_5CH_3 \rightarrow C_6H_6 + CH_3$$

(4) $$CH_3 + C_6H_5CH_3 \rightarrow CH_4 + C_6H_5CH_2$$

(5) $$2\,C_6H_5CH_2 \rightarrow \text{Dibenzyl}.$$

Danach bildet sich ein Mol $(H_2 + CH_4)$ für jedes zerfallene Mol Toluol. Daraus folgt, daß $D(C_6H_5CH_2 - H)$ 77,5 kcal beträgt.

Toluol reagiert mit Kettenträgern:

(I.) $$C_6H_5CH_3 + R \rightarrow RH + C_6H_5CH_2.$$

Das Benzylradikal pflanzt infolge seiner geringeren Reaktionsfähigkeit die Kette nicht fort, sondern rekombiniert zu Dibenzyl:

(II.) $$2\,C_6H_5CH_2 \rightarrow (C_6H_5CH_2)_2.$$

Das Verfahren findet dadurch die Grenze seiner Anwendbarkeit, daß die interessierende Bindung der zu untersuchenden Molekel schwächer sein muß als die C—H-Bindung des Toluols. Die im Primärakt gebildeten Radikale oder Atome reagieren leicht mit Toluol. Die Anwendung dieser sogenannten „Toluol-Träger"-Methode sei an der Bestimmung der Dissoziationsenergie einer $C—C$-Bindung in der Seitenkette des Äthylbenzols illustriert [SZWARC (38)]. Der Mechanismus ohne Toluol kann beschrieben werden:

(1) $$C_6H_5C_2H_5 \rightarrow C_6H_5CH_2 + CH_3$$

(2) $$CH_3 + C_6H_5C_2H_5 \rightarrow CH_4 + C_6H_5C_2H_4$$

(3) $$C_6H_5C_2H_4 \rightarrow C_6H_5CH = CH_2 + H$$

(4) $$H + C_6H_5C_2H_5 \rightarrow C_6H_5C_2H_4 + H_2 \quad \text{usw.}$$

In Anwesenheit von Toluol werden die reaktionsfähigen $C_6H_5C_2H_4$-Radikale unwirksam gemacht und es kommt keine Kette zustande. Jetzt hat man:

(1′) $$C_6H_5C_2H_5 \rightarrow C_6H_5CH_2 + CH_3$$

(2′) $$CH_3 + C_6H_5CH_3 \rightarrow C_6H_5CH_2 + CH_4$$

(3′) $$2\,C_6H_5CH_2 \rightarrow (C_6H_5CH_2)_2$$

$$C_6H_5C_2H_5 + C_6H_5CH_3 \rightarrow CH_4 + (C_6H_5CH_2)_2 .$$

Für jedes Mol Äthylbenzol bildet sich ein Mol Methan und ein Mol Dibenzyl. Entsprechend ist die Geschwindigkeit der Methanbildung gleich der Geschwindigkeit der Äthylbenzolspaltung im Primärakt. Die Aktivierungsenergie der Methanbildung ist also die Dissoziationsenergie der gesuchten Äthylbenzolbindung:

$$D(C_6H_5CH_2 — CH_3) = 63 \text{ kcal} .$$

In letzter Zeit wurden zahlreiche Bindungsstärken mittels der Toluol-Träger-Methode bestimmt.

Auf eine weitere Möglichkeit hat GRAHAME (39) hingewiesen. Die thermische Zersetzung des Acetaldehyds verläuft nach RICE-HERZFELD:

(1) $$CH_3CHO \rightarrow CH_3 + CHO \qquad E_1 = 76 \text{ kcal}$$

(2) $$CH_3 + CH_3CHO \rightarrow CH_4 + CH_3CO \qquad E_2 - 10 \text{ kcal}$$

(3) $$CH_3CO \rightarrow CH_3 + CO \qquad E_3 = 18 \text{ kcal}$$

(4) $$2\,CH_3 \rightarrow C_2H_6 \qquad E_4 = \ \ 0 \text{ kcal},$$

woraus sich die Bruttoaktivierungsenergie zu

$$E_t = E_2 + {}^1/_2(E_1 — E_4) = 48 \text{ kcal}$$

in guter Übereinstimmung mit dem Experiment ergibt. Im photochemischen Zerfall des Acetaldehyds kommen, abgesehen vom ersten, dieselbe Schritte vor; dieser ist jetzt:

(1′) $$CH_3CHO + h\nu \rightarrow CH_3 + CHO .$$

Die Geschwindigkeit des photochemischen Zerfalls ist:

$$\frac{d[CO]}{dt} = I^{1/2} k_2 \left(\frac{1}{k_4}\right)^{1/2} [CH_3CHO].$$

Hieraus ergibt sich die Aktivierungsenergie

$$E_p = E_2 - {}^1/_2\, E_4\,.$$

Da E_4 als null angenommen werden kann, folgt $E_t - E_p = {}^1/_2\, E_1$, $E_1 = 2(E_t - E_p)$.

Die scheinbaren Aktivierungsenergien sind auch dann wertvoll, wenn wegen Unsicherheiten über die Mechanismen obige Überlegungen nicht völlig durchgeführt werden können. In solchen Fällen gelingt es innerhalb homologer Reihen aus den Differenzen scheinbarer Aktivierungsenergien gewisse Feststellungen über die relativen Bindungsstärken zu treffen. STEINER und WATSON (40) haben aus den relativen Aktivierungsenergien der Reaktionen zwischen Chloratomen einerseits und primären, sekundären und tertiären Wasserstoffatomen von Kohlenwasserstoffen andererseits die folgenden Differenzen bekommen:

$$E_{\text{primär}} - E_{\text{sekundär}} = 1{,}3 \text{ kcal}$$

$$E_{\text{primär}} - E_{\text{tertiär}} = 1{,}7 \text{ kcal}$$

Unter der Annahme, daß die Aktivierungsentropien in den einzelnen Elementarvorgängen nicht sehr unterschiedlich sind, deuten diese Differenzen in den Aktivierungsenergien darauf hin, daß die verschiedenen Wasserstoff-Kohlenstoff-Bindungen in verschiedenem Maße reaktionsfähig sind, woraus der entsprechende Gang in den Bindungsstärken folgt. TROTMAN-DICKENSON, BIRCHARD und STEACIE (41), ferner TROTMAN-DICKENSON und STEACIE (42) haben die Wasserstoffabspaltungsreaktionen durch Methylradikal untersucht. Die gefundenen Aktivierungsenergien fielen in drei Gruppen: Werte von 10; 8,2 und kleiner als 8 kcal, je nachdem das Methylradikal nur mit primärem, mit primärem und sekundärem oder mit primärem und tertiärem Wasserstoff reagierte. Vergleicht man gefundene Reaktionsgeschwindigkeiten mit den Ergebnissen von Versuchen, in denen nur die Reaktion von primärem Wasserstoff möglich war, so kann der Teil der Gesamtgeschwindigkeit festgestellt werden, welcher auf die Reaktion mit einem sekundären und tertiären Wasserstoffatom entfällt. Tab. 16 zeigt die Geschwindigkeitskonstanten von Methyl mit Wasserstoff von verschiedenen Typen.

Tabelle 16

Die Reaktionen des Methylradikals mit Wasserstoffatomen von verschiedenen Typen

Bindungstyp des H-Atoms	10^{-6} k ($cm^3 \cdot Mol^{-1} sec^{-1}$/Atom) bei 182° C		
primär	0,3	0,2	0,3
sekundär . . .	2,3	2,0	2,0
tertiär	18,0	17,0	10,0

Die verschiedene Reaktionsfähigkeit der primären, sekundären und tertiären Wasserstoffatome konnte nicht nur bei Paraffinen sondern auch bei anderen Verbindungen festgestellt werden. Ergebnisse solcher Versuche (Trotman-Dickenson und Steacie, loc. cit. S. 195) enthält Tab. 17.

Tabelle 17

Die Reaktionen des Methylradikals mit verschiedenen Verbindungstypen

Verbindungsgruppe	Paraffine	Olefine	Alkine	Äther	Alkohole
Bindungstyp des H-Atoms	10^{-6} k ($cm^3 \cdot Mol^{-1} sec^{-1}$/H-Atom) bei 182° C				
primär	0,3	5	7	1,5	2
sekundär	2,1	17	38	—	10
tertiär	15	53	—	19	31

Die Zunahme der Geschwindigkeitskonstante vom primären Wasserstoff bis zum tertiären kann von der Änderung der Aktivierungsentropie oder der Aktivierungsenergie herrühren. Obwohl man aus gewissen Versuchsdaten folgern könnte, daß auch der *A*-Wert von primärem Wasserstoff bis zum tertiären in Reaktionen mit Olefinen zunimmt [Trotman-Dickenson, A. F., Gas Kinetics (London 1955) S. 228], ist es doch wahrscheinlicher, daß die Differenzen von der Änderung der Aktivierungsenergien herrühren. Dies wird dadurch begründet, daß die Verhältnisse der Geschwindigkeitskonstanten und damit auch die Differenzen der Aktivierungsenergien mit den Differenzen der Bindungsstärken der einzelnen Bindungstypen des Wasserstoffs sehr gut übereinstimmen. Diese Differenzen betragen $\sim$ 2 kcal (s. u.), was für die Abspaltungswahrscheinlichkeiten bei den Versuchstemperaturen die Verhältnisse 1 : 3 : 20 in guter Übereinstimmung mit den obigen Verhältnissen der Geschwindigkeitskonstanten ergibt.

Kharasch und Buchi (43) fanden auch in Lösungen einen ausgesprochenen Gang der Reaktionsfähigkeiten verschiedener Bindungstypen des Wasserstoffs gegenüber dem Radikal und stellten ebenfalls eine Beeinflussung durch benachbarte Atome fest. In Anbetracht dessen, daß freie Radikale elektrophil sind, bestimmt die örtliche Akkumulation der negativen Ladung, die das Radikal selbst noch verstärkt, die Stelle des Angriffes (44).

Die die Bindungsstärke beeinflussenden Faktoren wurden u. a. von PLATT (45), BURNELLE und DUCHESNE (46) behandelt. KAZUO ITO (47) berücksichtigt dabei auch die Wechselwirkung nicht direkt miteinander verbundener Atome, während DEWAR und PETTIT (48) zwischen berechneten und gefundenen Werten der durch die benachbarten Atome beeinflußten Dissoziationsenergie auf Grund einer Störungsrechnung befriedigende Übereinstimmung gefunden haben. Ausführlicher erörtert SZWARC (49) die Beeinflußbarkeit der Bindung und wies auch auf die wesentliche Rolle der Resonanzenergie hin [vgl. POLANYI und BUTLER (50), ROBERTS und SKINNER (51)]. DAILEY (52) hat aus Kernresonanzmessungen numerische Angaben über die Beeinflussung von Bindungen erhalten.

VOEVODSKI (53) schlug die folgende Formel: $Q_{CH} = A + B\,\alpha^n$ für die Energie der C—H-Bindung in einer Kohlenstoffkette vor. Der Wert von B berücksichtigt den Einfluß der CH_3-Gruppe, n ist die Zahl der C-Atome zwischen der Methylgruppe und der aufzuspaltenden Bindung, $\alpha (< 1)$ ist der Schwächungskoeffizient. A ist der Grenzwert, nach dem Q_{CH} strebt, wenn die Molekel durch Einbau von CH_2-Gruppen verlängert wird. Die Gleichung kann auch zur Berechnung der Stärke von tertiären C—H-Bindungen und mit geeigneten Konstanten auch zur Ermittlung der Stärke von C—C-Bindungen in Molekeln wie in freien Radikalen verwendet werden. VEDENEJEV (54) ging von der SEMENOVschen Gleichung der Bindungsstärke aus

$$D(R - H) = D_H^0 - V(R)\,.$$

Weiter (55) zieht er zur Berechnung der Dissoziationsenergie von C—Cl-Bindungen in verschiedenen Chloriden die POLANYIsche Gleichung (56) heran.

SZABÓ (57) geht folgendermaßen vor. Er postuliert, daß die Beeinflussung der Bindungsstärke zwischen zwei Atomen durch die Atome und Atomgruppen, welche mit jenen verknüpft sind, in Form eines unabhängigen und konstanten Betrags in die Rechnung gebracht werden kann. Daraus ergibt sich sofort, daß sich bereits in einem dreiatomigen Molekül die Bindungsstärken gegenseitig beeinflussen.

Konventionelle Werte und Atom- bzw. Radikaldekremente wurden bisher für die Fälle der Tab. 18 ermittelt.

Tabelle 18

Konventionelle Grundwerte und Dekremente für Berechnung der Bindungsstärke

Konventionelle Grundwerte in kcal

≡C—C≡	= 161	≡C—S—	= 127
≡C—H	= 142	≡C—N=	= 145
≡C—F	= 147	—S—S—	= 103
≡C—Cl	= 120	—S—H	= 104
≡C—Br	= 106	—O—O—	= 66
≡C—J	= 93	—O—H	= 123
≡C—O—	= 147	=N—N=	= 112
=C=O	= 200		

Dekremente in kcal

—H	= 13	$—CH=CH_2$	= 36
—F	= 14	$—COCH_3$	= 18
—Cl	= 19	$—CH_2C(CH_3)=CH_2$	= 37
—Br	= 18	$—OC(CH_3)_3$	= 15
—O	= 22	$—C_6H_5$*)	= 32
=O	= 33	$—C_6H_5$	= 34
≡N	= 18	o-$C_6H_4CH_3$	= 41
$—CH_3$	= 15	m-$C_6H_4CH_3$	= 39
$=CH_2$	= 25	p-$C_6H_4CH_3$	= 40
≡CH	= 11	(o, m, p)—$CH_2C_6H_4F$	= 38
$—CH_2Cl$	= 22	—α-Naphthyl*)	= 35
$—CHCl_2$	= 32	—β-Naphthyl*)	= 36
$—CCl_3$	= 42	9-Phenanthryl*)	= 38
$—C_2H_5$	= 16	9-Anthracyl*)	= 40

Mit Hilfe dieser Dekremente können Dissoziationsenergien von Bindungen berechnet werden, deren konventionelle Grundwerte in der ersten Tabelle angegeben sind. So ergibt sich z. B. die Stärke der n-C_3H_7—$CH_2C_6H_5$-Bindung in n-Butylbenzol aus dem Grundwert auf folgende Weise:

$$161 - 4 \cdot 13 - 16 - 34 = 59 \text{ kcal.}$$

Der experimentelle Wert ist ebenfalls 59 kcal. Die gute Übereinstimmung in zahlreichen Fällen weist darauf hin, daß eine Bindung durch die benachbarten Atome bzw. Radikale um einen konstanten Betrag beeinflußt wird. In Fällen, in welchen die Abweichung zwischen berechneten und gemessenen Werten die Fehlergrenze überschreitet, kann man schließen, daß der Betrag der Beeinflussung durch andere Faktoren mitbestimmt wird. Betrachtet man solche Abweichungen, so fällt als gemeinsames Merkmal das Vorhandensein einer Anzahl raumerfüllender Radikale als die die Bindungsstärke be-

*) Bei Dekrementen mit Stern: Ein Kohlenstoffatom des Aromatenringes ist selbst ein Atom der beeinflußten Bindung.

einflussende Gruppierungen auf. Darauf hat übrigens bereits SZWARC (58) hingewiesen.

§ 4. Aktivierungsentropie

Die Theorie des Übergangszustandes liefert uns, wenn der Durchlässigkeitskoeffizient eins gesetzt wird, $\mathrm{k} = \frac{kT}{h} K^{\ddagger}$, woraus mit der thermodynamischen Beziehung $-RT \ln K^{\ddagger} = \Delta G^{\ddagger} = \Delta H^{\ddagger} - T\Delta S^{\ddagger}$

$$\ln \mathrm{k} = \ln\left(\frac{k}{h} e^{\Delta S^{\ddagger}/R}\right) + \ln T - \frac{\Delta H^{\ddagger}}{RT}.$$

Die Summe der ersten zwei Glieder dieses Ausdrucks wird gewöhnlich mit dem A-Faktor identifiziert, der also – wenn auch nur gering – temperaturabhängig ist.

Die Aktivierungsentropie steht in gewisser Analogie zum sterischen Faktor des Stoßzahlansatzes.

Bei einer unimolekularen Reaktion bestimmt das Glied $e^{\Delta S^{\ddagger}/R}$ mit der Wahrscheinlichkeit des aktiven Komplexes die Abweichung des Frequenzfaktors vom Normalwert ($\sim 10^{13}$ sec^{-1}). Bei bimolekularen Reaktionen zwischen mehratomigen Molekülen ist $\Delta S^{\ddagger}$ negativ, da Rotations- in Schwingungsfreiheitsgrade umgewandelt werden. Zudem vermindert sich der Translationsanteil der Entropie des ganzen Systems um etwa 30 *Cl* (cal/grad), und der A-Faktor wird um etwa drei Größenordnungen kleiner. Hat der aktive Komplex eine sehr lockere Struktur, so ist es möglich, daß die Aktivierungsentropie nur ungefähr — 10 Cl beträgt.

Die Berechnung des A-Faktors ist also ein Problem der Bestimmung der Entropieänderung.

Wie für die Aktivierungsenergie gibt es auch für die Berechnung der Aktivierungsentropie keine handliche exakte Methode, doch verursacht ein bei der Abschätzung unterlaufener Fehler von 4,6 Cl eine Änderung des A-Faktors um nur eine Zehnerpotenz.

Zur Berechnung der Entropiewerte einzelner Schwingungsfreiheitsgrade sind Tabellen, welche von JOHNSTON berechnet und von WILSON (59) und ASTON (60) veröffentlicht wurden, hilfreich. Besonders große Fehler treten bei niederfrequenten Schwingungen auf, da diese am meisten zur Entropie beitragen. Doch machen Schwingungsentropien bis zu mittleren Temperaturen nur einen verschwindenden Anteil der Gesamtentropie aus, wie das Beispiel des Methylchlorids lehrt:

$$S^0_{\mathrm{trans}} = 37{,}7;\; S^0_{\mathrm{rot}} = 17{,}6;\; S^0_{\mathrm{vib}} = 0{,}50;\; S^0_{\mathrm{gesamt}} = 55{,}8 \text{ Cl.}$$

Größere Unsicherheit herrscht im Entropieanteil der gehemmten inneren Rotation, da beispielsweise für eine äthanartige Molekel bei 25° C zwischen freier Rotation und völliger Starrheit ein Unterschied von 2,94 Cl besteht.

Im allgemeinen ist die Entropie eines Radikals R der Entropie des Moleküls RH so ähnlich, daß sich die Fehler, wenn die verschiedenen Symmetrien berücksichtigt werden, weitgehend kompensieren.

Die für das Äthylradikal angenommene Entropie ist 56,3 Cl, während $S^0_{C_2H_6} = 54{,}9$ Cl, $S^0_{C_2H_4} = 52{,}5$ Cl und $S^0_{CH_3NH_2} = 57{,}7$ Cl ist.

Der ausführlichste Bericht über die Entropien der gewöhnlichen Molekeln wurde im Circular 500 des National Bureau of Standards (Washington 1952) gegeben.

Zur Abschätzung der Entropie des aktiven Komplexes kann man beispielsweise bei vielen uni- und bimolekularen Gasreaktionen einen drei- oder mehrgliedrigen Ring als Struktur annehmen. Setzt man ferner die Bindungslängen im Übergangszustand etwa 10% größer als normal an, so erhält man recht gute Werte für die Rotationsentropie. Die Schwingungsentropie ist schwieriger abzuschätzen.

Aktive Komplexe, die aus der Vereinigung eines Radikals mit einer Molekel entstehen wie in metathetischen Vorgängen, sollen in der Regel linear sein, wie z. B. bei der Reaktion des Bromatoms mit Methan:

$$Br - H - CH_3$$

Für die Schwingungen beider Teile des aktiven Komplexes nimmt man meistens die Frequenzen der Ausgangsmolekeln.

Bywater und Roberts (61) berechneten die Entropien des aktiven Komplexes $CH_3CH_2 - H - H$ bei verschiedenen Temperaturen. Der Vergleich der Gesamtentropien mit den entsprechenden Werten des Äthans zeigt, daß die Unterschiede hauptsächlich vom Elektronenbeitrag und von der Änderung der Symmetriezahl herrühren. Letztere ist für Äthan 18, für den Komplex 3.

Tabelle 19

Entropie des aktiven Komplexes CH_3CH_2—H—H nach Bywater und Roberts

Temperatur °K	300	400	500	600	700
$S_{trans.+rot.}$	56,2	58,2	60,3	61,7	63,0
$S_{vib.}$	0,7	1,9	3,6	5,5	7,5
$S_{inn. rot.}$	1,8	2,3	2,8	3,2	3,5
$S_{elektron.}$	1,4	1,4	1,4	1,4	1,4
S_{gesamt}	60,1	64,1	68,1	71,8	75,4
$S_{C_2H_6}$	54,9	59,0	62,8	66,4	69,9
$S_{C_2H_6} + 1{,}5 + R \ln 6$	59,9	64,8	67,8	71,4	74,9

In Tab. 20 sind die Werte der Entropieänderung bei der Bildung einiger aktiver Komplexe aufgeführt (300° K, 1 Atm.).

Tabelle 20

Aktivierungsentropien von Radikal und Molekel bei zusammengesetzten aktiven Komplexen nach BYWATER und ROBERTS

Reagierendes Radikal	Kohlen-wasserstoff	H_2	CH_4	C_2H_6	i-C_4H_{10}
H	$S_{trans.}$	— 25,1	— 25,9	— 26,0	— 26,0
	$S_{rot.}$	+ 5,1	+ 2,3	— 0,1	0,0
	$S_{inn.\,rot.}$	0,0	0,0	+ 0,1	+ 0,3
CH_3	$S_{trans.}$	— 27,9	— 32,2	— 32,2	— 33,4
	$S_{rot.}$	+ 3,1	— 4,1	— 7,0	— 8,8
	$S_{inn.\,rot.}$	0,0	+ 3,0	+ 4,0	+ 4,0

Bei schwereren Molekülen mag der Fehler bis zu 5 Cl betragen, was eine Abweichung im A-Faktor von einer Größenordnung ausmacht.

Wie Tab. 21 zeigt, ist die Aktivierungsentropie bei Radikalrekombinationen meistens ungefähr gleich der Reaktionsentropie, da die Konfiguration des aktiven Komplexes beinahe dieselbe wie die des Produktes ist. Abweichungen können der inneren Rotation zugeschrieben werden (62).

Tabelle 21

Radikalrekombinationen und ähnliche Reaktionen vom Typ: $B + C \underset{k'}{\overset{k}{\rightleftharpoons}} BC$

B	C	$\log A$	E	$\log A'$	E' kcal	S' Cl	$S'^{\ddagger}$ Cl
		$cm^3\,Mol^{-1}\,sec^{-1}$	kcal	sec^{-1}			
CH_3	+ CH_3	13,7	0	17	85	16	18
C_2H_5	+ C_2H_5	13,3	0,7	17	80	18	18
NO_2	+ NO_2	11,7	0	16	13	22	13
$(CH_3)NH_2$ . .	+ BF_3	11,9	0	17	—	23	17
$(CH_3)_2NH$ . .	+ BF_3	13,5	0	18	—	21	22
$(CH_3)_3N$ . . .	+ BF_3	12,6	0	17	—	20	20
CH_3	+ NO	11,3 cca	0	15	—	16	7

Die Entropieanteile des aktiven Komplexes wurden auch von J. C. POLANYI (13) berechnet. Tab. 22 und 23 zeigen die Ergebnisse.

Tabelle 22

Entropieanteile und Bildungsentropie des aktiven Komplexes bei 400 °K

	S_T	S_R	S_v	$S_{T,R,V,E}$	$-\Delta S_p^{\ddagger}$	$A \times 10^{-12}$
1. CH_3 — H — H	35,9	15,9	1,94	55,1	26,4	3,28
2. CH_3 — H — D	36,1	16,9	2,06	56,5	28,3	1,25
3. CH_3 — D — H	36,1	16,2	2,73	56,4	28,4	1,19
4. CH_3 — D — D	36,2	17,1	3,01	57,7	27,3	2,09
5. CD_3 — H — H	36,4	17,0	1,94	56,7	27,4	1,90
6. CD_3 — H — D	36,5	17,9	2,06	57,9	29,5	0,69
7. CD_3 — D — H	36,5	17,3	2,73	57,9	29,5	0,69
8. CD_3 — D — H	36,7	18,0	3,01	59,1	28,5	1,14

Tabelle 23

Standardentropien bei 400° K

	S_T	S_R	S_E	$S_{T,R,E}$
H_2	29,5	3,6	—	33,1
HD	30,8	5,6	—	36,4
D_2	31,6	5,0	—	36,6
CH_3	35,5	11,5	1,4	48,4
CD_3	36,1	13,5	1,4	51,0

Bisher wurde der Durchlässigkeitskoeffizient als eins angenommen, und jede Änderung des A-Faktors wurde der Aktivierungsentropie zugeschrieben. Es sei aber erwähnt, daß auch $\varkappa$ wesentlich kleiner als eins sein kann.

§ 5. Frequenzfaktor

Der Faktor A vor dem Exponenten wird gewöhnlich Frequenzfaktor genannt, jedoch scheint die Benennung „präexponentieller Faktor" oder „A-Faktor" passender. Er ist nicht streng konstant (63).

Szwarc und Leigh (64) nehmen die Frequenzfaktoren analoger Vorgänge bei ähnlichen Geschwindigkeitskonstanten als gleich an; Tab. 24 [Johnston und Crosby (65)] zeigt keine Tendenz einer Kompensation von A-Faktoren und Aktivierungsenergien.

Tabelle 24

Aktivierungsenergien und A-Faktoren

Reaktion	Aktivierungsenergie	Präexp. Faktor x 10^{-12} cm³ Mol⁻¹ sec⁻¹	Temperaturintervall °K	Literatur
$NO_2 + CO = NO + CO_2$.	27,8	0,48	500–800	(1)
$2NO_2 = 2NO + O_2$ . . .	26,6	1,8	470–660	(2)
$2NOCl = 2NO + Cl_2$ . . .	24,5	9,4	423–523	(3)
$NO_2 + F_2 = NO_2F + F$ . .	10,4	1,6	300–343	(4)
$NO_2 + O_3 = NO_3 + O_2$ . .	7,0	5,9	286–302	(5)
$NO_2Cl + NO = NO_2 + NOCl$	6,9	0,83	273–343	(6)
$NO + O_3 = NO_2 + O_2$ . .	2,5	0.80	198–230	(7)

Literatur zu Tab. 24

1. BROWN, F. B. u. R. H. CRIST, J. Chem. Phys. **9**, 840 (1941).
2. BODENSTEIN, M. u. H. RAMSTETTER, Z. phys. Chem. **100**, 106 (1922).
3. WADDINGTON, G. u. R. C. TOLMAN, J. Amer. Chem. Soc. **57**, 689 (1935).
4. PERRINE, R. L. u. H. S. JOHNSTON, J. Chem. Phys. **21**, 2202 (1953).
5. JOHNSTON, H. S. u. D. M. YOST, J. Chem. Phys. **17**, 386 (1949).
6. FREILING, E. G., H. S. JOHNSTON u. R. A. OGG, J. Chem. Phys. **20**, 327 (1952).
7. JOHNSTON, H. S. u. H. J. CROSBY, J. Chem. Phys. **22**, 689 (1954).

SZWARC hat darauf hingewiesen (66), daß anomal hohe A-Faktoren von zusammengesetzten Reaktionen herrühren [vgl. auch STEEL (66a)]. Sonst liefert die Struktur des Übergangszustandes die Erklärung für abweichende Werte von A (67, 68). Bei Eliminierungsreaktionen wie

$$R_1R_2HC—CXR_3R_4 \rightarrow HX + R_1R_2C{=}CR_3R_4$$

hat der Übergangszustand wahrscheinlich die Gestalt

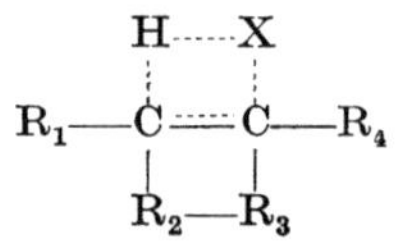

und A ist normal, $10^{13 \pm 1,5}$ sec^{-1}, wobei ΔS nur $\pm$ 7 Cl.

Eine ausführliche Zusammenstellung kinetischer Parameter findet man bei TROTMAN-DICKENSON (Gas Kinetics, London 1955, S. 129–130).

Ein bis zu zwei Größenordnungen höherer Wert von A als normal kann durch Symmetrieverhältnisse erklärt werden. Ist er größer als 10^{16}, so liegt sicher eine zusammengesetzte Reaktion vor [PRITCHARD (69), CLARK und PRITCHARD (70)]. COWPERTHWAITE und WARHURST (71) fanden für die Pyrolyse des Phenylquecksilberjodids $A = 10^{15,7}$ sec^{-1} und $E = 63 \pm 2$ kcal/Mol.

Bei Austauschreaktionen von Atomen ist A im allgemeinen

$$\sim 10^{13}\ \mathrm{cm^3\ Mol^{-1}\ sec^{-1}},$$

bei solchen von zwei- und dreiatomigen Radikalen etwas kleiner,

$$10^{12}\ \mathrm{cm^3\ Mol^{-1}\ sec^{-1}}.$$

In metathetischen Reaktionen des Methylradikals ist A in der Regel

$$\sim 10^{11}\ \mathrm{cm^3\ Mol^{-1}\ sec^{-1}}.$$

In den Reaktionen des Tri-p-diphenylmethyl- und Tri-p-butylphenylmethyl-Radikals mit Toluol sind die Werte $10^{10,3}$ bzw. $10^{9,7}$ cm^3 Mol^{-1} sec^{-1} (72).

Bisher noch nicht erklärte hohe A-Werte fand man in einigen Reaktionen des Bromatoms (74), wie in der Reaktion des 2-Methylpropans mit Br,

$$10^{17,6}\ \mathrm{cm^3\ Mol^{-1}\ sec^{-1}}$$

und 2,2-Dimethylpropan + Br,

$$10^{17}\ \mathrm{cm^3\ Mol^{-1}\ sec^{-1}}.$$

Ähnlich hohe A-Werte treten in gewissen Reaktionen des Chloratoms auf (75).

Beim unimolekularen Zerfall der Radikale beträgt der A-Faktor

$$10^{13 \pm 1,5}\ \mathrm{sec^{-1}}.$$

In der Rückreaktion ist der A-Faktor, da sich hier ein kleines Radikal an eine ungesättigte Verbindung anlagert, etwa 10^{10}–10^{11} cm³ Mol⁻¹ sec⁻¹. Für die unimolekulare Primärreaktion der Pyrolyse des Isobutens fand SZWARC (76) $k = 0,5 \cdot 10^{13} \exp(-67000/RT)$. Dieser Wert tritt im allgemeinen dann auf, wenn der Primärschritt in der Abspaltung eines Wasserstoffatoms besteht [s. a. Tab. 25 nach STEACIE und SZWARC (77) und (73)].

Tabelle 25
Frequenzfaktoren

Reaktion	$A = PZ$	Literatur
$H + H_2 \rightarrow H_2 + H$	$3,5 \cdot 10^{13}$	(1)
$D + NH_3 \rightarrow H + NH_2D$	$2 \cdot 10^{13}$	(2)
$D + PH_3 \rightarrow H + PH_2D$	$1,5 \cdot 10^{13}$	(2)
$Br + CH_4 \rightarrow HBr + CH_3$	$1,5 \cdot 10^{12}$	(3)
$Br + H_2 \rightarrow HBr + H$	$1,1 \cdot 10^{12}$	(4)
$Br + CH_3Br \rightarrow HBr + CH_2Br$	$1,3 \cdot 10^{12}$	(3)
$CH_3 + CH_3COCH_3 \rightarrow CH_4 + CH_2COCH_3$	$5 \cdot 10^{11}$	(5)
$CH_3 + n\text{-}C_4H_{10} \rightarrow CH_4 + n\text{-}C_4H_9$	$1 \cdot 10^{11}$	(5)
$CH_3 + i\text{-}C_4H_{10} \rightarrow CH_4 + i\text{-}C_4H_9$	$1 \cdot 10^{11}$	(5)
$CH_3 + neo\text{-}C_5H_{12} \rightarrow CH_4 + C_5H_{11}$	$2 \cdot 10^{11}$	(5)
$(p\text{-}C_6H_5 \cdot C_6H_4)_3C + C_6H_5CH_3 \rightarrow (p\text{-}C_6H_5 \cdot C_6H_4)_3CH + C_6H_5CH_2$	$2 \cdot 10^{10}$	(6)
$(p\text{-tert-}C_4H_9C_6H_4)_3C + C_6H_5CH_3 \rightarrow (p\text{-tert-}C_4H_9 \cdot C_6H_4)_3CH + C_6H_5CH_2$	$5 \cdot 10^{9}$	(6)

Literatur zu Tab. 25

1. FARKAS, A. u. L. FARKAS, Proc. Roy. Soc., A **152**, 124 (1935).
2. MELVILLE, H. W. u. J. L. BOLLAND, Proc. Roy. Soc. A **160**, 384 (1937).
3. KISTIAKOWSKY, G. B. u. E. R. VAN ARTSDALEN, J. Chem. Phys. **12**, 469 (1944).
4. JOST, W., Z. phys. Chem. B **3**, 118 (1929).
5. TROTMAN-DICKENSON, A. F. u. E. W. R. STEACIE, J. Amer. Chem. Soc. **72**, 2310 (1950).
6. DOBRES, R. M. u. P. W. SELWOOD, J. Amer. Chem. Soc. **72**, 5731 (1950).

Die theoretische Berechnung des präexponentiellen Faktors wird von BYWATER und ROBERTS (78) sowie von HERSCHBACH und JOHNSTON (79) besprochen. BENSON (80) vergleicht die Theorie des Übergangszustandes mit der von RICE, RAMSPERGER und KASSEL und mit der von SLATER. KNOX und TROTMAN-DICKENSON (81) berechneten A-Faktoren von Reaktionen des Typs $Cl + R_1H{=}R_1 + HCl$ nach der Theorie des Übergangszustandes. Sie berücksichtigten die inneren Rotationen und Schwingungen jedoch nicht, was von PITZER (82) korrigiert wurde.

§ 6. Kinetische Bedeutung von Isotopenreaktionen

Isotopenreaktionen liefern Kontrollmöglichkeiten für Theorien chemischer Reaktionen [vgl. u. a. BIGELEISEN (83), J. C. POLANYI (13), GRAY und PRITCHARD (84), STEVENSON und Mitarb. (85, 86)]. BERNSTEIN (87) hat den Isotopeneffekt in der thermischen Zersetzung des mit ^{13}C markiertem Nickelcarbonyls untersucht und mit der BIGELEISENschen Berechnung verglichen. HINSHELWOOD und Mitarb. (88) maßen den intramolekularen Isotopeneffekt in der Pyrolyse des Propans, das mit ^{14}C markiert war. Hierbei wurde die ^{12}C—^{12}C-Bindung etwa 8% häufiger gespalten als die ^{12}C—^{14}C-Bindung.

Die Reaktion des Wasserstoffs bzw. Deuteriums mit Jod wurde von BLAGG und MURPHY (89) sowie von TAYLOR und CRIST (90) untersucht. MAGEE (91) fand für das Verhältnis k_{H_2}/k_{HD} den Wert 1,55 in guter Übereinstimmung mit der Theorie. Mit Chloratom s. BIGELEISEN und Mitarb. (91a).

NEWTON (92) untersuchte die Reaktion des Methyljodids mit HJ und DJ zwischen 250 und 310° C.

Die Isotopenaustauschreaktionen vom Typ $AX + BX^* = AX^* + BX$ sind unabhängig vom Chemismus von erster Ordnung [siehe FROST und PEARSON: Kinetics and Mechanism (New York 1953) S. 179; dort auch weitere Literaturangaben; s. a. BUNTON, CRAIG und HALEVI (93)].

DAVIDSON und SULLIVAN (94) fanden für den Austausch von Bromisotopen zwischen Trichlorbrommethan und elementarem Brom im Temperaturintervall 147–182° C einen A-Faktor von $7{,}9 \cdot 10^{10}$ cm^3 Mol^{-1} sec^{-1} und eine Aktivierungsenergie von 10,3 kcal.

DODGEN und LIBBY (95) haben die Austauschreaktionen zwischen Halogenwasserstoffen und den freien Halogenen untersucht. Zwischen Fluor und Fluorwasserstoff spielt sich kein Austausch ab, während Cl_2 und HCl schon im Dunkeln bei Zimmertemperatur reagieren.

Beim Isotopenaustausch zwischen HCl und verschiedenen chlorierten und fluorierten Methanderivaten (CH_3Cl, CH_2FCl, CHF_2Cl und CF_3Cl) stellten BOGGS und BROCKWAY (96) sehr große Unterschiede in der Reaktionsgeschwindigkeit fest, die teilweise auf verschiedene Wirksamkeit der Gefäßwand zurückzuführen waren. Auch sonst kann heterogener Isotopenaustausch die Ergebnisse verfälschen (97).

Nach WALL und MOORE (98) wird bei der Pyrolyse eines Gemisches von deuteriertem und normalem Äthan der Isotopenaustausch durch NO weitgehend zurückgedrängt. RICE und VARNERIN (99) fanden die Zersetzungsgeschwindigkeit von C_2D_6 zu einem Drittel der des C_2H_6. Die Geschwindigkeit der durch NO gehemmten Reaktion beträgt bei C_2D_6 18%, bei C_2H_6 nur noch 8% der ungehemmten Reaktion. Wenn sich das Deuteroäthan in Anwesenheit von Methan gleicher Menge zersetzt, hängt der Isotopenaustausch, welcher als das Verhältnis CH_3D/CH_4 gemessen wurde, nur noch von der ursprünglichen Zusammensetzung ab. Die Stickoxydhemmung ändert an dem Ausmaß des Austausches nichts [vgl. ferner (99a)].

STRANKS (100) hat den ^{14}C-Isotopeneffekt in der photochemischen und thermischen Reaktion $^{14}CO + COCl_2 \rightleftarrows CO + {}^{14}COCl_2$ studiert [s. auch (100a)].

DARWENT und ROBERTS (101) haben Wasserstoff- bzw. Deuteriumatome aus der photochemischen Zersetzung des H_2S bzw. D_2S mit Paraffinen und Olefinen in Reaktion gebracht. Die Geschwindigkeit k_1 der Konkurrenzreaktion $D + D_2S \rightarrow D_2 + DS$ ergab sich, indem man H_2S im Gemisch mit H_2 reagieren ließ und nun mit Hilfe der seit FARKAS und FARKAS (102) bekannten Parameter von

$$D + H_2 \rightarrow HD + H\,[k_2 = 10^{3,4} \exp(-5000/RT)\ \mathrm{cm^3\,Mol^{-1}\,sec^{-1}}]$$

und dem gemessenen Verhältnis k_2/k_1 k_1 berechnete. Die Ergebnisse zeigt Tab. 26.

Tabelle 26

Wasserstoffabspaltung von Paraffinen und Olefinen durch Deuteriumatome

Substanz	E (kcal/Mol^{-1})	d (Å)	Stoßzahl × 10^{-14} (cm^3 Mol^{-1} sec^{-1})	P
C_2H_6	9,0	5,0	4,2	0,6
C_3H_8	7,2	5,4	4,8	0,6
n-C_4H_{10}	7,1	5,8	4,6	0,6
iso-C_4H_{10}	6,3	5,9	4,6	0,6
C_3H_6	5,4	5,4	5,0	0,1
sec-C_4H_8	5,0	5,6	4,6	0,3

Ähnliche konkurrierende Reaktionen konnten auch der Untersuchung der Wasserstoffabspaltung durch Methyl- und andere Radikale dienen, wenn an Stelle der Deuteriumatome deuterierte Methylradikale aus der Photolyse des Deutero-Acetons verwandt werden (103). Die Leistungsfähigkeit der Methode wird durch die gute Übereinstimmung der von verschiedenen Verfassern ausgeführten Messungen demonstriert (siehe TROTMAN-DICKENSON, Gas Kinetics, London 1955, S. 199–202). TROTMAN-DICKENSON und STEACIE (104) geben für die Aktivierungsenergien der Wasserstoffabspaltung durch CH_3- bzw. CD_3-Radikale aus Aceton bzw. Deutero-Aceton 9,7 kcal/Mol bzw. 10,3 kcal/Mol an. Weitere Ergebnisse von STEACIE und Mitarb. (105) sind in Tab. 27 aufgeführt, wo E_A die Aktivierungsenergie der Wasserstoff-

Tabelle 27

Aktivierungsenergien der Wasserstoffabspaltungsreaktion durch Methylradikale bzw. Deutero-Methylradikale

Reaktion	$E_A - 1/2\, E_B$ kcal
$CH_3 + CH_3COCH_3 \rightarrow CH_4 + CH_2COCH_3$	9,7
$CD_3 + CD_3COCD_3 \rightarrow CD_4 + CD_2COCD_3$	11,6
$CH_3 + D_2 \rightarrow CH_3D + D$	11,8
$CH_3 + H_2 \rightarrow CH_4 + H$	10,0
$CD_3 + H_2 \rightarrow CD_3H + H$	11,1
$CD_3 + D_2 \rightarrow CD_4 + D$	10,9
$CH_3 + HD \rightarrow CH_4 + D$	10,0
$CH_3 + HD \rightarrow CH_3D + H$	11,3
$CD_3 + HD \rightarrow CD_3H + D$	10,7
$CD_3 + HD \rightarrow CD_4 + H$	10,7

abspaltung und E_B die der Rekombination bedeuten. Da E_B sehr klein ist ($<$ 0,2–0,3 kcal/Mol), können die Angaben der Tabelle als die Aktivierungsenergien der Abspaltungsreaktionen selbst betrachtet werden. Die Resultate stehen im Einklang mit denen von PHIBBS und DARWENT (106) und mit denen von MAJURY und STEACIE (107), nach denen der Isotopeneffekt dann größer ist, wenn die Deuteriumsubstitution im Molekül und nicht im Radikal geschehen ist. Die Wasserstoffabspaltung durch Äthylradikale kann auf ähnliche Weise untersucht werden (108).

Um den Primärschritt bei der Zersetzung des N_2O_5: $N_2O_5 \rightarrow NO_2 + NO_3$, zu bestätigen, haben AMELL und DANIELS (109) die Geschwindigkeit der Austauschreaktion $^{15}NO_2 + N_2O_5 \rightarrow NO_2 + {}^{15}NNO_5$ im Temperaturintervall von $-9{,}0$ bis $+ 10°$ C untersucht. Der obige unimolekulare Zerfallsschritt geht dem Austausch voraus und ist geschwindigkeitsbestimmend. Das gefundene $k = 6{,}0 \cdot 10^{12} \exp(-19000/RT)$ des Austausches stimmt mit der Zersetzungsgeschwindigkeit des N_2O_5 überein (110).

Das ^{18}O-Isotop wurde von OGG JR. (111) zum Nachweis der katalytischen Wirkung des Ozons, der Sensibilisierung durch Chlor und zum Nachweis des NO_3- und des NO_4-Radikals verwendet.

NEIMAN (112) schlug zur Aufklärung von Mechanismen eine „isotopenkinetische Methode“ vor. Bei einer Reaktionsfolge

$$\cdots \longrightarrow A \xrightarrow{w_1} B \xrightarrow{w_2} \cdots$$

reichert sich der Zwischenstoff B mit der Geschwindigkeit

$$\frac{d[B]}{dt} = w_1 - w_2$$

an. $d[B]/dt$ wird durch Probennahme bestimmt. Man erhält w_1, indem man eine kleine Menge von radioaktiv markiertem B dem Reaktionsgemisch hinzufügt und in analytisch getrennten Proben die spezifische Aktivität $\beta = \frac{[B^*]}{[B]}$ verfolgt. Für B^* gilt dann

$$\frac{d[B^*]}{dt} = \beta \frac{d[B]}{dt} + [B]\frac{d\beta}{dt} = -\beta w_2,$$

daraus

$$\frac{d\beta}{dt} = \frac{-\beta w_2 - \beta w_1 + \beta w_2}{[B]} = -\frac{\beta w_1}{[B]},$$

und w_1 und w_2 sind aus den experimentellen Daten bestimmbar. Die Ordnung der Weiterreaktion des Zwischenproduktes erhält man aus einer weiteren Beziehung:

$$-\frac{d \ln J}{dt} = k B^{n-1},$$

wo J die Gesamtaktivität $\beta \cdot [B]$ bedeutet. NEIMAN klärte so die Mechanismen einiger Oxydationsreaktionen auf (113). Es wurde gezeigt, daß die Hauptmenge des Äthans bei der Propankrackung nicht durch die Rekombination von Methylradikalen sondern durch Hydrierung des Äthylens gebildet wird (114), und die Konzentration der H-Atome konnte zu verschiedenen Reaktionszeiten bestimmt werden (115).

Literatur zu Kapitel 4

1. HIRSCHFELDER, J. O. u. E. WIGNER, J. Chem. Phys. **7**, 616 (1939).
2. HERSCHBACH, D. R., H. S. JOHNSTON, K. S. PITZER u. R. E. POWELL, J. Chem. Phys. **25**, 736 (1956).
3. WILSON, D. J. u. H. S. JOHNSTON, J. Amer. Chem. Soc. **79**, 29 (1957).
4. PAULING, L., J. Amer. Chem. Soc. **69**, 542 (1947).
5. PITZER, K. S., J. Amer. Chem. Soc. **79**, 1804 (1957).
6. KNOX, J. H. u. A. F. TROTMAN-DICKENSON, J. Phys. Chem. **60**, 1367 (1956).
7. SHEPP, A., J. Chem. Phys. **24**, 939 (1956).
8. GOMER, R. u. G. B. KISTIAKOWSKY, J. Chem. Phys. **19**, 85 (1951).

9. AYSCOUGH, P. B., J. Chem. Phys. **24**, 944 (1956).
10. GORIN, E., Acta Physicochimica U.d.S.S.R. **9**, 681 (1938); GORIN, E., W. KAUZMANN, J. WALTER u. H. EYRING, J. Chem. Phys. **7**, 633 (1939).
11. BOATO, G., G. CARERI, A. CIMINO, E. MOLINARI u. G. G. VOLPI, J. Chem. Phys. **24**, 783 (1956).
12. KLEIN, R., M. D. SCHEER u. L. J. SCHOEN, J. Amer. Chem. Soc. **78**, 47 (1956).
13. POLANYI, J. C., J. Chem. Phys. **23**, 1505 (1955).
14. ALTAR, W. u. H. EYRING, J. Chem. Phys. **4**, 661 (1936).
15. HIRSCHFELDER, J. O., J. Chem. Phys. **9**, 645 (1941).
16. EYRING, H., Z. phys. Chem. **B 7**, 244 (1930).
17. BUTLER, E. T. u. M. POLANYI, Trans. Faraday Soc. **39**, 19 (1943).
18. BOLLAND, J. L., Quart. Rev. Chem. Soc. Lond. **3**, 1 (1949).
19. TROTMAN-DICKENSON, A. F., Discuss. Faraday Soc. **10**, 111 (1951).
20. STEVENSON, D. P., Discuss. Faraday Soc. **10**, 113 (1951).
21. DODD, R. E., J. Chem. Phys. **26**, 1353 (1957).
22. EVANS, M. G. u. M. POLANYI, Trans. Faraday Soc. **32**, 1333 (1956); **34**, 1138 (1938).
23. FAIRCLOUGH, R. A. u. C. N. HINSHELWOOD, J. Chem. Soc. **1937**, 538, 1573; **1938**, 1186.
24. EVANS, M. G. u. E. WARHURST, Trans. Faraday Soc. **34**, 614 (1938).
25. EVANS, M. G., Trans. Faraday Soc. **35**, 824 (1939).
26. PARTINGTON, R. G., Discuss. Faraday Soc. **2**, 114 (1947).
27. BYWATER, S. u. E. W. R. STEACIE, J. Chem. Phys. **19**, 172, 319, 326 (1951).
28. STEACIE, E. W. R., Atomic and Free Radical Reactions. Sec. Ed., Amer. Chem. Soc. Monograph Series 125, S. 538 (New York 1954).
29. COTTRELL, T. L., The Strengths of Chemical Bonds (London 1954).
30. STEVENSON, D. P., J. Chem. Phys. **10**, 291 (1942); HIPPLE, J. A. u. D. P. STEVENSON, Phys. Rev. **63**, 121 (1943) und die späteren Arbeiten von STEVENSON.
31. WALDRON, J. D., Trans. Faraday Soc. **50**, 102 (1954).
32. BUTLER, E. T. u. M. POLANYI, Nature **146**, 129 (1940); Trans. Faraday Soc. **39**, 19 (1943); BUTLER, E. T., E. MANDEL u. M. POLANYI, Trans. Faraday Soc. **41**, 298 (1945).
33. CHUPKA, W. A. u. M. G. INGHRAM, J. Phys. Chem. **59**, 100 (1955); MORRISON, J. D. u. H. E. STANTON, J. Chem. Phys. **28**, 9 (1958), hier auch die ausführliche frühere Literatur.
34. ANDERSEN, H. C., G. B. KISTIAKOWSKY u. E. R. VAN ARTSDALEN, J. Chem. Phys. **10**, 305 (1942).
35. RICE, K. K., The Aliphatic Free Radicals (Baltimore 1935).
36. SZWARC, M., Discuss. Faraday Soc. **2**, 39 (1947).
37. SZWARC, M., J. Chem. Phys. **16**, 128 (1948).
38. SZWARC, M., J. Chem. Phys. **17**, 431 (1949).
39. GRAHAME, D. C., J. Chem. Phys. **7**, 680 (1939).
40. STEINER, H. u. H. R. WATSON, Discuss. Faraday Soc. **2**, 88 (1947).

41. TROTMAN-DICKENSON, A. F., J. R. BIRCHARD u. E. W. R. STEACIE, J. Chem. Phys. **19**, 163 (1951).
42. TROTMAN-DICKENSON, A. F. u. E. W. R. STEACIE, J. Chem. Phys. **19**, 169, 329 (1951); J. Phys. Coll. Chem. **55**, 908 (1951).
43. KHARASCH, M. S. u. G. BUCHI, J. Amer. Chem. Soc. **73**, 632 (1951).
44. WALSH, A. D., Trans. Faraday Soc. **42**, 269 (1946).
45. PLATT, J. R., J. Chem. Phys. **15**, 419 (1947).
46. DUCHESNE, J. u. L. BURNELLE, J. Chem. Phys. **19**, 1191 (1951).
47. KAZUO ITO, J. Amer. Chem. Soc. **75**, 2430 (1953).
48. DEWAR, M. J. S. u. R. PETTIT, J. Chem. Soc. **1954**, 1625.
49. SZWARC, M., J. Chem. Phys. **18**, 1660 (1950).
50. BUTLER, E. T., E. MANDEL u. M. POLANYI, Trans. Faraday Soc. **41**, 298 (1945).
51. ROBERTS, J. S. u. H. A. SKINNER, Trans. Faraday Soc. **45**, 339 (1949).
52. DAILEY, B. P. u. J. N. SHOOLERY, J. Amer. Chem. Soc. **77**, 3977 (1955).
53. VOEVODSKY, W. W., Ber. Akad. Wiss. UdSSR. **79**, 455 (1951).
54. VEDENEJEV, W. I., Ber. Akad. Wiss. UdSSR. **114**, 571 (1957).
55. VEDENEJEV, W. I. u. W. W. VOEVODSKY, J. physik. Chem. UdSSR. **30**, 789 (1956).
56. EVANS, M. G. u. M. POLANYI, Trans. Faraday Soc. **34**, 11 (1938).
57. SZABÓ, Z. G., Z. Elektrochemie **61**, 1083 (1957).
58. Szwarc, M. u. D. WILLIAMS, Proc. Roy. Soc., A **219**, 353 (1953).
59. WILSON, E. B. J., Chem. Rev. **27**, 17 (1940).
60. TAYLOR, H. S. u. S. GLASSTONE, A Treatise on Physical Chemistry, Bd. 1, S. 511 (New York 1942).
61. BYWATER, S. u. R. ROBERTS, Canad. J. Chem. **30**, 773 (1952).
62. GARVIN, D. u. G. B. KISTIAKOWSKY, J. Chem. Phys. **20**, 105 (1952); s. ferner TROTMAN-DICKENSON, A. F., Gas Kinetics (London 1955), S. 125.
63. POLANYI, M. u. E. WIGNER, Z. phys. Chem. **139**, 439 (1928).
64. SZWARC, M. u. C. H. LEIGH, Nature **167**, 486 (1951).
65. JOHNSTON, H. S. u. H. J. CROSBY, J. Chem. Phys. **22**, 689 (1954).
66. SZWARC, M., J. Chem. Phys. **17**, 107 (1949).
66a. STEEL, C., J. Chem. Phys. **31**, 899 (1959).
67. SZWARC, M., J. Phys. Coll. Chem. **55**, 939 (1951).
68. RICE, O. K., J. Phys. Coll. Chem. **55**, 947 (1951); **55**, 894 (1951).
69. PRITCHARD, H. O., J. Chem. Phys. **25**, 267 (1956).
70. CLARK, D. u. H. O. PRITCHARD, J. Chem. Soc. **1956**, 2136.
71. COWPERTHWAITE, M. u. E. WARHURST, J. Chem. Soc. **1958**, 2429.
72. DOBRES, R. M. u. P. W. SELWOOD, J. Amer. Chem. Soc. **72**, 5731 (1950).
73. TROTMAN-DICKENSON, A. F. u. E. W. R. STEACIE, J. Amer. Chem. Soc. **72**, 2310 (1950).
74. KISTIAKOWSKY, G. B. u. E. R. VAN ARTSDALEN, J. Chem. Phys. **12**, 469 (1944); HORMATS, E. I. u. E. R. VAN ARTSDALEN, J. Chem. Phys. **19**, 778 (1951); SCHWEITZER, F. E. u. E. R. VAN ARTSDALEN, J. Chem. Phys. **19**, 1028 (1951); ECKSTEIN, B. H., H. A. SCHERAGA u. E. R. VAN ARTSDALEN, J. Chem. Phys. **22**, 28 (1954).

75. Szabó, Z. G. u. P. Huhn, nicht veröffentlichte Ergebnisse.
76. Szwarc, M., J. Chem. Phys. **17**, 292 (1949).
77. Steacie, E. W. R. u. M. Szwarc, J. Chem. Phys. **19**, 1309 (1951).
78. Bywater, S. u. R. Roberts, Canad. J. Chem. **30**, 773 (1952).
79. Herschbach, D. R. u. H. S. Johnston, J. Chem. Phys. **25**, 736 (1956).
80. Benson, S. W., J. Chem. Phys. **19**, 802 (1951).
81. Knox, J. H. u. Trotman-Dickenson, A. F., J. Phys. Chem. **60**, 1367 (1956).
82. Pitzer, K. S., J. Amer. Chem. Soc. **79**, 1804 (1957).
83. Bigeleisen, J., J. Chem. Phys. **17**, 675 (1949).
84. Gray, B. F. u. H. O. Pritchard, J. Chem. Soc. **1956**, 1002.
85. Beeck, O., J. W. Otvos, D. P. Stevenson u. C. D. Wagner, J. Chem. Phys. **16**, 255 (1948).
86. Stevenson, D. P., C. D. Wagner, O. Beeck u. J. W. Otvos, J. Chem. Phys. **16**, 993 (1948).
87. Bernstein, R. B., J. Chem. Phys. **22**, 710 (1954).
88. Frey, H. M., C. J. Danby u. C. Hinshelwood, Proc. Roy. Soc., A **234**, 310 (1956).
89. Blagg, J. C. L. u. G. M. Murphy, J. Chem. Phys. **4**, 631 (1936).
90. Taylor, A. H. jr. u. R. H. Crist, J. Amer. Chem. Soc. **63**, 1377 (1941).
91. Magee, E. M., J. Amer. Chem. Soc. **79**, 5375 (1957).
91a. Bigeleisen, J., F. S. Klein, R. E. Weston, jr. u. M. Wolfsberg, J. Chem. Phys. **30**, 1340 (1959).
92. Newton, T. W., J. Chem. Phys. **18**, 797 (1950).
93. Bunton, C. A., D. P. Craig u. E. A. Halevi, Trans. Faraday Soc. **51**, 196 (1955).
94. Davidson, N. u. J. H. Sullivan, J. Chem. Phys. **17**, 176 (1949).
95. Dodgen, H. W. u. W. F. Libby, J. Chem. Phys. **17**, 951 (1949).
96. Boggs, J. E. u. L. O. Brockway, J. Amer. Chem. Soc. **77**, 3444 (1955).
97. Stephen, M. J. u. C. J. Danby, Proc. Roy. Soc., A **232**, 271 (1955).
98. Wall, L. A. u. W. J. Moore, J. Amer. Chem. Soc. **73**, 2840 (1951).
99. Rice, F. O. u. R. E. Varnerin, J. Amer. Chem. Soc. **76**, 324 (1954).
99a. Srinivasan, R. u. S. M. E. Kellner, J. Amer. Chem. Soc. 81, 5891 (1959).
100. Stranks, D. R., Trans. Faraday Soc. **51**, 499, 514, 524 (1955).
100a. Dainton, F. S., K. J. Ivin u. F. Wilkinson, Trans. Faraday Soc. **55**, 929 (1959).
101. Darwent, B. de B. u. R. Roberts, Discuss. Faraday Soc. **14**, 55 (1953); Proc. Roy. Soc., A **216**, 344 (1953).
102. Farkas, A. u. L. Farkas, Proc. Roy. Soc., A **152**, 124 (1935).
103. Trotman-Dickenson, A. F. u. E. W. R. Steacie, J. Phys. Chem. **55**, 908 (1951); Trotman-Dickenson, A. F., J. R. Birchard u. E. W. R. Steacie, J. Chem. Phys. **19**, 163 (1951).
104. Trotman-Dickenson, A. F. u. E. W. R. Steacie, J. Chem. Phys. **18**, 1097 (1950).

105. WHITTLE, E. u. E. W. R. STEACIE, J. Chem. Phys. **21**, 993 (1953).
106. PHIBBS, M. K. u. B. DE B. DARWENT, Trans. Faraday Soc. **45**, 541 (1949).
107. MAJURY, T. G. u. E. W. R. STEACIE, Discuss. Faraday Soc. **14**, 45 (1953).
108. KUTSCHKE, K. O., M. H. J. WIJNEN u. E. W. R. STEACIE, J. Amer. Chem. Soc. **74**, 714 (1952); WIJNEN, M. H. J. u. E. W. R. STEACIE, Canad. J. Chem. **29**, 1092 (1951); WIJNEN, M. H. J. u. E. W. R. STEACIE, J. Chem. Phys. **20**, 205 (1952).
109. AMELL, A. R. u. F. DANIELS, J. Amer. Chem. Soc. **74**, 6209 (1952).
110. SMITH, J. H. u. F. DANIELS, J. Amer. Chem. Soc. **69**, 1735 (1947).
111. OGG, R. A., J. Chem. Phys. **15**, 337, 613 (1947).
112. NEIMAN, M. B., Internat. J. Appl. Radiation Isotopes **3**, 20 (1958).
113. NEIMAN, M. B. u. G. I. FEKLISOV, J. physik. Chem. UdSSR **30**, 1126 (1956), ANTONOWA, I. N., W. N. KUZMIN, R. I. MOSHKINA, A. B. NALBANDJAN, M. B. NEIMAN u. G. I. FEKLISOV, Nachr. Akad. Wiss. UdSSR., Abt. chem. Wiss. No. **5**, 789 (1955).
114. Zitiert von NEIMAN, loc. cit. 112.
115. MEDWEDJEWA, N., M. NEIMAN u. H. C. R. TORSOUEWA, Acad. Sci. Paris **243**, 1203 (1956).

Kapitel 5

Beeinflussung der Reaktionsgeschwindigkeit durch äußere Faktoren

§ 1. Katalyse und Hemmung von homogenen Gasreaktionen

Die homogene Katalyse physikalischer Art wurde in Kap. **3**, § 1 und § 2 besprochen (Stoßaktivierung und Stoßstabilisierung). Auch die o–p-Wasserstoffumwandlung unter dem Einfluß paramagnetischer Stoffe wird dazu gerechnet. Die sog. chemische Katalyse erfordert engere Wechselwirkung zwischen Substrat und Katalysatormolekül, ist jedoch nicht immer scharf von der obigen Art zu trennen (1).

Sensibilisierung liegt zum Unterschied von der eigentlichen Katalyse dann vor, wenn ein beigefügter Stoff nur zerfällt und den Kettenstart auslöst, ohne weitere Kettenträger zu liefern. Man unterscheidet thermische Sensibilisierung und Photosensibilisierung je nach dem Effekt, der die Reaktion auslöst. Man erkennt drei Möglichkeiten der chemischen Katalyse. Ein Beispiel der einen ist die Beschleunigung einiger organischer Zerfallsreaktionen durch J_2, welche mit Bezug auf J_2 und das Substrat von erster Ordnung sind. Die Deutung ist, daß J_2 sich an der Bildung des aktiven Komplexes beteiligt. Ist die Reaktionsordnung bezüglich J_2, Br_2 oder HBr $^1/_2$, so nimmt man an, daß sich das Halogen als Atom an einem Kettenmechanismus beteiligt. Schließlich kann der Katalysator dadurch zur Wirkung kommen, daß er Hemmungen vermindert. Beispielsweise soll H_2O die Wand des Reaktionsgefäßes vergiften, welche sonst den Kettenabbruch begünstigen könnte (siehe **5**, § 2).

Die Katalysierung einer Oxydation durch HBr bzw. Br_2 denkt man sich folgendermaßen:

$$\text{(1)}\qquad HBr + O_2 = HO_2 + Br \quad \text{bzw.} \quad Br_2 = 2\,Br$$

$$\text{(2)}\qquad RH + Br = R + HBr$$

$$\text{(3)}\qquad R + O_2 = RO_2$$

$$\text{(4)}\qquad \underline{RO_2 + HBr = RO_2H + Br}$$

$$RH + O_2 = RO_2H.$$

Über die Möglichkeiten zur Weiterreaktion siehe (2).

Der unkatalysierte Primärschritt $RH + O_2 = HO_2 + R$ erfordert mindestens eine Aktivierungsenergie von 50 kcal, welche hier nicht nur herabgesetzt sondern auch auf zwei Schritte verteilt wird, denn die Reaktion (1) ist mit 36 kcal bzw. 45,5 kcal, Reaktion (2) mit 14 kcal endotherm.

Höhere Temperatur begünstigt endotherme Vorgänge. Daher beschleunigt Jod eine thermische Reaktion, während es die bei niedrigerer Temperatur stattfindende photochemische Reaktion hemmen kann.

Hemmung einer Kettenreaktion läßt sich dadurch erklären, daß die Zahl der aktiven Teilchen oder Radikale bedeutend größer ist, als es dem thermischen Gleichgewicht entspräche. Deshalb kann zumal bei langen Ketten bereits eine kleine Inhibitormenge starke Hemmung durch Vereinigung mit den Kettenträgern (wie NO) oder Übertragung der freien Valenz an ein inaktives Radikal (Propylen, Toluol) hervorrufen. Besonders Toluol reagiert wegen seines reaktionsfähigen Wasserstoffs mit Radikalen in hoher Stoßausbeute.

Während kleine Mengen NO zahlreiche Kettenreaktionen inhibieren, wirken größere katalytisch. Diese Doppelwirkung wird durch Radikalstabilisierung [Szabó (3)] gedeutet. In einer Zersetzungsreaktion mit unimolekularem Anfangsschritt der Substanz A in das Endprodukt E nach dem Vierstufenmechanismus [Szabó und Mitarb. (4)]:

$$A \xrightarrow{k_1} E + X$$

$$A + X \xrightarrow{k_2^{\mathrm{I}}} E + X'$$

$$X + X \xrightarrow{k_4^{\mathrm{I}}} E$$

bilden die Kettenträger X mit einer zugegebenen paramagnetischen Substanz R einen Komplex Y:

$$X + R \underset{k^-}{\overset{k^+}{\rightleftharpoons}} Y.$$

Wohl wird X zunächst stabilisiert, aber der Komplex Y kann seinerseits folgendermaßen weiterreagieren:

$$A + Y \xrightarrow{k_2^{\mathrm{II}}} E + Y'$$

$$X + Y \xrightarrow{k_4^{\mathrm{II}}} E + R$$

$$Y + Y \xrightarrow{k_4^{\mathrm{III}}} E + 2R.$$

So kann je nach Konzentrationsverhältnissen entweder die über die ursprünglichen Radikale X oder die über die Zwischenkomplexe Y verlaufende Reaktion geschwindigkeitsbestimmend sein.

Wird der nichtbeeinflußte Vorgang unter Annahme der Quasistationarität von X durch folgenden Ausdruck wiedergegeben:

$$-\frac{d[A]}{dt} = k_1 \cdot [A] + k_2^{\mathrm{I}} \sqrt{k_1/k_4^{\mathrm{I}}} \cdot [A]^{3/2},$$

so ergibt sich die Reaktionsgeschwindigkeit in Gegenwart von R mit $\varrho = [R]_0 \cdot k^-/k^+$ zu

$$-\frac{d[A]}{dt} = k_1[A] + (k_2^{\mathrm{I}} + k_2^{\mathrm{II}} \cdot \varrho) \cdot \sqrt{\frac{k_1 \cdot [A]}{k_4^{\mathrm{I}} + 2k_4^{\mathrm{II}} \cdot \varrho + k_4^{\mathrm{III}} \cdot \varrho^2}} \cdot [A].$$

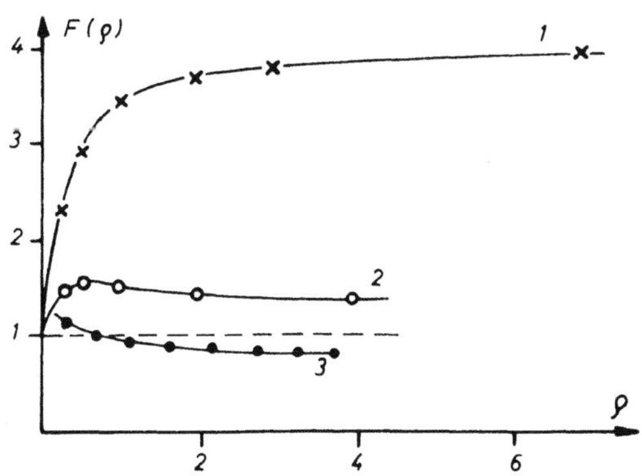

Abb. 4. Katalyse. – Kurve 1: Reine Katalyse; Kurve 2: Katalyse von abnehmendem Maß; Kurve 3: In Inhibition übergehende Katalyse

Das Verhältnis der zweiten Glieder beider Ausdrücke, d. h. der Beeinflussungsfaktor

$$F(\varrho) = \frac{1 + \beta \cdot \varrho}{\sqrt{1 + 2\delta_1 \cdot \varrho + \delta_2 \cdot \varrho^2}}, \quad \left(\text{wo } \beta = \frac{k_2^{\mathrm{II}}}{k_2^{\mathrm{I}}},\ \delta_1 = \frac{k_4^{\mathrm{II}}}{k_4^{\mathrm{I}}},\ \delta_2 = \frac{k_4^{\mathrm{III}}}{k_4^{\mathrm{I}}}\right)$$

entscheidet, ob es sich um eine Beschleunigung oder Hemmung handelt. Für große ϱ ist

$$F(\varrho) = \frac{k_2^{\mathrm{II}}}{k_2^{\mathrm{I}}} \sqrt{\frac{k_4^{\mathrm{I}}}{k_4^{\mathrm{III}}}}.$$

Für $F(\varrho) \gtrless 1$ liegt Hemmung oder Katalyse bei hohen Konzentrationen von R (große Werte von ϱ) vor, Abb. 4 und 5 (5).

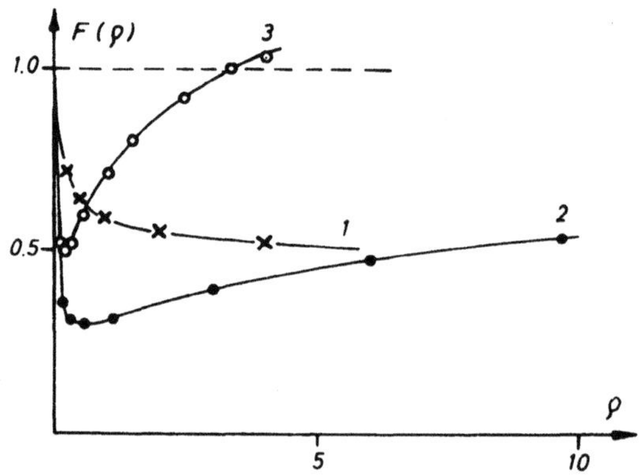

Abb. 5. Inhibition. – Kurve 1: Reine Hemmung; Kurve 2: Inhibition von abnehmendem Maß; Kurve 3: In Katalyse übergehende Inhibition

Eine Erklärung nach Rice-Herzfeld findet man bei Hobbs (6) [s. a. Steacie: Atomic and Free Radical Reactions, 2nd Ed., Vol. 1 (New York 1954) S. 117ff.]. Freeman, Danby und Hinshelwood (7) beschreiben den thermischen Zerfall des Acetaldehyds und seine Beeinflussung durch NO.

Es sind Reaktionen bekannt, bei welchen die beeinflussende Substanz nach wenigen Schritten regeneriert wird [siehe Szabó, loc. cit. und Freeman (8)], z. B. $CH_3 + CH_3J \rightarrow C_2H_6 + J$.

§ 2. Die Wirkung der Wand

Wandeffekte versucht man durch Veränderung des Verhältnisses Oberfläche : Volumen oder durch Veränderung der Oberfläche festzustellen (9).

Mit Erhöhung der Temperatur treten Wandeffekte langsam zurück.

Nach Überlegungen von NOYES (10) treten photochemisch erzeugte Radikale, welche an der Wand nach der ersten und in der Gasphase nach der zweiten Ordnung rekombinieren, mit der Wand in Wechselwirkung, falls sie sich im Abstand $0{,}9 \cdot (D^2/Q\,k)^{1/4}$ cm von ihr befinden. D ist der Diffusionskoeffizient, Q die Geschwindigkeit des Kettenstarts und k die Geschwindigkeitskonstante des bimolekularen homogenen Kettenabbruchs. NOYES und Mitarb. (11) berechneten den Rekombinationskoeffizienten α für die Reaktionen des Chloratoms (Phosgensynthese, Chlorknallgasreaktion) zu $5 \cdot 10^{-5}$ unter Zugrundelegung eines Kettenabbruchs von nullter Ordnung.

H-Atome haben an der Glaswand, zumal wenn diese mit H_2O oder mit syrupöser Phosphorsäure bedeckt ist, eine lange Lebensdauer. An Metalloberflächen scheint α eins zu sein. Für die sauerstoffhaltigen Radikale (O, OH, HO_2 usw.) findet man eine hohe Empfindlichkeit gegenüber unreinen oder mit einer Oxydschicht bedeckten Glasoberfläche, d. h. $\alpha \approx 1$.

SZABÓ und Mitarb. (12, 13) fanden den thermischen Zerfall des Propylaldehyds praktisch unabhängig von der Wand, d. h. $\alpha \ll 1$., während die Zersetzung des Sulfurylchlorids von der Wand beeinflußt wurde.

Spülung des Reaktionsgefäßes mit Chromschwefelsäure oder HNO_3 verlangsamt die Anfangsstadien der Kohlenwasserstoffoxydation, während HF beschleunigt. Ausheizen des Gefäßes im Hochvakuum kann nach BODENSTEIN und BERNREUTHER (14) eine langsamere Entwicklung der Hauptreaktion verursachen.

EGERTON und Mitarb. (15) beobachteten, daß die Methanoxydation auch dann mit unveränderter Geschwindigkeit in einem mit HF behandelten Gefäß verläuft, wenn dieses 20 Wochen lang der Luft ausgesetzt wurde. Eine nicht mit HF vorbehandelte Oberfläche zeigte die Konstanz nicht, was wohl darauf zurückzuführen ist, daß die Flußsäure die Unebenheiten ablöst und damit die aktiven Stellen vernichtet.

Aus Untersuchungen von HOLT und KING (16) geht hervor, daß die Oberfläche eines Quarzgefäßes von einer nicht ganz geschlossenen monomolekularen Kieselsäureschicht überzogen ist. Nach CHEANY und WALSH (17) bildet sich dieser Film durch die Behandlung mit Flußsäure aus. Sie fanden, daß Schichten von Kieselsäure, Borsäure, Phosphorsäure und GeO_2 Oxydationen in gleicher Weise beeinflussen, während die Reaktionsgeschwindigkeiten in Gefäßen, die innen mit Metalloxyden oder Salzen bekleidet wurden, wesentlich kleiner sind und stärker streuen. WALSH und Mitarb. (18) stellten die Regel auf, daß die hemmende Wirkung gegenüber Kettenreaktionen der Basizität der Oberfläche proportional ist. Das bestätigten Untersuchungen von WARREN (29), der den Einfluß von 24 verschiedenen Salzen und Oxyden auf die Explosionsgrenze der Knallgasreaktion erforschte und zwischen den Wirkungen auf H, O und OH, H_2O_2 oder HO_2 zu unterscheiden vermochte.

Gleiche Ergebnisse erhielt er mit Radikalen, welche in einer elektrischen Entladung hergestellt worden waren.

LINNETT und MARSDEN (20) fanden, daß die durch eine elektrische Entladung erzeugten Sauerstoffatome auf Glas- und Salzoberflächen in gleicher Weise nach der ersten Ordnung rekombinieren mit $\alpha \approx 10^{-4}$. Bei einer Temperaturerhöhung von 20 auf 400° C verdoppelt sich α auf der Glasoberfläche, während es auf der Salzoberfläche noch stärker zunimmt. Für MoO_3 und PbO war $\alpha \approx 10^{-2}$. Metalloberflächen ergaben noch größere Rekombinationskoeffizienten.

KLEIN und Mitarb. (21) stellten fest, daß die Ketten des durch Sauerstoff induzierten Wasserstoff-Deuterium-Austauschs auf der Wand beginnen.

WALSH und Mitarb. (22) fanden, daß sich Bleitetraäthyl, einmal einer Oxydation zugesetzt, an der Wand als PbO_2 absetzt und noch später inhibiert.

McLANE (23) konnte die Wandreaktion gegenüber der homogenen Zersetzung des H_2O_2 in Strömungsversuchen durch Belegen der Gefäßwand mit Borsäure zurückdrängen.

HOARE (24, 25) untersuchte den Einfluß der Entglasung auf die Methanoxydation. Die Wand beeinflußte nicht die Induktionszeit sondern die degenerierte Verzweigung. Flußsäurebehandlung machte eine Entglasung rückgängig.

SZABÓ und GÁL (27) fanden, daß ein Gemisch von Acetylen und Sauerstoff 1 : 1 bei raschem Einlaß in ein Reaktionsgefäß bereits bei 330° C explodiert, während bei langsameren Einleiten auch bei 400° C noch keine Explosion auftritt. Auskleiden mit Na_3PO_4, nicht dagegen mit KCl, ermöglicht eine Verkürzung der Einströmzeit.

Der Einfluß von Gefäßwänden, die mit KCl, K_2HPO_3, $MnCl_2$ und PbO bedeckt waren, auf die Cyclopropanoxydation wurde von TIPPER und Mitarb. (28) untersucht. Wie HOARE und WALSH nehmen sie an, daß HO_2-Radikale an der Wand vernichtet werden [vgl. a. SZABÓ (26, 19)].

Literatur zu Kapitel 5

1. LEMAY, A. u. C. OUELLETT, Canad. J. Chem. **35**, 124 (1957).
2. RUST, F. F. u. W. E. VAUGHAN, Ind. Eng. Chem. **41**, 2595 (1949); BELL, E. R., F. H. DICKEY, J. H. RALEY, F. F. RUST u. W. E. VAUGHAN, Ind. Eng. Chem. **41**, 2597 (1949).
3. SZABÓ, Z. G., Nature **170**, 246 (1952); Acta chim. Hung. **3**, 139 (1953).
4. SZABÓ, Z. G., P. HUHN u. Á. BERGH, Advances in Catalysis and Related Sub jects **9**, 343 (1957).
5. SZABÓ, Z. G., P. HUHN u. Á. BERGH, Magyar Kém. Folyóirat **61**, 137 (1955). (In ungarisch mit englischer Zusammenfassung.)
6. HOBBS, J. E., Proc. Roy. Soc., A **167**, 456 (1938).

7. FREEMAN, G. R., C. J. DANBY u. C. HINSHELWOOD, Proc. Roy. Soc., A **245**, 456 (1958).
8. FREEMAN, G. R., Proc. Roy. Soc., A **245**, 49 (1958).
9. RICE, F. O. u. K. F. HERZFELD, J. Phys. Coll. Chem. **55**, 975 (1951).
10. NOYES, R. M., J. Amer. Chem. Soc. **73**, 3039 (1951).
11. NOYES, R. M. u. L. FOWLER, J. Amer. Chem. Soc. **73**, 3043 (1951).
12. SZABÓ, Z. G. u. F. MÁRTA, Thermische Zersetzung des Propionaldehyds J. Amer. Chem. Soc. (im Druck).
13. SZABÓ, Z. G. u. T. BÉRCES, Z. phys. Chem. N.F. **12**, 168 (1957).
14. BERNREUTHER, F. u. M. BODENSTEIN, Sitzungsber. preuß. Akad. Wiss., Berl., Physik.-math. Kl. **6**, 333 (1933).
15. EGERTON, A. C., G. F. MINKOFF u. K. C. SALOOJA, Combustion and Flame **1**, 25 (1957).
16. HOLT, P. F. u. D. T. KING, J. Chem. Soc. **1955**, 773.
17. CHEANEY, D. E. u. A. D. WALSH, Fuel **35**, 258 (1956).
18. CHEANEY, D. E., D. A. DAVIES, A. DAVIS, D. E. HOARE, J. PROTHEROE u. A. D. WALSH, Seventh Symposium (International) on Combustion, S. 1 (London 1958).
19. CHAMBERLAIN, G. H. N. u. A. D. WALSH, Proc. Roy. Soc., A **215**, 175 (1952).
20. LINNETT, J. W. u. D. G. H. MARSDEN, Proc. Roy. Soc., A **234**, 489 (1956).
21. KLEIN, R., M. D. SCHEER u. L. J. SCHOEN, J. Amer. Chem. Soc. **78**, 47 (1956).
22. CHAMBERLAIN, G. H. N., D. E. HOARE u. A. D. WALSH, Discuss. Faraday Soc. **14**, 89 (1953).
23. MCLANE, C. K., J. Chem. Phys. **17**, 379 (1949).
24. HOARE, D. E., Discuss. Faraday Soc. **19**, 628 (1953).
25. HOARE, D. E., A. D. WALSH u. P. W. N. JACOBS, Proc. Roy. Soc., A **215**, 454 (1952).
26. SZABÓ, Z. G., Seventh Symposium on Combustion, S. 597 (London 1958).
27. SZABÓ, Z. G. u. D. GÁL, Acta chim. Hung. **11**, 263 (1957).
28. BROATCH, W. N., A. C. MCEWAN u. C. F. H. TIPPER, Trans. Faraday Soc. **50**, 576 (1954).
29. WARREN, D. R., Trans. Faraday Soc. **53**, 199 u. 206 (1957).

Kapitel 6

Neuere experimentelle Methoden in der Untersuchung von homogenen Gasreaktionen

Die Anwendung des Massenspektrometers gewinnt zunehmende Bedeutung für kinetische Untersuchungen [LEIFER und UREY (1), ELTENTON (2), DUNNING (3), ROBERTSON (4), INGOLD und LOSSING (5), ZEMANY und BURTON (6), DANBY, BUCHANAN und HENDERSON (7), FARMER und LOSSING (8), KISTIAKOWSKY und KYDD (9), WILEY und MCLAREN (10)]. Zur Blitzlichtphotolyse vgl. PORTER (11), BAIR, LUND und CROSS (12).

SANDERS, SCHAWLOW, DOUSMANIS und TOWNES (13) haben die mittels optischer Spektroskopie von OLDENBERG und RIEKE (14) unternommenen Konzentrationsbestimmungen des OH-Radikals mit der Mikrowellentechnik bestätigt.

Ein Verfahren zur photometrischen Registrierung von sehr schnellen Reaktionen wurde von JOHNSTON und YOST entwickelt (15) und auf die Reaktion zwischen O_3 und NO_2 angewandt, nachdem die Gase in einer Mischungskammer nach HARTRIDGE und ROUGHTON (16) vereinigt worden waren.

ASHMORE, LEVITT und THRUSH (17) beschreiben einen Verstärker, dessen Ausgangsspannung der absorbierenden Molekülkonzentration direkt proportional ist.

MELVILLE und ROBB (18) arbeiteten nach einer Konkurrenzmethode für die Reaktion von H-Atomen an der Wand, wo sie MoO_3 reduzierten, während sie in der Gasphase mit Olefinen reagierten.

Mit einem schnell registrierenden Ultrarotspektrometer haben NIGHTINGALE, COWAN und CRAWFORD, JR. (19) den Verlauf der Reaktion zwischen NO_2 und Äthylalkohol verfolgt, NIGHTINGALE und CRAWFORD, JR. (20) die Reaktion von BF_3 und BCl_3.

Zur Anwendung von Stoßwellen in der Reaktionskinetik sei auf (21–28) und besonders die Monographie von E. F. GREENE und J. P. TOENNIES: Chemische Reaktionen in Stoßwellen (Darmstadt 1959) verwiesen.

VANCE und BAUMAN (29) haben nach POLANYI H-Atome mit CCl_4 zwischen 21 und 200° C reagieren lassen und eine Aktivierungsenergie von 3,45 kcal/Mol und einen sterischen Faktor von 0,007 gefunden. GARVIN und KISTIAKOWSKY (30) erhielten die Geschwindigkeit der Assoziation von BF_3 und Tri-, Di- oder Monomethylamin, indem sie die Grenze der Reaktionszone und den Reaktionsverlauf mit einem in der Umgebung der Einströmdüse bewegten Thermoelement ausmaßen [vgl. a. DAEN und MARCUS (31)].

KISTIAKOWSKY und KYDD (32) benutzten die Absorption weicher Röntgenstrahlen zur Messung von Gasdichten.

REILLY und RABINOVITCH (33) konnten mit einem empfindlichen Bolometer die Konzentration von Radikalen bestimmen.

CREMER und MARGREITER (34) modifizierten das DRAPER-BUNSENsche Aktinometer.

Über Geschwindigkeitskonstanten von Kettenreaktionen und Radikalkonzentrationen vgl. BURNETT und MELVILLE (35).

Die Anwendung des paramagnetischen Resonanzspektrometer s. KRONGELB und STRANDBERG (36).

Zur Untersuchung der angeregten Zustände im Massenspektrometer s. CUTHBERT (37).

Literatur zu Kapitel 6

1. LEIFER, E. u. H. C. UREY, J. Amer. Chem. Soc. **64**, 994 (1942).
2. ELTENTON, G. C., J. Chem. Phys. **10**, 403 (1942); **15**, 455 (1947).
3. DUNNING, W. J., Quart. Rev. **9**, 23 (1955).
4. ROBERTSON, A. J. B., Proc. Roy. Soc., A **199**, 394 (1949).
5. INGOLD, K. U. u. F. P. LOSSING, J. Chem. Phys. **21**, 368 (1953); **21**, 1135 (1953).
6. ZEMANY, P. D. u. M. BURTON, J. Phys. Coll. Chem. **55**, 949 (1951).
7. DANBY, C. J., A. S. BUCHANAN u. I. H. S. HENDERSON, J. Chem. Soc. **1951**, 1426.
8. FARMER, J. B. u. F. P. LOSSING, Canad. J. Chem. **33**, 861 (1955).
9. KISTIAKOWSKY, G. B. u. P. H. KYDD, J. Amer. Chem. Soc. **79**, 4825 (1957).
10. WILEY, W. C. u. I. H. MCLAREN, Rev. Sci. Inst. **26**, 1150 (1955).
11. PORTER, G., Discuss. Faraday Soc. **9**, 60 (1950).
12. BAIR, E. J., J. T. LUND u. P. C. CROSS, J. Chem. Phys. **24**, 961 (1956).
13. SANDERS, T. M. jr., A. L. SCHAWLOW, G. C. DOUSMANIS u. C. H. TOWNES, J. Chem. Phys. **22**, 245 (1954).
14. OLDENBERG, O. u. F. F. RIEKE, J. Chem. Phys. **6**, 439 (1938); **7**, 485 (1939).
15. JOHNSTON, H. S. u. D. M. YOST, J. Chem. Phys. **17**, 386 (1949).
16. HARTRIDGE, H. u. F. J. W. ROUGHTON, Proc. Cambridge Philos. Soc., Biol. Sci. **23**, 450 (1926).
17. ASHMORE, P. G., B. P. LEVITT u. B. A. THRUSH, Trans. Faraday Soc. **52**, 830 (1956).
18. MELVILLE, H. W. u. J. C. ROBB, Proc. Roy. Soc., A **196**, 445, 466, 479 u. 494 (1949).
19. NIGHTINGALE, R. E., G. R. COWAN u. B. CRAWFORD, jr., J. Chem. Phys. **21**, 1398 (1953).
20. NIGHTINGALE, R. E. u. B. CRAWFORD jr., J. Chem. Phys. **22**, 1468 (1954).
21. HORNIG, D. F., J. Phys. Chem. **61**, 856 (1957).
22. GREENE, E. F., J. Amer. Chem. Soc. **76**, 2127 (1954).
23. CARRINGTON, T. u. N. DAVIDSON, J. Phys. Chem. **57**, 418 (1953).
24. BRITTON, D., N. DAVIDSON u. G. SCHOTT, Discuss. Faraday Soc. **17**, 58 (1954).

25. Britton, D., N. Davidson, W. Gehman u. G. Schott, J. Chem. Phys. **25**, 804 (1956).
26. Britton, D. u. N. Davidson, J. Chem. Phys. **25**, 810 (1956).
27. Palmer, H. B. u. D. F. Hornig, J. Chem. Phys. **26**, 98 (1957).
28. Glick, H. S., J. J. Klein u. W. Squire, J. Chem. Phys. **27**, 850 (1957).
29. Vance, J. W. u. W. C. Bauman, J. Chem. Phys. **6**, 811 (1938).
30. Garvin, D. u. G. B. Kistiakowsky, J. Chem. Phys. **20**, 105 (1952).
31. Daen, J. u. R. A. Marcus, J. Chem. Phys. **26**, 162 (1957).
32. Kistiakowsky, G. B. u. P. H. Kydd, J. Chem. Phys. **25**, 824 (1956).
33. Reilly, C. A. u. B. S. Rabinovitch, J. Chem. Phys. **19**, 248 (1951).
34. Cremer, E. u. H. Margreiter, Z. physik. Chem. **199**, 90 (1952).
35. Burnett, G. M. u. H. M. Melville, Chem. Rev. **54**, 225 (1954).
36. Krongelb, S. u. M. W. P. Strandberg, J. Chem. Phys. **31**, 1196 (1959).
37. Cuthbert, J., Quart. Rev. **13**, 215 (1959).

EXPERIMENTELLER TEIL

Kapitel 7

Reaktionen einer Art Ausgangsmolekeln

§ 1. Einfache Reaktionen mit unimolekularem Startschritt

a) Zerfallsvorgänge

Zerfallsvorgänge, bei denen eine Molekel in einem Schritt in zwei Molekeln zerfällt, bilden die einfachsten chemischen Vorgänge. Von den Produktmolekeln ist die eine notwendigerweise eine ungesättigte Verbindung. Ihre Reaktionsfähigkeit ist jedoch so gering, daß sie unter den Umständen des Primärprozesses entweder keine weitere Veränderung erleidet oder mit solcher Geschwindigkeit und auf solche Weise, daß diese den Verlauf der Hauptreaktion nicht mehr beeinflußt. Eine Molekel kann nur nach Erreichen eines aktiven Zustandes zerfallen. Die Natur des Aktivierungsvorganges wurde in Kap. **3**, § 1, diskutiert. Für eine Diskussion der LINDEMANN-HINSHELWOODschen oder, in ihrer adäquateren Form, der KASSEL-, RICE-HINSHELWOODschen Theorie der unimolekularen Zersetzungen standen anfangs experimentelle Daten zur Verfügung, die sich später als komplexe Vorgänge oder als offene Folgen erwiesen. Es wurden zahlreiche Zerfallsvorgänge untersucht, die durch Geschwindigkeitsgleichungen von erster Ordnung beschrieben werden können. Die Entscheidung, ob ein Vorgang wirklich unimolekular ist oder nicht, ist keine leichte Aufgabe. Die Stöchiometrie der Produkte beweist nichts, da z. B. der molekulare und der Kettenzerfall des Acetaldehyds zu Methan und Kohlenmonoxyd führt. Auch die Ordnung der Reaktion ist nicht entscheidend. So können bei β-, μ-Kettenabbrüchen nach dem RICE-HERZFELDschen Mechanismus Geschwindigkeitsgleichungen erster Ordnung abgeleitet werden. Sogar das wichtigste Kriterium für das Vorhandensein der Kettenreaktionen, die Anwendung von Inhibitoren, versagt, wenn der Vorgang aus kurzen Ketten besteht. Ein anderes Kriterium für Kettenvorgänge, die Untersuchung der Wandwirkung, kann schon brauchbarere Auskünfte geben. Wenn sich der Vorgang gegenüber der Veränderung der Wand oder der Erhöhung des Oberfläche/Volumenverhältnisses indifferent verhält, ist das Bestehen einer einfachen Reaktion wahrscheinlich.

Der Zerfall des Distickstofftetroxyds in Stickstoffdioxyd ist eine so schnelle Reaktion, daß sie mit klassischen kinetischen Methoden nicht verfolgt werden konnte. Früher versuchte man die Geschwindigkeit des thermischen Zerfalls durch Untersuchung der Schalldispersion (1) zu ermitteln. Dies führte aber anfangs nur zu ziemlich unsicheren Ergebnissen. CARRINGTON und DAVIDSON (2) haben die Stoßwellenmethode zur Untersuchung der Dissoziation von N_2O_4 benutzt. Bei dieser Methode befindet sich eine zersetzbare Substanz mit ihren Zersetzungsprodukten im thermischen Gleichgewicht, und das Reaktionsgemisch wird durch Kompression erwärmt. Die eintretende Dissoziation kann photoelektrisch verfolgt werden. Zur Herstellung von Stoßwellen vgl. GREENE und TOENNIES[1]). CARRINGTON und DAVIDSON haben durch Absorption der Wellenlänge 436μ die Änderung der Konzentration von NO_2, durch Absorption bei 254μ die Änderung der N_2O_4-Konzentration verfolgt. Die Methode hat die Untersuchung von Reaktionen mit einer Halbwertszeit von 5μ sec ermöglicht. Die Messungen wurden im Temperaturintervall von —20 bis 28° C und im Druckbereich von 0,5 bis 7 atm. ausgeführt. Bei 1 atm. Druck kann die Geschwindigkeit durch die folgende Gleichung beschrieben werden:

$$-d(N_2O_4)/dt = k(N_2O_4)\,(N_2)$$

mit

$$k = 2{,}0 \cdot 10^{14} \exp\left(-11000/RT\right) \text{ Liter} \cdot \text{Mol}^{-1}\,\text{sec}^{-1}.$$

Später haben BAUER und GUSTAVSON (4) ein von BRASS und TOLMAN (5) vorgeschlagenes Prinzip angewandt, das zu untersuchende Gasgemisch durch geeignete Spalte strömen und an einer Oberfläche anprallen zu lassen. Die Methode scheint jedoch nicht mit der Stoßwellenmethode konkurrieren zu können.

SCHUMACHER und Mitarb. (6) haben die thermische Zersetzung des Chlorheptoxyds zwischen 100 und 120° C und zwischen den Druckgrenzen von 1 und 80 Torr untersucht. Die Messungen wurden auch in Anwesenheit von Chlor, Sauerstoff und Fluor in Pyrex- und in Quarzgefäßen ausgeführt, wobei das Verhältnis der Oberfläche zum Volumen zwischen 1 und 10 geändert wurde. Der Zerfall des Chlorheptoxyds erwies sich unter den genannten Bedingungen als homogene unimolekulare Reaktion, deren Geschwindigkeitskonstante erst unterhalb von 10 Torr abnimmt und ungefähr bei einem Torr die Hälfte von k_∞ erreicht. k_∞ beträgt

$$5{,}2 \cdot 10^{15} \exp\left(-33500/RT\right) \text{sec}^{-1}.$$

Das schönste und eindeutigste Beispiel für die unimolekulare Zerfallsreaktion ist die thermische Zersetzung von Essigsäureanhydrid. Die Reaktion wurde von SZWARC und MURAWSKI (7) in Strömungsversuchen und in

[1]) GREENE, E. F. u. J. P. TOENNIES, Chemische Reaktionen in Stoßwellen (Darmstadt 1959).

Anwesenheit von Toluol als Trägergas untersucht. Der Gesamtdruck änderte sich um 10–20 mm, die Kontaktzeit betrug etwa 1 sec. Der Zerfall wurde zwischen 280–650° C gemessen. Die Reaktionsprodukte, Keten und Essigsäure, bildeten sich im Verhältnis 1 : 1.

$$(CH_3CO)_2O \rightarrow CH_2CO + CH_3COOH$$

Die Geschwindigkeitskonstante ist

$$k = 1 \cdot 10^{12} \exp(-34500/RT) \text{ sec}^{-1}.$$

Die Werte des A-Faktors und der Aktivierungsenergie legen nahe, daß es sich um eine wahre unimolekulare Zersetzung handelt. Für den aktiven Komplex wird die folgende Form angenommen:

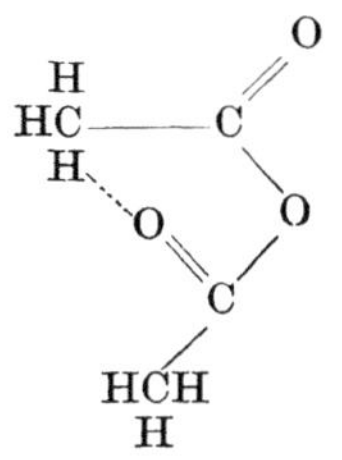

Walters und Mitarb. (8) haben die thermische Zersetzung des Cyclobutans in 2 Äthylenmolekeln zwischen 430–480° C als eine homogene Reaktion von erster Ordnung gefunden, deren Aktivierungsenergie 61 kcal/Mol beträgt.

Beim Zerfall des Äthylcyclobutans stellte sich heraus, daß dies vierzentrige Eliminationsreaktionen sind, die unimolekular verlaufen. Die Zersetzung des Äthylcyclobutans wurde im Druckintervall von 7–400 mm Hg bei 450° C und im Temperaturintervall von 420–460° C zwischen 10 und 200 mm Hg untersucht. Die Produkte waren fast ausschließlich Äthylen und Buten-1. Der homogene Vorgang wurde weder von Stickoxyd, noch von Propylen oder Toluol gehemmt. Die Aktivierungsenergie betrug 62 $\pm$ 1 kcal/Mol, und die Geschwindigkeitskonstante $k = 3{,}6 \cdot 10^{15} \exp(-62{,}000/RT) \text{ sec}^{-1}$. Die Aktivierungsentropie beträgt + 8,9 cal/grad Mol. Dieser positive Wert entspricht dem bei Aufspaltung des Cyclobutanringes beobachteten Wert und beweist gleichzeitig den identischen Mechanismus bei diesen Reaktionen.

Das und Walters (9) haben im thermischen Zerfall des Methylcyclobutans in Äthylen und Propylen eine unimolekulare Reaktion von erster Ordnung gefunden, die von Propylen, Toluol und Stickoxyd nicht beeinflußt wird. Die Geschwindigkeitskonstante ändert sich im Druckintervall von 7 bis 417 mm Hg nicht. Ihr Wert beträgt

$$k = 2{,}4 \cdot 10^{15} \exp(-61200/RT) \text{ sec}^{-1}.$$

$$\begin{array}{ccc} CH_3-CH-CH_2 & & CH_3-CH=CH_2 \\ \;\;\;\;\;| \;\;\;\;\;\;\; | & \rightarrow & \\ \;\;\;\;\;CH_2-CH_2 & & CH_2=CH_2. \end{array}$$

Aus dem experimentell gewonnenen A-Faktor ergibt sich die Aktivierungsentropie zu $+ 8{,}1$ cal·grad^{-1}, wenn der Transmissionskoeffizient zu 1 angenommen wird. Dieser Wert entspricht ebenso der Aktivierungsentropie des Äthylcyclobutans ($+ 8{,}9$ cal · grad^{-1}), wie die Aktivierungsenergie von 61,2 kcal/Mol der Aktivierungsenergie des Äthylcyclobutans (62 kcal/Mol).

Atkinson und Mitarb. (10) haben die thermischen Reaktionen des Tetrafluoroäthylens untersucht. Diese Substanz reagiert in mannigfaltiger Weise, da sie neben dem Zerfall auch dimerisiert und sich fluorierte Kohlenwasserstoffe von größerer Kohlenstoffzahl bilden. In der Zerfallsreaktion des Tetrafluoroäthylendimeren $(CF_2)_4 \rightarrow 2\,CF_2{:}CF_2$ beträgt die Geschwindigkeitskonstante $k_1 = 8{,}9 \cdot 10^{15} \exp(-74100/RT) \text{ sec}^{-1}$. Im Vorgang der Dimerisierung: $2\,CF_2{:}CF_2 \rightarrow (CF_2)_4$ beträgt sie dagegen

$$k_2 = 10{,}3 \cdot 10^{7} \exp(-25400/RT) \text{ Liter} \cdot \text{Mol}^{-1}\,\text{sec}^{-1}.$$

Etwa vor zehn Jahren veröffentlichten Barton und Howlett ihre ersten Versuchsergebnisse über die Kinetik der Dehydrochlorierungsreaktionen von chlorsubstituierten Kohlenwasserstoffen. Das Ziel dieser Untersuchungen war die Erhöhung der Ausbeute bei der Vinylchloriddarstellung. Der Zerfall des 1,2-Dichloräthans, des 1,1,2-Trichloräthans und des 1,1,2,2-Tetrachloräthans wird von Sauerstoffspuren oder von Chlor induziert, und die Reaktionen verlaufen über freie Radikale (11). Obwohl der Zerfall des 1,2-Dichloräthans (12) zwischen 362 und 485° C in homogener Reaktion von erster Ordnung Vinylchlorid und Chlorwasserstoff gibt, und der Wert der Geschwindigkeitskonstante

$$k = 6{,}4 \cdot 10^{10} \cdot \exp(-47000/RT) \text{ sec}^{-1}$$

beträgt, ist der Vorgang doch keine unimolekulare Reaktion, da Propylen einen starken hemmenden Einfluß ausübt. Die Geschwindigkeitskonstante des völlig gehemmten Vorganges beträgt

$$k = 6{,}3 \cdot 10^{9} \exp(-46000/RT) \text{ sec}^{-1},$$

doch ist auch diese Reaktion teilweise heterogener Art.

Äthylchlorid und das 1,1-Dichloräthan zerfallen zwischen 398 und 493° C bzw. zwischen 356 und 453° C in fast völlig homogener Reaktion von erster

Ordnung in Äthylen bzw. Vinylchlorid und Chlorwasserstoff (13). Eine geringe Menge von Acetylen rührt von dem heterogenen Zerfall des Vinylchlorids her. Keine von diesen Reaktionen wird von Propylen gehemmt oder hat eine Induktionsperiode. So können diese Vorgänge als wahre unimolekulare Reaktionen betrachtet werden, deren Geschwindigkeitskonstanten

$$k = 1{,}6 \cdot 10^{14} \exp(-59500/RT)\ \mathrm{sec}^{-1}$$

bzw.

$$k = 1{,}2 \cdot 10^{12} \exp(-49500/RT)\ \mathrm{sec}^{-1}$$

sind. Die Annahme eincs Kettenmechanismus würde eine größere Aktivierungsenergie fordern. Im Falle des Äthylchlorids ergab sich die Aktivierungsenergie der Rückreaktion, der Addition des Chlorwasserstoffs an Äthylen, auf halbempirischem Wege zu 48 kcal/Mol. Dieser Wert liefert mit der Reaktionswärme von 15 kcal/Mol für den Zerfallsvorgang eine Aktivierungsenergie von 63 kcal/Mol, die mit dem experimentell gefundenen Wert gut übereinstimmt.

Das 1,1,1-Trichloräthan (14) zerfällt in homogenem unimolekularem Mechanismus und gleichzeitig über freie Radikale. Die Kettenträger dieser Reaktion sind das 2,2,2-Trichloräthylradikal und das Chloratom. Die Geschwindigkeitskonstante der homogenen unimolekularen Reaktion ist

$$k = 10^{14} \exp(-54000/RT)\ \mathrm{sec}^{-1}.$$

n-Propyl- und n-Butyl-Chlorid zerfallen in Temperaturintervallen von 693–751° K bzw. von 700–744° K in homogenen Reaktionen von erster Ordnung in Chlorwasserstoff und Propylen bzw. Butylen (15). Die Geschwindigkeitskonstanten betragen

$$k = 10^{13{,}45 \pm 0{,}35} \exp(-55000 \pm 1{,}200/RT)\ \mathrm{sec}^{-1}$$

und

$$k = 10^{14{,}0 \pm 0{,}1} \cdot \exp(-57000 \pm 400/RT)\ \mathrm{sec}^{-1}.$$

Die Vorgänge werden von Propylen nicht gehemmt, und es ist keine Induktionsperiode zu beobachten. Die Anwendung der Rice-Ramspergerschen Theorie auf diese unimolekularen Reaktionen liefert die theoretisch vorgeschriebene Variation der Geschwindigkeitskonstanten.

Howlett (16) hat den thermischen Zerfall des Äthylchlorids, Äthylidenchlorids, Isopropylchlorids und Isobutylchlorids wiederholt untersucht und als reine homogene und unimolekulare Reaktion gefunden, deren Geschwindigkeitskonstanten mit dem Druck abnehmen. Dagegen kann der Hochdruckwert der Geschwindigkeitskonstante unterhalb von etwa 10 mm Gesamtdruck durch Zugabe von Chlorwasserstoff wiederhergestellt werden. Die von ihm gefundenen Geschwindigkeitskonstanten sind die folgenden:

Äthylchlorid	$k = 10^{14,6} \exp(-60\,800/RT)\ \mathrm{sec}^{-1}$
1,1-Dichloräthan	$k = 10^{11,65} \exp(-48\,300/RT)\ \mathrm{sec}^{-1}$
Isopropylchlorid	$k = 10^{13,4} \exp(-50\,500/RT)\ \mathrm{sec}^{-1}$
Isobutylchlorid	$k = 10^{14,02} \exp(-56\,850/RT)\ \mathrm{sec}^{-1}$

Die Druckabhängigkeit der Geschwindigkeitskonstanten entspricht der RICE-RAMSPERGERschen Theorie.

Die chlorierten Alkylene, das Allylchlorid und das Trichloräthylen, zerfallen in verwickelten Mechanismen, in denen zwei oder sogar drei Reaktionen nebeneinander verlaufen: molekulare, Ketten- und heterogene Reaktionen.

Die Pyrolyse der Alkylbromide wurde von MACCOLL und Mitarb. untersucht. Das Isopropylbromid (17) zerfällt im Druckintervall von 30 bis 450 mm Hg und im Temperaturintervall von 310–350° C gemäß der Gleichung $C_3H_7Br \rightarrow C_3H_6 + HBr$ nach unimolekularem, homogenem Mechanismus. Der Vorgang wurde durch Druckmessung und analytisch verfolgt. Bei größeren Umsetzungen muß auch die Rückreaktion berücksichtigt werden. Eine gut reproduzierbare Geschwindigkeitskonstante konnte nur im konditionierten Gefäß nach völliger Entfernung von Sauerstoffspuren, erzielt werden. Die Konditionierung wurde durch Pyrolyse einer kleinen Menge von Allylbromid erreicht. Die Geschwindigkeitskonstante des Isopropylbromidzerfalls ist:

$$k = 4{,}17 \cdot 10^{13} \exp(-47\,800/RT)\ \mathrm{sec}^{-1}.$$

BLADES und MURPHY (18) haben bei Anwendung von Toluoldampf als Trägergas fast dieselbe Geschwindigkeitskonstante gefunden:

$$k = 4{,}0 \cdot 10^{13} \exp(-47\,700/RT)\ \mathrm{sec}^{-1}.$$

Der Zerfall von *n*-Propylbromid in Propylen und Bromwasserstoff weist eine Reaktionsordnung von 1,5 auf. Dabei wird die Reaktion durch Propylen stark gehemmt (19). Dieses Verhalten beweist das Vorhandensein eines Kettenmechanismus. Die Brutto-Geschwindigkeitskonstante beträgt

$$k_{1,5} = 7{,}24 \cdot 10^{10} \exp(-33\,800/RT)\ \mathrm{cm}^{3/2}\ \mathrm{Mol}^{-1/2}\ \mathrm{sec}^{-1}.$$

Das Ergebnis wurde auch von SEMENOV und Mitarb. (20) bestätigt, im Gegensatz zu dem früheren Befund von BLADES und MURPHY (loc. cit.), die – allerdings in Anwesenheit von Toluol – eine Konstante erster Ordnung von $k = 1{,}0 \cdot 10^{13} \exp(-50\,700/RT)\ \mathrm{sec}^{-1}$ auch für diese Reaktion gefunden hatten.

Der thermische Zerfall des sec-Butylbromids verläuft nach MACCOLL und THOMAS (21) zwischen 300 und 350° C in homogener, unimolekularer Reaktion mit der Geschwindigkeitskonstanten:

$$k_1 = 4{,}27 \cdot 10^{12} \exp(-43800/RT) \sec^{-1}.$$

Gebildetes Butylen oder hinzugefügtes Propylen, ferner das sehr stark kettenabbrechende Cyclohexen hemmen den Vorgang nicht. Die Geschwindigkeitskonstante wies zwischen den Anfangsdrucken von 25–350 mm Hg keine Druckabhängigkeit auf. Die von diesen Verfassern gefundenen ARRHENIUSschen Parameter, 12,63 und 43,800 kcal Mol^{-1}, stimmen mit den von SERGEJEV (22) gefundenen Werten, 13,04 und 45,500 kcal Mol^{-1} gut überein. Neuerdings berichten MACCOLL und Mitarb. (23) über Versuche in Anwesenheit von Cyclohexen. Dabei haben sie etwa 15% Kettenanteil gefunden. Die Konstante der Bruttogeschwindigkeit beträgt

$$\log k = 13{,}18 - 45400/2{,}303\, RT,$$

während die Konstante der völlig gehemmten Reaktion

$$\log k_1 = 13{,}53 - 46470/2{,}303\, RT$$

beträgt.

Nach GREEN und MACCOLL (24) zerfällt Cyclohexylbromid zwischen 300 und 350° C und im Druckintervall von 40–400 mm Hg in homogener, unimolekularer Reaktion. Nach etwa 40% Umsatz kann auch die Rückreaktion beobachtet werden. Die Geschwindigkeitskonstante beträgt (aus den Daten der Anfangsstadien) $k = 3{,}24 \cdot 10^{13} \exp(-46100/RT) \sec^{-1}$. Gebildetes oder hinzugefügtes Cyclohexen beeinflußt die Geschwindigkeit nicht. Die verhältnismäßig niedrigere Aktivierungsenergie und der normale präexponentielle Faktor deuten auf einen glatten Aufbau des vierzentrigen aktivierten Komplexes hin.

t-Butylbromid zerfällt nach HARDEN und MACCOLL (25) zwischen 230 und 280° C und im Druckintervall von 40–400 mg Hg in homogener, unimolekularer Reaktion: $k = 1{,}0 \cdot 10^{14} \exp(-42000/RT) \sec^{-1}$. Cyclohexen, Cyclopentadien, Allylbromid und elementares Brom hemmen weder noch katalysieren sie. Ein Übergangskomplex der Form

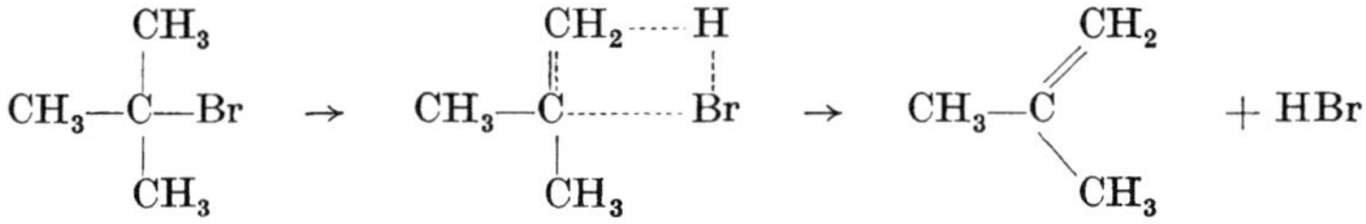

wird angenommen.

In homogener Reaktion erster Ordnung zerfällt Cyclopentylbromid zwischen 300 und 360° C und im Druckintervall von 12–91 mm Hg [KALE und MACCOLL (26)]. Neben dem dominierenden unimolekularen Vorgang verläuft jedoch auch eine Kette. Cyclohexen übt eine hemmende Wirkung aus; die ursprünglich gefundene Geschwindigkeitskonstante,

$$k = 1{,}29 \cdot 10^{12} \exp(-41\,590/RT)\ \mathrm{sec}^{-1},$$

nimmt in Anwesenheit von Cyclohexen den Wert

$$k = 6{,}92 \cdot 10^{12} \exp(-43\,700/RT)\ \mathrm{sec}^{-1}$$

an. Dieselbe Reaktion wurde später auch von TROTMAN-DICKENSON und Mitarb. (27) zwischen 300 und 360° C und im Druckintervall 38–107 mm Hg untersucht:

$$k = 10^{11,9} \exp(-41\,400/RT)\ \mathrm{sec}^{-1}$$

stimmt mit dem Wert von MACCOLL und KALE gut überein.

Nach HARDEN (28) zerfällt t-Amylbromid zwischen 220 und 270° C in homogener, unimolekularer Reaktion in Bromwasserstoff und 2-Methyl-Buten-2. Die Geschwindigkeitskonstante ist

$$k = 3{,}98 \cdot 10^{13} \exp(-40\,500/RT)\ \mathrm{sec}^{-1}.$$

Der Vorgang wird von Cyclohexen nicht gehemmt, von Brom und Allylbromid nicht oder höchstens in sehr geringem Maße beschleunigt. Die Struktur des gebildeten Olefins deutet darauf hin, daß wieder ein sekundärer Wasserstoff in der Elimination die Rolle spielt.

Das 2-Brom-2,3-Dimetylbutan zerfällt nach HARDEN und MACCOLL (29) zwischen 210 und 260° C in homogener Reaktion erster Ordnung, in der der unimolekulare Vorgang vorherrschend ist. Der Wert der Geschwindigkeitskonstante beträgt:

$$k = 3{,}47 \cdot 10^{13} \exp(-39\,000/RT)\ \mathrm{sec}^{-1}.$$

Obwohl der thermische Zerfall des Allylbromids ein homogener Vorgang von erster Ordnung ist, dessen Geschwindigkeitskonstante von MACCOLL (30) zu $k = 2{,}11 \cdot 10^{12} \exp(-45\,500/RT)\ \mathrm{sec}^{-1}$ gefunden wurde, ist die Reaktion komplexer Art (31).

In dem mittleren Stadium ihrer Versuche haben MACCOLL und THOMAS (32) eine zusammenfassende Auswertung über die Kinetik der Brom-Wasserstoff-Eliminierung gegeben.

Tabelle 28

Vergleich der Aktivierungsenergie von $H - X$-Eliminierungsreaktionen (E_{H-X}) und der homolytischen ($D[R - X]$) und heterolytischen ($D[R^+X^-]$)-Bindungsdissoziationsenergien

	C_2H_5Br	sec-C_3H_7Br	tert-C_4H_9Br
E_{H-Br}	53,0	47,8	42,2
D(R—Br)	67,2	67,6	63,8
$D(R^+Br^-)$	183,7	156,3	140,3
Geschwindigkeitsverhältnis	1	170	32000

Tabelle 28 (Fortsetzung)

	C_2H_5Cl	sec-C_3H_7Cl	tert-C_4H_9Cl
E_{H-Cl}	60,8	50,5	41,4
D(R—Cl)	80,9	82,2	78,3
$D(R^+Cl^-)$	192,8	166,3	150,2
Geschwindigkeitsverhältnis .	1	178	19500

In Tab. 29 sind die präexponentiellen Faktoren und Aktivierungsenergien der Bromwasserstoff- bzw. Chlorwasserstoff-Eliminierungsreaktionen zusammengefaßt.

Tabelle 29

Präexponentielle Faktoren und Aktivierungsenergien der Bromwasserstoff-, bzw. Chlorwasserstoff-Eliminierungsreaktionen zusammengefaßt

Haloide	$\log A_{Cl}$	$\log A_{Br}$	E_{Cl} kcal	E_{Br} kcal
Äthyl	14,6	—	60,8	—
n-Propyl	13,5	—	55,0	—
sec-Propyl	13,4	13,62	50,5	47,8
n-Butyl	14,0	—	57,0	—
sec-Butyl	—	13,53	—	46,5
t-Butyl	13,9; 12,4	13,3; 14,0	45,0; 41,4	40,5; 42,2
Cyclopentyl . . .	—	12,84	—	43,7
Cyclohexyl . . .	—	13,51	—	46,1

Die thermische Dissoziation des Äthylbromids wurde von DANIELS und Mitarb. (33) zwischen 310 und 476° C und im Druckintervall 50–300 mm Hg statisch untersucht. Im frischen Pyrexgefäß wurde eine größere Geschwindigkeit als normal gefunden, aber nach zwei Tagen Konditionierung mit Äthylbromid bildete sich an der Oberfläche eine dünne Graphitschicht aus, die die Entwicklung der etwaigen Kettenreaktionen verhinderte. Ein eventueller Sauerstoffgehalt der Reaktionsgemische zerstört diese Graphitschicht. Trotz dieser Vorsichtsmaßregel haben GOLDBERG und DANIELS neben dem molekularen Zerfall auch eine über Ketten verlaufende Zersetzung gefunden. Diese wird nach GOLDBERG und DANIELS nicht durch die Spaltung der *C—Br*-Bindung eingeleitet, sondern von der zum Gleichgewicht führenden Reaktion

$$C_2H_5Br + HBr \rightleftharpoons C_2H_6 + Br_2,$$

die besonders an der Wand verläuft. Die aus den Molekeln gebildeten Bromatome pflanzen in den folgenden zwei Reaktionen die Kette fort:

$$Br + C_2H_5Br \rightarrow C_2H_4Br + HBr$$
$$C_2H_4Br \rightarrow C_2H_4 + Br.$$

Für den Bruttovorgang gilt:

$$-\frac{d[C_2H_5Br]}{dt} = k_{\mathrm{mol}}[C_2H_5Br] + \mathrm{const}\,\frac{[HBr]}{[C_2H_4]}[C_2H_5Br].$$

Das Verhältnis von $[HBr]/[C_2H_4]$ ist konstant, da sie sich während der Reaktion stöchiometrisch bilden. Diese Gleichung ist also in Bezug auf die Konzentration des Äthylbromids von erster Ordnung, und die Konstante der Gesamtgeschwindigkeit beträgt $k = 6 \cdot 10^{11} \exp(-46400/RT)\ \mathrm{sec}^{-1}$. Die Bedeutung der Untersuchungen von GOLDBERG und DANIELS besteht darin, daß die Komplexität einer früher als unimolekular angenommenen Reaktion durch feine kinetische Analyse bewiesen wurde.

Die Reaktion wurde auch von BLADES (34) untersucht und durch zwei simultane Reaktionen gedeutet, von denen die eine eine einfache molekulare Zersetzung, die andere eine Kettenreaktion ist. So besteht die Geschwindigkeit aus zwei Komponenten

$$\text{Geschwindigkeit} = k[C_2H_5Br] + k_1[C_2H_5Br]^{3/2}$$

Eine völlig ähnliche Geschwindigkeitsgleichung wurde auch für den n-Propylbromid-Zerfall aufgestellt [vgl. auch THOMAS (34a) sowie GREEN, MACCOLL und THOMAS (34b)].

BLADES (35) hat auch den Isotopeneffekt im thermischen Zerfall des Äthylbromids und Äthylbromids-d_5 untersucht und die folgenden Geschwindigkeitskonstanten gefunden:

Äthylbromid

$k = (8{,}5 \pm 1{,}6) \cdot 10^{12} \exp[(-52200 \pm 300)/RT]\ \mathrm{sec}^{-1}$ ($T = 523$–$633°$ C)

Äthylbromid-d_5

$k = (2{,}1 \pm 0{,}4) \cdot 10^{13} \exp[(-54850 \pm 300)/RT]\ \mathrm{sec}^{-1}$ ($T = 531$–$635°$ C)

Die Pyrolyse von viergliedrigen Ringkohlenwasserstoffen wurde schon oben diskutiert. WALTERS und Mitarb. (36) haben den thermischen Zerfall des Cyclobutanons zwischen 333 und 373° C und im Druckintervall 10 bis 88 mm Hg untersucht. Der Vorgang erster Ordnung ist völlig homogen und wird von Propylen, Toluol oder Stickoxyd nicht gehemmt. Die Reaktionsprodukte sind Äthylen und Keten.

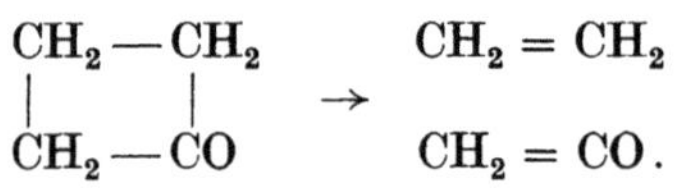

Auch nach massenspektrometrischen Messungen ist es eine der reinsten, unimolekularen Zerfallsreaktionen ohne jegliche Nebenprodukte. Die Geschwindigkeitskonstante beträgt $k = 3{,}6 \cdot 10^{14} \exp(-52000/RT)\ \text{sec}^{-1}$. Die Aktivierungsentropie bei 378° C beträgt + 4,6 cal grad^{-1} Mol^{-1}, wenn der Transmissionskoeffizient 1 ist. Die thermische Aufspaltung des Viererringes von Trimethylenoxyd wurde von BITTKER und WALTERS (37) in dem Temperaturintervall von 420–460° C und zwischen 54 und 330 mm Hg untersucht. Neben dem homogenen Vorgang von erster Ordnung spielt sich bis zu etwa 10% Umsetzung auch eine Kettenreaktion ab, die durch Stickoxyd, Propylen und Toluol zurückgedrängt wird. In Anwesenheit von Inhibitoren erwies sich die Reaktion auch im Falle der Veränderung des Verhältnisses Oberfläche/Volumen als von erster Ordnung. Die Geschwindigkeitskonstante beträgt $k = 6{,}1 \cdot 10^{14} \exp(-60000/RT)\ \text{sec}^{-1}$, während ohne Inhibitor $k = 6{,}6 \cdot 10^{14} \exp(-60000/RT)\ \text{sec}^{-1}$ gemessen wird. Die Aktivierungsentropie bei 450° C beträgt in Anwesenheit von Stickoxyd

$$+\ 5{,}4\ \text{cal grad}^{-1}\ \text{Mol}^{-1}\ .$$

BLADES beschäftigte sich mit der Kinetik der Pyrolyse von Vinyl-Äthyl-, Vinyl-Isopropyl-Äther, ferner von Äthyl- und Isopropyl-Formiaten bzw. Acetaten. Der Vinyl-Äthyl-Äther zerfällt zwischen 497 und 586° C zu Acetaldehyd und Äthylen (38). Wenn der simultane Zerfall über freie Radikale durch Toluol zurückgedrängt wird, wurde für den unimolekularen Vorgang die Geschwindigkeitskonstante $k = 2{,}7 \cdot 10^{11} \exp(-43800/RT)\ \text{sec}^{-1}$ gefunden. Aus diesem Wert bekommt man für die Aktivierungsentropie bei 530° C —10,2 cal grad^{-1} Mol^{-1}, die mit der ringförmigen Struktur des Übergangskomplexes in Zusammenhang steht. BLADES und MURPHY halten den Sechsring statt des von WANG und WINKLER (39) vorgeschlagenen Vierringes für wahrscheinlicher. Die größere Aktivierungsentropie kann durch Einfrieren von drei Freiheitsgraden interpretiert werden.

Vinyl-Isopropyl-Äther zerfällt zwischen 447 und 521° C in Propylen und Acetaldehyd (40). Die Geschwindigkeitskonstante beträgt

$$k = 3{,}8 \cdot 10^{12} \exp(-43560/RT)\ \text{sec}^{-1}.$$

Danach beträgt die Aktivierungsentropie bei 490° C —4,8 cal grad^{-1} Mol^{-1}. Die Anwesenheit von Toluol war auch bei dieser Pyrolyse nötig, um den sauberen, unimolekularen Vorgang zu erhalten. Die Verminderung der Aktivierungsentropie gegenüber der Zersetzung von Vinyl-Äthyl-Äther kann auf einer Behinderung der Rotation durch die zusätzliche Metylgruppe im Isopropyl-Vinyl-Äther beruhen.

Die Äthyl- und Isopropyl-Formiate bzw. Acetate zerfallen in die entsprechende Säure und in Äthylen bzw. Propylen (40). Die Toluol-Träger-Technik schließt in diesen Fällen einen Kettenvorgang aus. Die Zerfallskonstanten und die Aktivierungsentropien sind aus der folgenden Zusammenstellung ersichtlich:

Äthylformiat:

$$k = 2{,}13 \cdot 10^{11} \exp\left[(-44140 \pm 200)/RT\right] \sec^{-1}$$

$$\Delta S^{+} = -10{,}7 \text{ cal grad}^{-1}\text{ Mol}^{-1} \text{ bei } 800^\circ \text{ K}$$

i-Propylformiat:

$$k = 3{,}8 \cdot 10^{12} \exp\left[(-44000 \pm 100)/RT\right] \sec^{-1}$$

$$\Delta S^{+} = -4{,}9 \text{ cal grad}^{-1}\text{ Mol}^{-1} \text{ bei } 800^\circ \text{ K}$$

Äthylacetat:

$$k = 3{,}06 \cdot 10^{12} \exp\left[(-47750 \pm 100)/RT\right] \sec^{-1}$$

$$\Delta S^{+} = -5{,}4 \text{ cal grad}^{-1}\text{ Mol}^{-1} \text{ bei } 800^\circ \text{ K}$$

i-Propylacetat:

$$k = 1{,}00 \cdot 10^{13} \exp\left[(-45000 \pm 100)/RT\right] \sec^{-1}$$

$$\Delta S^{+} = -3{,}0 \text{ cal grad}^{-1}\text{ Mol}^{-1} \text{ bei } 800^\circ \text{ K}$$

Die Untersuchungen von Blades (41) deuten darauf hin, daß in den gemessenen Zerfallsreaktionen die Übergangskomplexe analogen Aufbau haben:

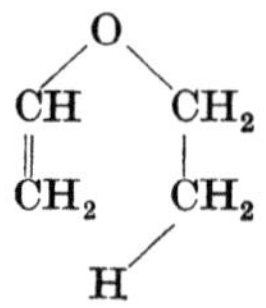

Vinyl-Äthyläther

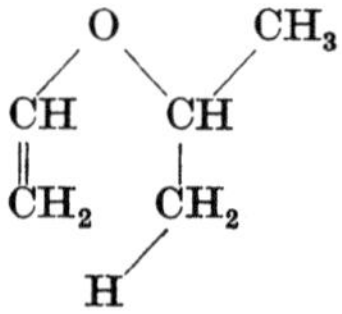

Vinyl-Isopropyläther

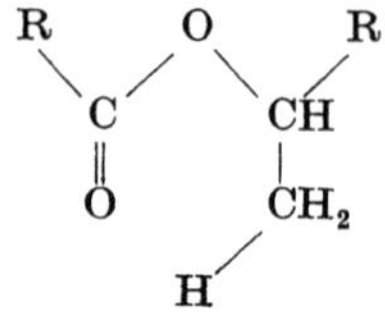

Ester

Trotman-Dickenson und Mitarb. (42) haben die thermische Zersetzung des *t*-Butylformiats in *i*-Butylen und Ameisensäure zwischen 230 und 300° C untersucht. Sie fanden, daß der Vorgang unter statischen Bedingungen homogen und nach erster Ordnung verläuft. Die Geschwindigkeitskonstante hat den Wert: $\log_{10} k(\sec^{-1}) = 11{,}1 - [34600/2{,}303\, RT]$. Die Homogenität der Reaktion wurde durch die Änderung des Verhältnisses Oberfläche: Volumen, die Molekularität durch Hinzufügung von Cyclohexen kontrolliert. In jedem Fall wurde nur eine unbedeutende Änderung beobachtet. Die folgende Abbildung zeigt die relativen Werte der Geschwindigkeitskonstanten bezogen auf die von Äthyl-Ester gegen die Werte der Alkylbromide aufgetragen.

Neuerdings hat auch Maccoll (43) – die Ergebnisse von Blades bestätigend – darauf hingewiesen, daß die Pyrolyse der Ester und die thermische Zersetzung der entsprechenden Alkylhaloide formal analoge Reaktionen sind, die über ähnliche Konfigurationen des aktiven Komplexes verlaufen. Der aktive Komplex hat entweder vier (I) oder sechs Zentren (II)

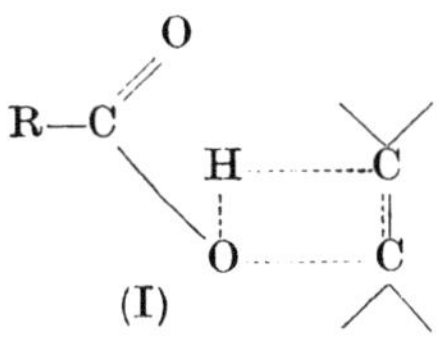

(I)

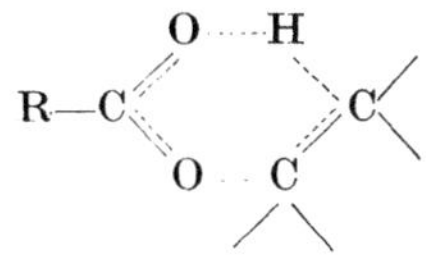

(II)

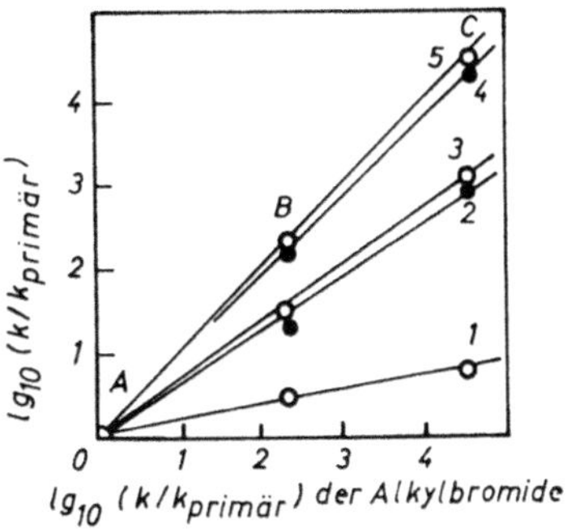

Abb. 6. Die Verhältnisse der molekularen Zerfallsgeschwindigkeiten von verschiedenen Äthyl-, *i*-Propyl- und *t*-Butylderivaten

Die Zersetzung des t-Butylalkohols verläuft nach BARNARD (43a) homogen und unimolekular mit der Geschwindigkeitskonstante:

$$k = 10^{11,5 \pm 0,45} \exp [(-54500 \pm 1700)/RT] \text{ sec}^{-1}.$$

BAMFORD und DEWAR (44) haben die Kinetik des Zerfalls von Essigsäuredämpfen in einem Quarzgefäß zwischen 500 und 900° C nach der Strömungsmethode untersucht. Die Zersetzung erfolgte entweder zu Keten und Wasser oder zu Methan und Kohlendioxyd:

$$CH_3 \cdot CO_2H \rightarrow CH_2 : CO + H_2O$$
$$CH_3 \cdot CO_2H \rightarrow CH_4 + CO_2$$
$$2CH_2 : CO \rightarrow CH_4 + C + 2CO$$
$$2CH_2 : CO \rightarrow C_2H_4 + 2CO.$$

Beide Reaktionen sind homogen und von erster Ordnung, wenn die Wand des Reaktionsgefäßes mit einer Kohlenstoffschicht bedeckt ist. Sonst entwickeln sich auch Ketten. Die Aktivierungsenergien der wahrscheinlich unimolekularen Reaktionen erster Ordnung betragen 67,5 und 62 kcal/Mol, die Frequenzfaktoren haben die Werte $9 \cdot 10^{12}$ bzw. $8 \cdot 10^{11}$ sec^{-1}.

Die thermische Zersetzung des Germans wurde von TAMARU, BOUDART und TAYLOR (45), ferner von FENSHAM, TAMARU, BOUDART und TAYLOR (46) untersucht. Der Vorgang spielt sich zwischen 278 und 330° C in zwei parallel verlaufenden Reaktionen ab. Der eine Vorgang ist von erster Ordnung und herrscht bei größeren Drucken vor, während bei kleineren Drucken die Reaktion von nullter Ordnung dominiert. Auch die Aktivierungsenergien, 51,4 und 41,2 kcal/Mol deuten auf einen homogenen und einen heterogenen Vorgang hin. Die heterogene Reaktion läuft an der Oberfläche des vorher abgeschiedenen Germaniums ab. Die Anwesenheit von Sauerstoffspuren beschleunigt diese Reaktion. Wenn zu zerfallendem German Deuterium gemischt wird, findet kein Deuteriumsaustausch statt. *HD*-Molekeln bilden sich nur im simultanen Zerfall von Germaniumhydrid und Germaniumdeuterid. Der erste Schritt des homogenen Vorganges ist: $GeH_4 \rightarrow GeH_2 + H_2$.

Der thermische Zerfall von t-Butylamin wurde von PRITCHARD, SOWDEN und TROTMAN-DICKENSON (47) mit statischer Methode zwischen 498 und 541° C und im Druckintervall 50–180 mm Hg untersucht. Der Zerfall verläuft auf zwei parallelen und homogenen Wegen, nach Geschwindigkeitsgleichungen von erster Ordnung, in folgenden beiden Richtungen:

$$CMe_3 \cdot NH_2 \rightarrow CMe_2 : CH_2 + NH_3$$
$$CMe_3 \cdot NH_2 \rightarrow C_3NH_7 + CH_4 .$$

Das empirisch gefundene Ammoniak : Methan Verhältnis ist 1 : 2,5. Daraus folgt, daß sich die Aktivierungsenergien beider Vorgänge von einander nur unwesentlich unterscheiden können. Die Geschwindigkeitskonstante des Bruttovorganges beträgt

$$k = 10^{14,79} \exp(-67000/RT) \sec^{-1},$$

und setzt sich aus den folgenden Teilkonstanten zusammen:

$$k_1 = 1,7 \cdot 10^{14} \exp(-67000/RT) \sec^{-1}$$

und

$$k_2 = 4,4 \cdot 10^{14} \exp(-67000/RT) \sec^{-1}.$$

CHOPPIN und Mitarb. untersuchten die Kinetik des thermischen Zerfalls von Chlorameisensäureestern. Das Äthylchlorocarbonat (48, 49) zerfällt zwischen 150 und 250° C in homogener und unimolekularer Reaktion mit $k = 5,5 \cdot 10^{10} \exp(-29410/RT) \sec^{-1}$. Der Zerfall des Chlorameisensäureisopropylesters (50) ist zwischen 180 und 200° C gleichfalls homogen und von erster Ordnung, verläuft aber in zwei Richtungen. In einer Richtung bildet sich Isopropylchlorid und Kohlendioxyd, in der anderen Richtung Propylen, Chlorwasserstoff und Kohlendioxyd. Die Geschwindigkeitskonstante ist $k = 3,1 \cdot 10^9 \exp(-26360/RT) \sec^{-1}$, während die kinetischen Daten der einzelnen Teilreaktionen aus der Tab. 30 ersichtlich sind.

Tabelle 30

Kinetische Daten der Chlorameisensäureesterzerfallsreaktionen

	Frequenzfaktor A (sec^{-1})	Aktivierungsenergie E (cal/Mol)	Aktivierungsentropie ΔS (cal/grad Mol)
Chlorameisensäureisopropylester,			
Gesamtumsatz	$3,1 \cdot 10^9$	26360 ± 760	$-16,1 \pm 1,6$
salzsäurebildende Reaktion . . .	$1,3 \cdot 10^9$	25760 ± 1000	$-17,8 \pm 2,1$
Isopropylchlorid bildende Reaktion	$2,3 \cdot 10^9$	26430 ± 1200	$-16,6 \pm 2,5$
Chlorameisensäureäthylester	$5,5 \cdot 10^{10}$	29410	$-10,34$

Die ziemlich großen negativen Aktivierungsentropien zeigen das Einfrieren von zahlreichen Freiheitsgraden an. Dies deutet darauf hin, daß die Molekel über einen ringförmigen aktiven Komplex zerfällt.

b) Isomerisierungsreaktionen

Die Isomerisierung könnte als unimolekulare Reaktion angenommen werden. Es dauerte jedoch längere Zeit, bis experimentell bewiesen wurde, daß die nach Geschwindigkeitsgleichungen von erster Ordnung verlaufenden Isomerisierungen wirklich homogene und unimolekulare Reaktionen sind. Die Umwandlung der Bindungen könnte auch über freie Radikale verlaufen. Die zur Zurückdrängung von Kettenmechanismen geeigneten Inhibitorgase konnten aber gerade dort nicht angewandt werden, wo sie am nötigsten gewesen wären, nämlich für Messungen bei niedrigen Drucken, wo der Druckabfall der unimolekularen Konstante untersucht werden sollte. Eine andere experimentelle Schwierigkeit lag darin, daß der Verlauf der Reaktion in Versuchen bei niedrigen Konzentrationen nur mit physikalischen oder chemisch-mikroanalytischen Verfahren verfolgt werden konnte, so z. B. durch Bestimmung der Unterschiede in den Schmelzpunkten von Isomeren, der Änderungen der Brechungsindizes oder mit Hilfe von geeigneten selektiven Reaktionen. In neueren Untersuchungen bewährte sich ein Ultrarotspektrometer. Die Isomerisierungen werden gewöhnlich im statischen System studiert.

Es wurde erwähnt (**4**, § 2), daß die Aktivierungsenergie der Isomerisierung etwa 40–45 kcal/Mol beträgt und daß bei diesen Vorgängen auch der präexponentielle Faktor einen normalen Wert aufweist. In einer anderen Gruppe soll die Aktivierungsenergie nur ungefähr die Hälfte betragen, während der A-Faktor um 5–7 Größenordnungen kleiner ist. Mit der theoretischen Interpretierung dieser Isomerisierungsvorgänge beschäftigten sich EYRING und Mitarb. (51). Sie nahmen an, daß die Reaktionen nicht adiabatisch sind und die Molekeln strahlungslos aus dem Singulettzustand in den Triplettzustand übergehen.

Die reagierende Molekel bildet nach BURWELL (52) im Übergangszustand ein freies Biradikal. Die zu diesem Zustand führende Aktivierung erfolgt nach dem allgemeinen Mechanismus unimolekularer Reaktionen.

Das wichtigste Beispiel von unimolekularen Isomerierungsvorgängen ist die Umwandlung des Cyclopropans (53). Während der letzten zwei Jahrzehnte wurde diese Reaktion mehrfach nach verschiedenen Gesichtspunkten untersucht. CORNER und PEASE (54) veröffentlichten 1945 eine Untersuchung des Vorgangs zwischen 440 und 520° C. Die Mehrzahl der Versuche wurde bei 500° C und bei 600 mm Hg Druck ausgeführt. Der Fortschritt der Reaktion wurde durch die selektive katalytische Hydrierung der Ausgangssubstanz und des Produktes gemessen. Die Verfasser haben festgestellt, daß Wasserstoff, Äthylen und Propylen nur einen ganz geringen Einfluß auf die Geschwindigkeit ausüben. Die Geschwindigkeitskonstante ist:

$$k = 7{,}77 \cdot 10^{14} \exp\left(-65\,200/RT\right) \text{sec}^{-1}.$$

Als Mechanismus nahm man an, daß die gebildeten Doppelradikale mit einem unveränderten Cyclopropan in Wechselwirkung treten und so zwei Propylenmolekeln als Endprodukt geben.

Lindquist und Rollefson (55) bestimmten etwa zehn Jahre später die relativen Isomerisierungsgeschwindigkeiten von gewöhnlichem und von mit Tritium markiertem Cyclopropan zwischen 447 und 555° C. Ihr Ziel war zu entscheiden, ob die Reaktion mit intramolekularer Umlagerung

(1) 

oder über freie Radikale

(2) 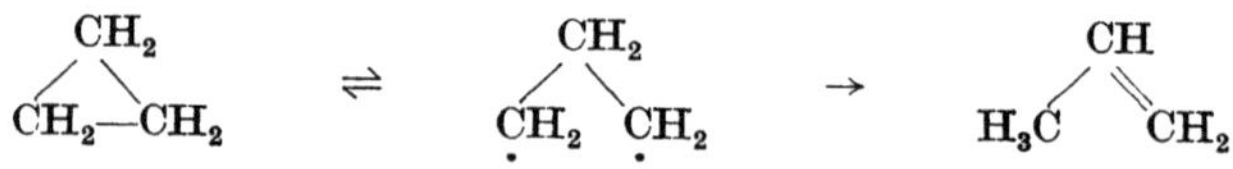

verläuft. Der von Corner und Pease vorgeschlagene Mechanismus ist mit dem Schema (2) identisch. Lindquist und Rollefson halten den Mechanismus (1) für richtig. Pritchard, Sowden und Trotman-Dickenson (56) geben auf Grund ihrer Untersuchungen bei geringen Drucken auch dem Mechanismus (1) den Vorzug. Auch die von Slater (57) aufgestellte Theorie der unimolekularen Reaktion scheint für den Mechanismus (1) zu sprechen.

Aus den Messungen von Lindquist und Rollefson ergab sich das Verhältnis der Isomerisierungsgeschwindigkeit von gewöhnlichem und mit Tritium markierten Cyclopropan zu:

$$k/k' = (0{,}63 \pm 0{,}02) \exp\left[(825 \pm 60)/RT\right].$$

McNesby und Gordon (58) haben die Isomerisierung des Cyclopropans in Anwesenheit von Deuterium untersucht und keinen Austausch gefunden.

Die Ergebnisse von Lindquist und Rollefson wurden auch von Weston, Jr. (59) bestätigt.

Rabinovitch, Douglas und Looney (60) untersuchten die cis-trans-Umlagerung von Dideutero-Äthylen im Quarzgefäß zwischen 450 und 550° C und im Druckgebiet von 9–310 mm Hg. Der Verlauf der Reaktion wurde mit einem Ultrarotspektrometer verfolgt. Bei niedrigen Drucken erfolgte weder ein Austausch noch eine Polymerisation. Die Geschwindigkeitskonstante betrug $k = 3 \cdot 10^{12} \exp\left[(-61\,300 \pm 1200)/RT\right]$ sec^{-1}. Mit höherem Druck nimmt dieser Wert ab, aber die Änderung ist einer Polymerisation zuzuschreiben. Die Verfasser haben die experimentell gefundene Aktivierungsenergie auf die zur Aufspaltung der Doppelbindung nötige Energie bezogen.

Rabinovitch und Hulatt (61) haben die cis-trans-Isomerisierung des Dichloräthylens wiederholt untersucht, die früher schon von Jones und Taylor (62) ferner von Tamamushi, Akiyama und Ishii (63) studiert wurde.

Murphy und Schuler (64) untersuchten die Umlagerung des Vinyl-Allyl-Äthers (I) in Allyl-Acetaldehyd (II)

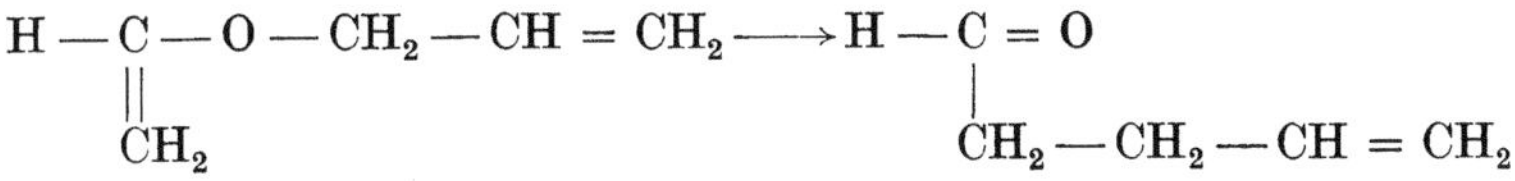

(I) (II)

im Druckgebiet zwischen 150 und 400 mm Hg. Die Aktivierungsenergie beträgt 30600 cal/Mol und die Aktivierungsentropie bei 180° C — 7,7 cal grad^{-1}. Dieser Entropiewert deutet auf einen cyclischen Übergangszustand hin.

Später haben Stein und Murphy (65) die Umlagerung des Isopropenyl-Allyl-Äthers (III) in Allyl-Aceton (IV), zwischen 143 und 194° C und im Druckgebiet 20–760 mm Hg untersucht.

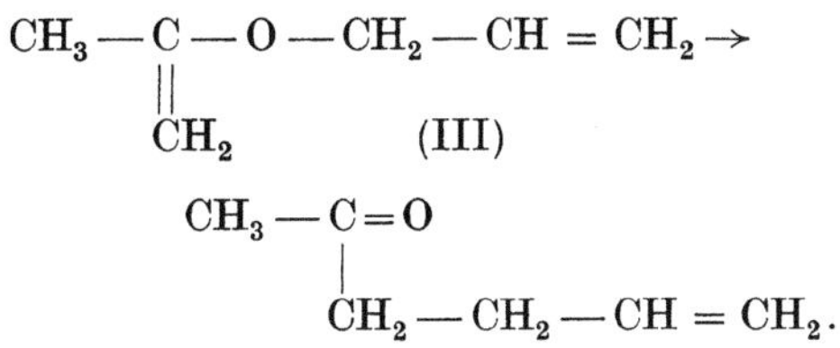

(III) (IV)

Für diese Messungen haben die Verfasser ihre Versuchsanordnung wesentlich verbessert. Der Vorgang erwies sich als homogene unimolekulare Reaktion, wenn die Oberfläche vorher konditioniert, also für die Nebenreaktionen vergiftet wurde. Die Geschwindigkeitskonstante betrug

$$k = 5{,}4 \cdot 10^{11} \exp\left(-29300/RT\right) \sec^{-1},$$

die Aktivierungsentropie — 7,7 cal grad^{-1}. Diese Werte sind fast identisch mit denen, die in der Isomerisierung des Vinyl-Allyl-Äthers gefunden wurde. Man kann die folgende Wanderung der Elektronen annehmen:

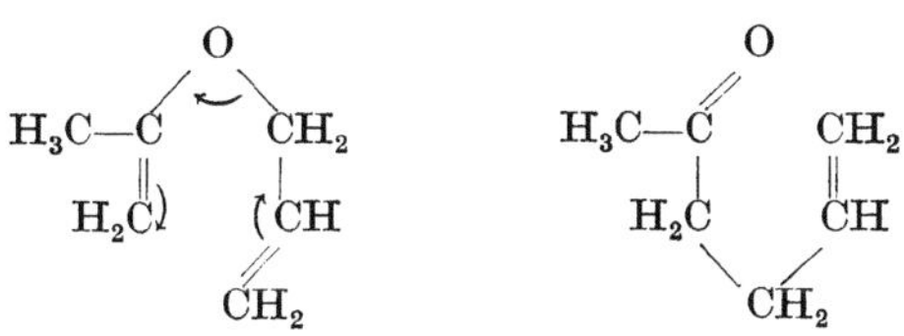

Die Methylgruppe übt eine *richtende* Wirkung auf die Elektronen aus. STEIN und MURPHY erklären damit die etwas kleinere Aktivierungsenergie, als im Falle des Vinyl-Allyl-Äthers.

Das Cyclobuten isomerisiert um etwa 150°C in *1–3* Butadien. COOPER und WALTERS (66) haben den Vorgang photometrisch im UV verfolgt und als homogen und von erster Ordnung gefunden. Der Wert der Geschwindigkeitskonstante beträgt: $k = 1{,}2 \cdot 10^{13} \exp(-32500\, RT)$ sec^{-1} und bleibt im Druckgebiet von 5–50 mm Hg unverändert. Die Reaktion wird von Propylen und Stickoxyd nicht gehemmt, sie ist also eine intramolekulare Umlagerung.

Die Kinetik der Cyclisierung von 3,7-Dimethyl-1,6-octadien erwies sich zwischen 328,5 und 409° C nach HUNTSMAN und CURRY (68) als homogene Reaktion erster Ordnung, die nicht über freie Radikale verläuft, da weder Stickoxyd noch Äthylenoxyd einen Einfluß auf die Geschwindigkeit ausüben. Die Aktivierungsenergie beträgt 35,2 kcal/Mol, die Aktivierungsentropie — 18 cal grad^{-1}.

Zur unimolekularen geometrischen und strukturellen Isomerisierung des sym-Cyclopropan-d_2 sei auf die Mitteilungen von RABINOVITCH, SCHLAG und WIBERG (69) und von SMITH (70) hingewiesen. Über die Isomerisierung von Alkylradikalen, vgl. GORDON und McNESBY (70a).

§ 2. Einfache Reaktionen mit bimolekularem Startschritt

a) Austauschreaktionen

Die thermische Zersetzung des Stickoxyds, die erst um 1000° C mit meßbarer Geschwindigkeit verläuft, rechnete lange Zeit zu den Vorgängen von unaufgeklärter Kinetik. WISE und FRECH (71) fanden in einem Quarzgefäß bei 872–1275° K eine Geschwindigkeitsgleichung zweiter Ordnung, konnten jedoch aus Versuchen mit Änderung des Verhältnisses Oberfläche : Volumen auf das Vorhandensein einer heterogenen Reaktion schließen. Die Verfasser haben weiter beobachtet (72), daß der Vorgang durch Stickstoff gehemmt und durch Sauerstoff beschleunigt wird. Für größere Sauerstoffkonzentrationen gilt

$$-\frac{d[NO]}{dt} = k_a[NO]^2 + k_b[NO]\,[O_2]^{1/2}.$$

Zur Deutung wurde ein über Atome verlaufender Kettenmechanismus angenommen.

Später haben KAUFMAN und KELSO (73) die Ergebnisse von WISE und FRECH in Frage gestellt [WISE und FRECH (74), KAUFMAN und KELSO (75)]. Sie fanden eine Geschwindigkeitsgleichung von zweiter Ordnung. Wie aus der folgenden Tabelle hervorgeht, änderte sich diese Ordnung bei höheren Temperaturen auch bei größeren Umsetzungen nicht, während bei niedrigeren Temperaturen die Geschwindigkeitskonstante ein wenig von dem Fortschreiten der Zersetzung abhängt. Dies ist aber nicht überraschend, wenn man bedenkt, daß der Vorgang unter 1400° K teilweise heterogen ist.

Tabelle 31
Die Abhängigkeit der Geschwindigkeitskonstante von der prozentualen Zersetzung

T °K	Exp.-No.	Zersetzung %	k cm^3 Mol^{-1} sec^{-1}
1123	229, 234, 236	0,5	2,24
	230	1,3	2,19
	231, 235	2,6	1,98
1223	220, 222, 223	0,5	14,1
	221	3,3	12,7
1323	213, 215	1,1	81,0
	214	7,0	75,8
1224	148	2,0	423,0
	143	3,0	422,0
	150	14,0	412,0
	144	17,0	406,0
	156	22,0	414,0
	160, 181	36,0	436,0
	182	54,0	423,0

Über 1400° K ist die Reaktion völlig homogen. Darum änderte sich die Geschwindigkeit in verschiedenen Gefäßen und bei verschiedenen Oberflächen : Volumen-Verhältnissen gar nicht.

Die Geschwindigkeitskonstante wird durch

$$k = 2{,}6 \cdot 10^{12} \exp\left[(-63\,800 \pm 600)/RT\right] \mathrm{cm}^3 \cdot \mathrm{Mol}^{-1}\,\mathrm{sec}^{-1}$$

gegeben. Dieser Wert stimmt mit den Daten der früheren Messungen von VETTER (76) gut überein, wie auch aus der Abb. 7 ersichtlich ist.

FENIMORE und JONES (77) haben die Methode von ZELDOVICH (78) zur Untersuchung des Stickoxydzerfalls zwischen 2200 und 2400° K benutzt. Sie ließen Wasserstoff oder Kohlenoxyd mit Distickstoffoxyd gemischt in Form einer flachen Flamme verbrennen. In der Flamme zerfällt das Distickstoffoxyd in Stickoxyd, dessen weitere Zersetzung entlang der Flamme aus der Abnahme der Konzentration verfolgt werden konnte. Auch in diesen Versuchen ergab sich eine Reaktion zweiter Ordnung, die jedoch durch Sauerstoff gehemmt wird. Die Geschwindigkeit kann beschrieben werden durch

$$(O_2)^{1/2}\, d\left[1/(\mathrm{NO})\right] dt = 2 \cdot 10^{12} \exp(-98\,000/RT)\, (\mathrm{Mol/Liter})^{-1/2}\,\mathrm{sec}^{-1}$$

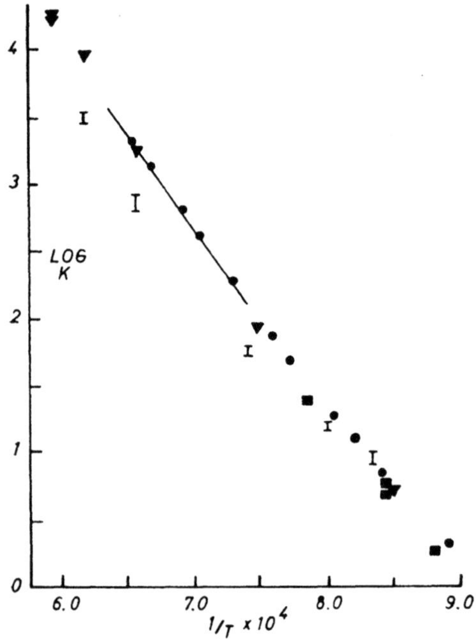

Abb. 7. Temperaturabhängigkeit des Stickoxydzerfalls

in ausgezeichneter Übereinstimmung mit ZELDOVICH. Die Verfasser haben die Konzentration des Sauerstoffs zwischen den Grenzen von 10^{-3} und 10^{-7} Mol/Liter, und das Verhältnis $[NO]/[O_2]$ zwischen 0,5 und 2000 variiert.

Zu gleichen Ergebnissen gelangten GLICK, KLEIN und SQUIRE (79) bei 2000–3000° K im Stoßwellenrohr.

Um die Möglichkeit des von LEWIS (81) angenommenen und von BENSON und SRINIVASAN (82) diskutierten Kettenmechanismus zu kontrollieren, hat GRAVEN (80) den Zerfall des Jodwasserstoffs im Temperaturintervall von 600 bis 774° C in einem Strömungssystem mit Quarzreaktionsgefäß von 43 ml untersucht. Die Reaktionszeit betrug bei 700° C 0,486 sec. Wie die folgende Tabelle zeigt, erwies sich der Vorgang als streng von zweiter Ordnung.

Tabelle 32

Abhängigkeit der Geschwindigkeit des Jodwasserstoffzerfalls von den Konzentrationen des Jodwasserstoffs und Wasserstoffs

$(HI)_i$	$(H_2)_i$	(I_2)	$(I_2)/(I_2)_e$	k_1
0,811	—	0,00368	0,0338	23,1
1,62	—	0,0189	0,0867	30,4
2,43	—	0,0435	0,133	31,6
3,24	—	0,0710	0,163	29,2
4,05	—	0,110	0,202	29,5
4,86	—	0,154	0,236	29,0
5,67	—	0,201	0,264	28,0
3,21	0,200	0,0722	0,196	31,1
3,21	0,401	0,0701	0,222	31,0
3,21	0,802	0,0674	0,283	31,4
3,21	1,60	0,0648	0,410	33,4
3,21	2,40	0,0612	0,519	34,6
3,19	3,99	0,0532	0,657	33,0
3,19	4,79	0,0508	0,731	34,5

Die Geschwindigkeitskonstante erlitt auch dann keine Veränderung, wenn die Reaktionszeit auf die fünffache erhöht wurde und die Rückreaktion aus der Gleichgewichtskonstanten berücksichtigt wurde. Die Temperaturabhängigkeit wurde aus Messungen bei acht Temperaturen zwischen 597 und 774° C festgestellt. log $k/T^{1/2}$, als Funktion von $1/T$ ergibt eine Gerade, aus der sich die Aktivierungsenergie zu 49,2 kcal/Mol ergibt. Die Geschwindigkeitskonstante wird

$$k = 3{,}59 \cdot 10^{12} \exp\,(-49200/RT) \text{ Liter} \cdot \text{Mol}^{-1}\,\text{sec}^{-1}.$$

Bodenstein fand zwischen 283 und 508° C eine Aktivierungsenergie von 45,8 kcal/Mol. Seine Gleichung liefert auf 700° C extrapoliert eine Geschwindigkeitskonstante von 35,0 Liter · $\text{Mol}^{-1}\,\text{sec}^{-1}$, anstatt der von Graven gefundenen 32,0 Liter · $\text{Mol}^{-1}\,\text{sec}^{-1}$. Die von Kassel angenommene Zunahme der Aktivierungsenergie (83) erwies sich also als übertrieben.

Die thermische Zersetzung des Stickstoffdioxyds wurde 1922 von Bodenstein und Ramstetter (84) zwischen 592 und 656° K untersucht. Der Vorgang erwies sich als eine homogene bimolekulare Reaktion mit einer Aktivierungsenergie von 26,56 kcal/Mol. Rosser und Wise (85) haben den Einfluß der Oberfläche und neutraler Gase auf die Reaktionsgeschwindigkeit studiert. Sie haben das Fortschreiten der Reaktion zwischen 630 und 1020° K in einem statischen System optisch – aus der Absorption des Stickstoffdioxyds – verfolgt. Dessen Konzentration änderte sich zwischen 10^{-8} und 10^{-7} Mol/cm^3. Die Versuche zeigten eine nach zweiter Ordnung verlaufende Reaktion, deren Konstante: $k = 10^{12{,}6} \exp\,(-26900/RT)\ \text{cm}^3\,\text{Mol}^{-1}\,\text{sec}^{-1}$ mit der Konstante von Bodenstein und Ramstetter ausgezeichnet übereinstimmte. Es änderte sich nichts, wenn Stickstoff, Helium oder Kohlendioxyd ins Reaktionsgemisch bis zu 1 Atm. Druck hinzugefügt, wenn die Wand des Reaktionsgefäßes mit Kaliumchlorid beschlagen, oder wenn das Verhältnis Oberfläche : Volumen auf das Sechsfache erhöht wurde. Die Zersetzung des Stickstoffdioxyds wäre demnach eine wahre bimolekulare Reaktion. Jedoch haben Ashmore und Levitt (86) aus ihren Versuchsergebnissen eine offene Reaktionsfolge herausgeschält.

b) Assoziationsvorgänge

Die Dimerisation des Butadiens [Rowley und Steiner (87)] führt bei 400 bis 600° C zu Vinyl-cyclohexen in bimolekularer Reaktion, die durch Sauerstoff nicht katalysiert und durch Antioxydanten nicht beeinflußt wird. Die Reaktion wurde im strömenden System untersucht, die ausgefrorenen Produkte nach physikalischen und chemischen Methoden geprüft. Die Versuchsergebnisse stimmten mit denen von KISTIAKOWSKY und RANSOM (88) gut überein. ROWLEY und STEINER geben an

$$\log_{10} k = 11{,}14 - \frac{26\,800}{2{,}30\,RT},$$

KISTIAKOWSKY und RANSOM:

$$\log_{10} k = 9{,}95 - \frac{23\,690}{2{,}30\,RT}.$$

Der Übergangskomplex wurde als zyklisch angenommen; Ergebnisse einer Berechnung sind in der folgenden Tabelle zusammengestellt:

Tabelle 33

Aktivierungsenergie der Butadiendimerisation bei verschiedenen Temperaturen in kcal

$T°$ K	Offener, kettenförmiger Komplex	Cyclischer Komplex	Experimenteller Wert
0	22,800	21,400	—
500	23,770	23,070	21,500
600	24,770	24,770	24,700
900	25,900	26,500	26,800

Mit einer Aktivierungsenergie von 22,380 kcal. und einem Vorfaktor von $2{,}23 \cdot 10^{13}$ stimmen die berechneten Geschwindigkeitskonstanten mit den gefundenen vorzüglich überein.

Tabelle 34

Vergleich der experimentellen und berechneten Geschwindigkeitskonstanten

Temperatur °K	k_{exp} $\text{cm}^3 \cdot \text{Mol}^{-1}\,\text{sec}^{-1}$	k_{ber} $\text{cm}^3 \cdot \text{Mol}^{-1}\,\text{sec}^{-1}$
500	0,446	0,337
600	22,4	22,2
700	$5{,}12 \cdot 10^2$	$4{,}58 \cdot 10^2$
800	$5{,}63 \cdot 10^3$	$5{,}36 \cdot 10^3$
900	$4{,}0 \cdot 10^4$	$3{,}27 \cdot 10^4$

Mit der Dimerisation von Tetrafluor-Äthylen und Trifluorchloräthylen in der Dampfphase haben sich LACHER, TOMPKIN und PARK (89) beschäftigt. Die Dimerisationsversuche wurden in einem Pyrexgefäß von 1 Liter Inhalt und zwischen 304 und 509° C ausgeführt. Sie erwiesen sich als homogene bimolekulare Reaktionen. Die Geschwindigkeitskonstanten sind:

Reaktion	Geschwindigkeitskonstante $cm^3 \cdot Mol^{-1} sec^{-1}$
$2\,CF_2{=}CF_2 \rightarrow \begin{array}{l} CF_2{-}CF_2 \\ \vert \quad\;\; \vert \\ CF_2{-}CF_2 \end{array}$	$16{,}5 \cdot 10^{10} \exp(-26299/RT)$
$CF_2{=}CF_2 + CF_2{=}CFCl \rightarrow \begin{array}{l} CF_2{-}CFCl \\ \vert \quad\;\; \vert \\ CF_2{-}CF_2 \end{array}$	$8{,}54 \cdot 10^{10} \exp(-26300/RT)$
$2\,CF_2{=}CFCl \rightarrow \begin{array}{l} CF_2{-}CFCl \\ \vert \quad\;\; \vert \\ CF_2{-}CFCl \end{array}$	$3{,}53 \cdot 10^{10} \exp(-26320/RT)$

§ 3. Reaktionsfolgen mit vornehmlich unimolekularem Startschritt

a) Offene Reaktionsfolgen

Eine Reaktionsfolge mit unimolekularem Startschritt kann nur durch eine Zerfallsreaktion ausgelöst werden. Führen die dem Primärakt folgenden Reaktionen zu stabilen Endprodukten, entsteht eine offene Folge. Werden dagegen in einer der Folgereaktionen Produkte gebildet, die gleichzeitig Anfangsstoffe der Folge sind, so werden hierdurch neue Folgen ausgelöst. Es entsteht eine geschlossene Folge, die auch Kettenreaktion genannt wird. Die Untersuchung der Kinetik wird dadurch erschwert, daß in vielen Fällen offene und geschlossene Folgen nebeneinander entstehen. Einen großen Fortschritt bedeutete die von Staveley und Hinshelwood eingeführte Stickoxyd-Methode. Stickoxyd hemmt alle Reaktionen, die über geschlossene Folgen verlaufen, in denen paramagnetische Radikale die Reaktionskette fortsetzen. Offene Reaktionsfolgen werden durch Stickoxyd nicht merkbar gehemmt, auch wenn sie über mehrere Zwischenstufen verlaufen.

Die von Szwarc eingeführte „Toluol-Träger"-Technik hat die Untersuchung von Mechanismen gefördert, weil Toluol Ketten gewöhnlich schon beim ersten Glied abbricht und die gebildeten Produkte, besonders Dibenzyl, über den Kettenanteil quantitativ Auskunft liefern.

Wie bei der Diskussion der Bindungsstärke (siehe 4. § 3.) ausgeführt, kann Toluol die Entwicklung einer Kettenreaktion dann zum Stillstand bringen, wenn die Energie der im Primärakt aufspaltenden Bindung kleiner ist als die C—H-Bindungsenergie in der Seitenkette des Toluols, oder wenn die thermische Stabilität des im Primärakt gebildeten Radikals größer ist als die Stabilität des Toluols. Die Aktivierungsenergie für den Zerfall des gebildeten Radikals muß also größer sein als die Aktivierungsenergie von irgendeiner durch die Intervention des Toluols zustandekommenden Reaktion.

Daher assoziieren z. B. Methylradikale in der *di-t*-Butylperoxydzersetzung in großem Maße zu Äthan, weil diese Reaktion schneller verläuft als die

Dehydrierung einer CH-Bindung. Bei Temperaturen, wo das Toluol schon selbst zerfällt, kann diese Technik nur dann angewandt werden, wenn die Produkte der eigentlichen Zersetzung von den Produkten des Toluolzerfalls zu unterscheiden sind. In Zerfallsreaktionen verschiedener Halogenderivate, besonders von Bromiden, hat sich diese Methode gut bewährt. In diesem Fall bildet sich nämlich HBr als Zerfallsprodukt. Es kommt auch vor, daß bei der Pyrolyse von Halogenderivaten nicht das Halogenatom sondern Bromwasserstoff abgespalten wird, und eine entsprechende ungesättigte Molekel entsteht. Dieser Fall ist mittels der Toluol-Technik leicht von einem Radikalzerfall zu unterscheiden, wie SZWARC und GHOSH (90) nachgewiesen haben. In der Radikalreaktion kommen auf jede zersetzte RBr-Molekel eine Molekel HBr, eine Molekel HR und eine Molekel Dibenzyl, während in der Eliminationsreaktion neben HBr kein Dibenzyl gebildet wird. Die Geschwindigkeit der ersten Reaktion kann durch die Bildungsgeschwindigkeit des Dibenzyls gemessen werden. Die Bildungsgeschwindigkeit des Bromwasserstoffs gibt die Summe der Geschwindigkeiten beider Vorgänge an. Subtrahiert man hiervon die Geschwindigkeit der Dibenzylbildung, so erhält man die Geschwindigkeit der Eliminationsreaktion.

Die folgende Abbildung zeigt eine Strömungs-Apparatur, die von SZWARC (90a) zur Bestimmung der Dissoziationsenergie der N—N-Bindung benutzt wurde.

Die zu untersuchende Substanz wird aus dem Vorratsgefäß A durch den Hahn H_2 und die Kapillare K_1 gemeinsam mit dem aus Vorratsgefäß B durch Hahn H_4 strömenden Toluoldampf in das Reaktionsgefäß R eingeführt. Die

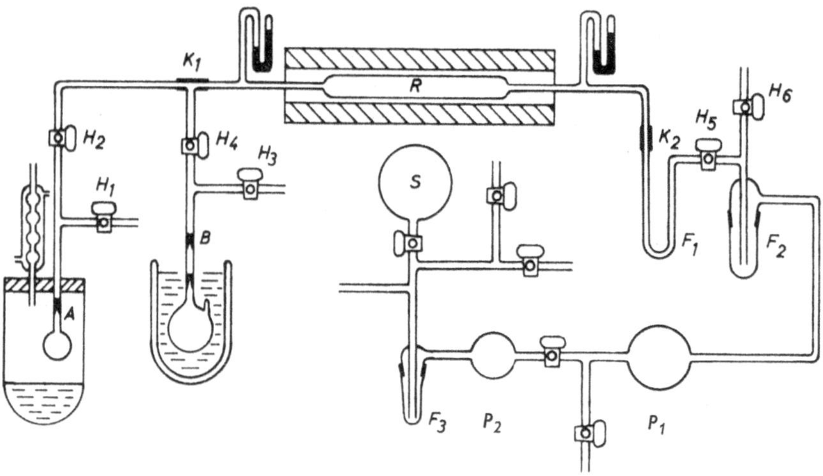

Abb. 8. Schematisches Bild der Apparatur für die Toluol-Träger-Technik

Gase gelangen nachher durch die Kapillare K_2 in die mit Eis gekühlte Falle F_1, in der nicht flüchtige Produkte, wie z. B. Dibenzyl ausfrieren. Toluol und Hydrazin kommen durch den Hahn H_5 in die Falle F_2, die auf — 80° C gekühlt ist. Die Gase werden von den Diffusionspumpen P_1, P_2 durch die mit flüssiger Luft gekühlte Falle F_3 in den Behälter S befördert. Hier kommen nur noch Wasserstoff und Stickstoff an, deren Mengen durch Druckmessung und analytische Methoden bestimmt werden.

Die Toluol-Technik wandelt also die geschlossene Reaktionsfolge, oder die neben der offenen Folge und neben dem etwaigen molekularen Vorgang auch noch über einen geschlossenen Kettenmechanismus verlaufende Reaktion in eine offene Reaktionsfolge um.

Während die Primärreaktion des N_2O-Zerfalls:

$$N_2O \rightarrow N_2 + O + 39{,}5 \text{ kcal}$$

möglich und allgemein akzeptiert ist, sind die Meinungen über die Folgereaktionen geteilt. Eine Komplikation rührt noch davon her, daß zumindest bei niedrigeren Drucken heterogene Reaktion merkbar wird (91). Wenn diese bei der Auswertung berücksichtigt wird, kann die früher zwischen 48 und 65 kcal/Mol streuende Aktivierungsenergie zu etwa 59 kcal/Mol fixiert werden. Mit diesem Wert ergibt sich ein normaler präexponentieller Faktor. Andererseits scheinen aktivierte Molekeln in verschiedenen Zuständen vorzukommen.

Friedman und Bigeleisen (92) haben in Versuchen mit markiertem Distickstoffoxyd ($^{15}N^{14}NO$) bewiesen, daß Stickstoffatome keine Rolle spielen. Die Verteilung der Isotope kann durch folgende Elementarvorgänge beschrieben werden:

(1) $$N_2O + N_2O \rightarrow N_2O^* + N_2O$$
(2) $$N_2O^* + N_2O \rightarrow 2N_2O$$
(3) $$N_2O^* \rightarrow N_2 + O$$
(4) $$O + O + M \rightarrow O_2 + M$$
(5) $$O + N_2O \rightarrow N_2 + O_2$$
(6) $$O + N_2O \rightarrow 2NO\,.$$

Neuere Untersuchungen von Lindars und Hinshelwood (93) zeigen, daß die Geschwindigkeitskonstante erster Ordnung des N_2O-Zerfalls im Druckgebiet 0–500 mm Hg die Gestalt hat:

$$k = \frac{an}{1 + a'n} + bn\,.$$

Dabei ist n die Anfangskonzentration des Distickstoffoxyds, a, a' und b sind Konstanten. Über 100 mm Hg Druck nähert sich dieser Ausdruck

$$k = A + bn\,,$$

der auch bei Drucken von mehreren Atmosphären gültig bleibt. LINDARS und HINSHELWOOD haben in fünf verschiedenen, vorbehandelten Reaktionsgefäßen, leer und gepackt, die Möglichkeit einer Oberflächenreaktion geprüft und keine Wandwirkung festgestellt. Diese kam nur in nicht vorbehandelten Gefäßen vor. Die Menge des gebildeten Stickoxyds lag zwischen 2 und 5%. Es bildet sich hauptsächlich im Anfangsstadium der Reaktion. Vorher hinzugefügtes Stickoxyd vermindert die weitere Stickoxydbildung beträchtlich. Dagegen konnte man auf eine gewisse katalysierende Wirkung des Stickoxyds nach $NO + N_2O \rightarrow NO_2 + N_2$ schließen. Diese kann aber das Gesamtbild der Reaktion nicht wesentlich ändern. Das gilt auch für Sauerstoffatome. Die Druckabhängigkeit der Geschwindigkeitskonstanten rührt also nicht von sekundären Effekten her, sondern ist ein charakteristisches Merkmal des Distickstoffoxydzerfalls. Die obige Funktion behält auch noch in Anwesenheit von Fremdgasen ihren Abfall bei abnehmenden Drucken. Von diesem empirischen Befund ausgehend verwerfen LINDARS und HINSHELWOOD den bisher angenommenen einfachen Mechanismus der Stoßaktivierung und nehmen an, daß die Überführung der aktivierten Distickstoffoxydmolekeln in den Triplettzustand dem eigentlichen Zerfall vorhergeht. Bei Berücksichtigung dieser Aktivierung ergibt sich aus dem Reaktionsschema die erwähnte Druckabhängigkeit der Geschwindigkeitskonstanten [vgl. auch (93a) und (93b)].

KAUFMAN und Mitarb. (94) untersuchten die Rolle des Stickoxyds im thermischen Zerfall des Distickstoffoxyds. Sie haben auch die Selbsthemmung in der Stickoxydbildung und gleichzeitig eine Wandwirkung beobachtet. Daß die Stickoxydkonzentration gegen einen Grenzwert strebt, wird von den Verfassern durch folgenden Mechanismus gedeutet:

(1)	$N_2O \rightarrow N_2 + O$	k_1	$\Delta H_0^0 = +38{,}3$ kcal
(2)	$O + N_2O \rightarrow N_2 + O_2$	k_2	$\Delta H_0^0 = -78{,}9$ kcal
(3)	$O + N_2O \rightarrow 2NO$	k_3	$\Delta H_0^0 = -35{,}9$ kcal
(4)	$O + NO + M \rightarrow NO_2 + M$	k_4	$\Delta H_0^0 = -71{,}4$ kcal
(5)	$O + NO \rightarrow NO_2 + h\nu$	k_5	
(6)	$NO_2 + N_2O \rightarrow N_2 + O_2 + NO$	k_6	$\Delta H_0^0 = -\ 7{,}5$ kcal
(7)	$O \rightarrow$ Wand.		

Den wesentlichen Unterschied zum BIGELEISENschen Schema bildet die Reaktion (4). Dort vereinigen sich die Sauerstoffatome, hier Stickoxyd und Sauerstoffatom im Dreierstoß. Ferner nimmt auch die Wand am Abbruchsprozeß teil. Der Zerfall des Distickstoffoxyds wird von einer schwachen gelblich grünen Chemilumineszenz begleitet. Die Verfasser haben auch diese Erscheinung untersucht und gefunden, daß sie eine Folge der Reaktion

$O + NO \rightarrow NO_2 + h\nu$ ist. Für einige Geschwindigkeitskonstanten wurden die folgenden Werte angegeben:

$$
\begin{aligned}
k_2 &= 3 \cdot 10^{10} \exp(-14500/RT)\ \text{cm}^3\,\text{Mol}^{-1}\,\text{sec}^{-1};\\
k_3 &= 10 \cdot 10^{10} \exp(-15500/RT)\ \text{cm}^3\,\text{Mol}^{-1}\,\text{sec}^{-1};\\
k_4 &= 10^{16}\ \text{cm}^6\,\text{Mol}^{-2}\,\text{sec}^{-1};\ T = 973^\circ\,\text{K}\\
k_5 &= 10^{6}\ \text{cm}^3\,\text{Mol}^{-1}\,\text{sec}^{-1};\ T = 973^\circ\,K
\end{aligned}
$$

Vgl. hierzu auch KAUFMAN und KELSO (95), PRESSMAN und Mitarb. (96). Diese haben Stickoxyd mit einer Rakete in eine Höhe von 106 km geschossen, wo es dann mit den Sauerstoffatomen der oberen Luftschichten reagierte und eine mit freiem Auge beobachtbare Lichterscheinung gab.

ASHMORE und LEVITT (86) haben aus der kinetischen Analyse des thermischen Zerfalls von Stickstoffdioxyd neben der BODENSTEINschen Reaktion

(1) $$NO_2 + NO_2 \xrightarrow{k_1} NO + O_2 + NO$$

auch einen anderen Weg im Mechanismus vorgeschlagen. Dabei berücksichtigen sie die Wirkung des zugegebenen Stickoxyds auf die Gestalt der kinetischen Kurve. In ihrem Reaktionsschema spielt auch das Radikal NO_3 eine Rolle, das beständige Zwischenprodukt der Stickoxydreaktionen:

(2) $$NO_2 + NO_2 \xrightarrow{k_2} NO + O{-}\overset{\displaystyle O\atop\displaystyle |}{N}{-}O$$

(3) $$O{-}\overset{\displaystyle O\atop\displaystyle |}{N}{-}O + NO \xrightarrow{k_3} 2\,NO_2$$

(4) $$O{-}\overset{\displaystyle O\atop\displaystyle |}{N}{-}O + O{-}N{-}O \xrightarrow{k_4} NO_2 + O_2 + NO\,.$$

Bei Quasistationarität ergibt sich folgende Gleichung

$$\frac{d(1/[NO_2])}{dt} = -\frac{1}{[NO_2]^2} \cdot \frac{d[NO_2]}{dt} = k_1 + \frac{k_2 k_4 [NO_2]}{k_3[NO] + k_4[NO_2]}$$

mit $k_1 = 1{,}9 \cdot 10^3$; $k_2 = 2{,}7 \cdot 10^3$ cm³ Mol⁻¹ sec⁻¹ und $k_3/k_4 = 60$ für 436° C.

DAVIDSON und SCHOTT (97) haben darauf hingewiesen, daß k_2 und k_3/k_4 auch auf einem unabhängigen Wege auszuwerten sind [s. a. ASHMORE und LEVITT (98). Zur elementaren Geschwindigkeitskonstanten der Nitrosylchlorid-Reaktionen über Cl-Atome siehe ASHMORE und SPENCER (98a)]. Sie untersuchten (99) die Stickstoffpentoxydzersetzung im Stoßwellenrohr bei hohen Temperaturen in Anwesenheit von Argon. Sie diskutieren den Mechanismus:

(1) $$N_2O_5 \underset{k_1'}{\overset{k_1}{\rightleftharpoons}} NO_2 + NO_3$$

(2) $$NO_2 + NO_3 \xrightarrow{k_2} NO + O_2 + NO_2$$

(3) $$NO + NO_3 \xrightarrow{k_3} 2NO_2$$

(4) $$NO_3 + NO_3 \xrightarrow{k_4} 2NO_2 + O_2.$$

Die Bruttogeschwindigkeit kann zwischen 450 und 1200° K durch folgende Gleichung ausgedrückt werden: $-d[N_2O_5]/dt = k_1[N_2O_5] \cdot [M]$. Für die einzelnen Geschwindigkeitskonstanten wurden die folgenden Werte festgestellt:

$$k_1 = 10^{13,7} \exp[(-16500 \pm 700)/RT] \text{ Liter Mol}^{-1} \text{ sec}^{-1};$$
$$k_2 = 2,3 \cdot 10^8 \exp[(-4400 \pm 700)/RT] \text{ Liter Mol}^{-1} \text{ sec}^{-1};$$
$$k_3 = 6 \cdot 10^{10} \exp[(-1400 \pm 2500)/RT] \text{ Liter Mol}^{-1} \text{ sec}^{-1};$$
$$k_4 = 2,6 \cdot 10^9 \exp[(-7700 \pm 1000)/RT] \text{ Liter Mol}^{-1} \text{ sec}^{-1};$$

ferner für die Gleichgewichtskonstante der Dissoziationsreaktion

$$K_c = 10^{4,97} \exp[(-20100 \pm 1100)/RT] \text{ Mol/Liter}.$$

Die thermische Zersetzung des Nitrylchlorids bei geringen Drucken im Temperaturintervall 180–250° C wurde von CORDES und JOHNSTON (100) in einem Pyrexreaktionsgefäß von 50 Liter Inhalt untersucht. Die Versuche haben die Ergebnisse der früheren Messungen von SCHUMACHER und SPRENGER (101) bestätigt. Um den Aktivierungsvorgang zu deuten, waren CORDES und JOHNSTON gezwungen, jede elementare Reaktion des Schemas von SCHUMACHER und SPRENGER als umkehrbar anzunehmen. Sie stellten den Beitrag von sechs Freiheitsgraden zur Aktivierung fest.

Die langsame thermische Zersetzung von Fluornitrat um 100° C verläuft nach der Gleichung $NO_3F \rightarrow NO_2F + {}^1/_2 O_2$ ab, [SKIENS und CADY (102)]. Im explosionsartigen Zerfall sind Nitrosylfluorid, NOF, und Sauerstoff die Produkte. Der Vorgang kann durch die Geschwindigkeitskonstante erster Ordnung beschrieben werden: $k_\infty = 5,80 \cdot 10^{13} \exp(-29700/RT) \text{ sec}^{-1}$. Der geschwindigkeitsbestimmende Schritt ist wahrscheinlich: $NO_3F \rightarrow NO_3 + F$, dem die Reaktionen folgen:

$$NO_3 + NO_3 \rightarrow 2NO_2 + O_2 \text{ und } NO_2 + F \rightarrow NO_2F.$$

Thermischer Zerfall des Chlorylfluorids ($FClO_2$) siehe (102a).

Die bis 1955 erschienene Literatur zur Zersetzung des Wasserstoffperoxyds ist in der Monographie von SCHUMB, SATTERFIELD und WENTWORTH (103), ferner in der von MACHU (104) (allerdings nur bis 1951) zusammengestellt.

GIGUÈRE und LIU (105) arbeiteten nach einer statischen Methode in einem Pyrex- oder Vycor-Gefäß von 2 Liter Inhalt, das durch wiederholte Zersetzung von H_2O_2 vorbehandelt wurde. Die Versuche wurden zwischen den Grenzen von 0,2 und 20 mm Hg und zwischen 300 und 600° C ausgeführt. Der Fremdgaseinfluß wurde untersucht. Unter 400° C lag eine stark heterogene Reaktion vor, während oberhalb die Reaktionen gut reproduzierbar und vom Verhältnis Oberfläche zu Volumen unabhängig waren. Fremdgase üben nur eine geringe Wirkung aus (Tab. 35).

Tabelle 35

Wirkung der fremden Gase
auf die Zersetzungsgeschwindigkeit des Wasserstoffperoxyds

Temperatur °C	Fremdes Gas	p_0, mm Hg	$p_{(\text{fremdes Gas})}/p_0$	$t_{1/2}$ sec
440	—	7	0	5,8
440	Luft	7	0,13	5,8
440	Luft	7	0,50	5,8
440	Luft	11	0,32	7,1
440	Wasserstoff	8	0,50	5,9
443	—	7	0	6,6
443	Argon	8	0,13	6,9
443	Argon	13	0,54	7,1
448	—	8	0	7,3
448	Sauerstoff	8	0,14	7,3
448	Sauerstoff	12	0,45	7,7
451	—	12	0	11
451	Luft	12	0,1	11
451	Wasserstoff	12	0,09	11
451	Helium	12	0,41	11
445	—	5	0	198
445	Propylen	5	0,05	174
467	Propylen	7	0	78
467	Propylen	7	0,05	78
467	Propylen	7	0,18	72
425	—	7	0	130
425	Stickstoffoxyd	7	0,02	128
447	—	7	0	76
447	Stickstoffoxyd	7	0,04	70
475	—	5	0	33
475	Stickstoffoxyd	5	0,03	35
475	—	7	0	23
475	Stickstoffoxyd	7	0,04	18

H_2O_2 und D_2O_2 zerfallen mit gleicher Geschwindigkeit. Zur Deutung der Versuchsergebnisse wird von den Verfassern das Reaktionsschema angenommen:

(1) $$H_2O_2 \rightarrow 2\,OH$$

(2) $$OH + H_2O_2 \rightarrow H_2O + HO_2$$

(3) $$HO_2 + HO_2 \rightarrow H_2O_2 + O_2$$

(4) $$HO_2 + OH \rightarrow H_2O + O_2.$$

Die homogene Reaktion ist eine kurze offene Reaktionsfolge. Der Wert der experimentell gemessenen Bruttogeschwindigkeits-Konstante

$$k = 10^{10,7} \exp(-42500/RT) \sec^{-1}$$

enthält die Oberflächenreaktion. Aus der Extrapolation der ARRHENIUSschen Funktion kann die Korrektur für die Oberflächenreaktion berechnet werden. Unter Berücksichtigung dieser Korrektur ergibt sich für die Geschwindigkeitskonstante der homogenen Reaktion

$$k = 10^{13} \exp(-48000/RT) \sec^{-1},$$

also für den A-Faktor, wie für die Aktivierungsenergie ein plausibler Ausdruck.

Fast gleichzeitig haben SATTERFIELD und STEIN (106) die Zersetzung des Wasserstoffperoxyds nach einer Strömungsmethode im Temperaturgebiet 500–750° C und bei Partialdrucken von 0,006 bis 0,038 Atm. in einem Pyrexgefäß untersucht. Die Reaktion scheint zwischen 400 und 450° C ziemlich scharf von einem heterogenen Vorgang mit 10 kcal/Mol Aktivierungsenergie in eine homogene Reaktion mit 55 kcal/Mol Aktivierungsenergie überzugehen. SATTERFIELD und STEIN stellten aus der Konzentrationsabhängigkeit der Geschwindigkeit eine Ordnung 3/2 fest, doch teilen sie keine nähere Zahlenwerte, sondern nur ein Diagramm mit. Diese Ordnung wird aus dem Schema einer ziemlich langen Kette abgeleitet, dessen wichtigste Stufen sind:

$$H_2O_2 + M \rightarrow 2OH \quad (1)$$

$$OH + H_2O_2 \rightarrow OOH + H_2O \quad (2)$$

$$OOH + H_2O_2 \rightarrow H_2O + O_2 + OH \quad (3)$$

$$2OH + M \rightarrow H_2O_2. \quad (4)$$

Die Untersuchungen von GIGUÉRE führten zu einem zu einfachen Ergebnis; die Annahme einer offenen Reaktionsfolge gibt keine Möglichkeit, die schnelle, eventuell explosionsartige Zersetzung des Wasserstoffperoxyds zu deuten. Die Versuche und das Reaktionsschema von SATTERFIELD und STEIN zeigen zwar eine Kette, stehen aber mit ihrer Ordnung 3/2 im Gegensatz zu den Ergebnissen aller anderen Autoren. CONWAY (107) weist darauf hin, daß die Aktivierungsenergie des SATTERFIELD-STEINschen Mechanismus sowie die von GIGUÉRE und LIU vorgeschlagene Primär-Reaktion problematisch sind.

HOARE, PROTHEROE und WALSH (108) fanden, daß der thermische Zerfall des Wasserstoffperoxyds eine unimolekulare, homogene Reaktion von zweiter Ordnung ist, der sich ein heterogener Vorgang anschließt. Wegen dieses heterogenen Vorganges konnten die Messungen von McLane, Giguère und Liu, sowie von Satterfield und Stein nicht in Einklang gebracht werden. Wenn aber der heterogene Anteil richtig berücksichtigt wird, stimmen die Ergebnisse früherer Messungen mit den neueren Resultaten von Walsh und Mitarb. überein, und die Geschwindigkeitskonstante der Reaktion

$$H_2O_2 + M \rightarrow 2\,OH + M$$

kann durch

$$k = 10^{15,4} \exp(-48000/RT) \text{ Liter Mol}^{-1} \text{ sec}^{-1}$$

gegeben werden.

Forst (109) hat den thermischen Zerfall von Wasserstoffperoxyd nach einer statischen Methode in einem kugelförmigen Pyrexkolben von 2 Liter Inhalt untersucht, dessen Wand mit Wasserstoffperoxyd vorbehandelt war. Als Versuchssubstanz diente der Dampf eines 99%-igen Präparates. Der größte Partialdruck von H_2O_2 betrug 22 mm Hg, der Druck von Fremdgasen (Helium, Sauerstoff und Wasser) machte etwa 100 mm Hg aus. Die Geschwindigkeitskonstanten von erster Ordnung variierten linear mit dem Gesamtdruck. Der Vorgang ist demnach als unimolekulare Reaktion von zweiter Ordnung aufzufassen. Der heterogene Zerfall, besonders in Anwesenheit von Fremdgasen, war unwesentlich. Die Aktivierungsenergie wurde im Temperaturintervall 430–470° C in Anwesenheit von Helium bestimmt. Im Falle der Aktivierung durch Helium beträgt die Geschwindigkeitskonstante

$$k_{He} = 10^{14} \exp(-45000/RT) \text{ Liter Mol}^{-1} \text{ sec}^{-1},$$

während bei Aktivierung durch Wasserstoffperoxyd

$$k = 10^{15} \exp(-45000/RT) \text{ Liter Mol}^{-1} \text{ sec}^{-1}.$$

Im Falle des Wasserstoffperoxyds tragen fünf, in dem des Heliums drei Freiheitsgrade zur Aktivierung bei.

Der Zerfall des Di-*t*-butylperoxyds liefert Methylradikale ohne störende Nebenreaktionen.

George und Walsh (110) und von Milas und Surgenor (111) schlagen den Mechanismus vor:

(1) $$(CH_3)_3COOC(CH_3)_3 \rightarrow 2\,(CH_3)_3CO$$

(2) $$(CH_3)_3CO \rightarrow CH_3COCH_3 + CH_3$$

(3) $$2\,CH_3 \rightarrow C_2H_6.$$

Raley, Rust und Vaughan (112) fanden durch Versuche in Lösung diesen Mechanismus bestätigt. Sie haben auch die Kinetik des Zerfalls anderer Di-*t*-alkylperoxyde, sowie weiterer Reaktionen der gebildeten freien Radikale untersucht und auf die Möglichkeit der Bildung von Methan und Methyl-Äthyl-Keton hingewiesen. Birss, Danby und Hinshelwood (113) fanden für die Aktivierungsenergie des Primärschrittes 38 kcal/Mol und für die Aktivierungsenergie der Zersetzung des *t*-Butoxyl-Radikals 13,2 $\pm$ 2,4 kcal/Mol. Der A-Faktor des letzteren Vorganges ist $10^{9,7 \pm 1,2}$ sec^{-1}.

Die Aktivierungsenergie von 36–39 kcal/Mol und die Größenordnung des präexponentiellen Faktors ließen Zweifel an der Deutung aufkommen. Murawski, Roberts und Szwarc (114) haben den Zerfall unter Anwendung der Toluolträgergas-Technik zwischen 120 und 280° C nochmals untersucht. Es schließen sich den obigen Vorgängen noch die drei Reaktionen an:

(4) $$CH_3\cdot + C_6H_5CH_3 \rightarrow CH_4 + C_6H_5CH_2\cdot$$

(5) $$2\,C_6H_5CH_2\cdot \rightarrow \text{Dibenzyl}$$

(6) $$C_6H_5CH_2\cdot + CH_3\cdot \rightarrow C_6H_5CH_2CH_3.$$

Unter diesen Umständen kann die Geschwindigkeit der Reaktion durch die Bildungsgeschwindigkeit von $(CH_4 + C_2H_6)$ gemessen werden. Dabei erwies sich der Vorgang als eine homogene Gasreaktion von erster Ordnung, deren Geschwindigkeitskonstante den präexponentiellen Faktor von

$$4 \cdot 10^{14} — 7 \cdot 10^{14}\ \text{sec}^{-1}$$

enthält, während die Aktivierungsenergie nur 36 kcal/Mol beträgt. Die Reaktionsgeschwindigkeit ist weder vom Toluoldruck noch vom Toluol-Peroxyd-Verhältnis abhängig. Auch Ersetzen des Toluols durch Benzol blieb ohne Einfluß. Die Aktivierungsenergie der Reaktion kann unter diesen Umständen als die Dissoziationsenergie der O—O-Bindung im Di-*t*-butylperoxyd betrachtet werden. Dieser Wert ermöglichte die Berechnung von weiteren Bindungsstärken, wie z. B.:

$$D\,[(CH_3)_3 \cdot CO{—}H] = 106\ \text{kcal/Mol}$$
$$D\,[(CH_3)_3 \cdot CO{—}OH] = 39\ \text{kcal/Mol} \quad \text{usw.}$$

In Oxford hat Birss (115) den thermischen Zerfall des Di-*t*-butylperoxyds in Anwesenheit von einigen schweren, fremden Gasen, im Druckgebiet 0–600 mm Hg eingehend untersucht und gefunden, daß die Geschwindigkeitskonstante vom Peroxyddruck (n) abhängt nach $k = A_1 n/(1 + A_1' n) + A_2 n$. Auch in diesem Falle wurde zur Deutung angenommen, daß der molekulare Zerfall über die folgenden Stufen verläuft [siehe (93)]:

$$\text{normale Molekel} \underset{1'}{\overset{1}{\rightleftharpoons}} \text{energiereiche Molekel} \underset{2'}{\overset{2}{\rightleftharpoons}}$$
$$\underset{2'}{\overset{2}{\rightleftharpoons}} \text{aktivierte Molekel im Triplettzustand} \xrightarrow{3} \text{Produkt.}$$

Die Schritte (2) und (2′) kommen entweder spontan oder durch Stöße zustande, und die spezifische Wirkung verschiedener Gase ist in (1) oder (1′) und in (2) oder (2′) im allgemeinen verschieden. Die Geschwindigkeitskonstante strebt auch in diesem Falle gegen einen Grenzwert, der von der Peroxydkonzentration abhängt nach: $k_{n,\infty} = An/(1 + A'n) + B$.

Der thermische Zerfall des Diäthylperoxyds wurde von REBBERT und LAIDLER (116) mit der Toluol-Technik untersucht. Die Hauptprodukte der Reaktion sind Äthan und Formaldehyd:

(1) $$C_2H_5OOC_2H_5 \rightarrow 2\,C_2H_5O$$

(2) $$C_2H_5O \rightarrow CH_3 + CH_2O$$

(3) $$2\,CH_3 \rightarrow C_2H_6$$

(4) $$CH_3 + C_6H_5CH_3 \rightarrow CH_4 + C_6H_5CH_2$$

(5) $$2\,C_6H_5CH_2 \rightarrow C_6H_5CH_2CH_2C_6H_5\,.$$

Methan und Dibenzyl bilden sich nur in kleineren Mengen, Äthanol gar nicht. Dies weist darauf hin, daß die Aktivierungsenergie der Reaktion (4) größer ist, als die der Reaktion (3). Reaktion (2) verläuft so schnell, daß die C_2H_5O-Radikale kein Äthanol nach der Reaktion

$$C_2H_5O + C_6H_5CH_3 \rightarrow C_2H_5OH + C_6H_5CH_2$$

bilden können. Der Ausdruck für die Geschwindigkeitskonstante ist:

$$k = 2{,}1 \cdot 10^{13} \exp\,(-\,31\,700/RT)\ \mathrm{sec}^{-1}\,.$$

Die Aktivierungsenergie, 31,7 kcal/Mol, sollte die Stärke der O—O-Bindung im Diäthylperoxyd angeben. Da die Bildungswärme des Diäthylperoxyds 47,8 kcal beträgt, ergibt sich für die Bildungswärme des C_2H_5O-Radikals 8,1 kcal.

Die thermische Zersetzung des Diäthylperoxyds in Anwesenheit von Stickoxyd und Äthylnitrit wurde von LEVY (117) studiert. Es werden folgende Reaktionen diskutiert:

(1) $$RCH_2ONO \underset{k_{-1}}{\overset{k_1}{\rightleftharpoons}} RCH_2O\cdot + NO$$

(2) $$RCH_2O\cdot + RCH_2ONO \xrightarrow{k_2} RCH_2OH + R\overset{\displaystyle H}{\underset{\bullet}{\overset{|}{C}}}ONO$$

(3) $$RCHONO \xrightarrow{k_3} RCHO + NO\,.$$

Die experimentell gefundene Geschwindigkeitsgleichung von erster Ordnung fordert, daß $k_2 \cdot [RCH_2ONO] \gg k_{-1} \cdot [NO]$ ist. In dem Mechanismus treten auch Äthoxyl-Radikale auf; so kann der Zerfall des Diäthylperoxyds mit der Äthylnitritzersetzung gekoppelt werden. Der Zerfall des Diäthylperoxyds ist bei der Zersetzungstemperatur des Äthylnitrits (181° C) um mehrere Größenordnungen schneller als der des Äthylnitrits. Wenn man Diäthylperoxyd mit Stickoxyd und Äthylnitrit erwärmt, hat man so eine Möglichkeit zur Bestimmung der Konkurrenz von folgenden Reaktionen

$$C_2H_5O\cdot + NO \rightarrow C_2H_5ONO \tag{4}$$

$$C_2H_5O\cdot + C_2H_5ONO \rightarrow C_2H_5OH + CH_3\overset{H}{\dot{C}}ONO\,. \tag{5}$$

Levy hat bei seinen Versuchen nach der statischen Methode gearbeitet und das Fortschreiten der Reaktion durch Druckmessung und Analyse der Produkte im Ultrarotspektrometer verfolgt. Die Konkurrenz beider Vorgänge kann aus der folgenden Tabelle beurteilt werden:

Tabelle 36

Die Produkte des Diäthylperoxydzerfalls in Anwesenheit von Äthylnitrit und Stickoxyd bei 181° C

Nr.	Ausgangsdruck mm Hg			Zeit min	ÄN Enddruck	ÄN Produziert	ÄN Ausbeute
	DÄP	NO	ÄN				
1.	11,0	22,0	—	1,0	3,7	3,7	0,17
2.	10,0	42,0	—	1,0	5,5	5,5	0,28
3.	10,0	75,0	—	1,0	3,9	3,9	0,19
4.	11,0	22,0	—	2,0	3,7	3,7	0,17
5.	11,0	23,0	—	4,0	13,4	13,4	0,61
6.	13,8	23,5	—	4,3	16,0	16,0	0,58
7.	12,0	22,0	—	6,0	14,1	14,1	0,59
8.	11,5	44,0	—	6,0	15,1	15,1	0,66
9.	11,0	22,0	10,5	4,0	22,8	12,3	0,56
10.	11,0	22,0	—	4,0	12,2	12,2	0,56
11.	12,8	—	20,0	4,0	20,2	0,2	—
12.	14,0	—	20,0	4,0	20,9	0,9	—

(DÄP.: Diäthylperoxyd; ÄN: Äthylnitrit; die Ausbeutewerte sind auf die theoretische Ausbeute 2 Mol ÄN/Mol DÄP bezogen.)

Die Versuche Nr. 9 und 10 zeigen deutlich die Reaktionsfähigkeit des Stickoxyds und des Äthylnitrits gegenüber dem Äthoxylradikal. Im Versuch 9 reagiert in Anwesenheit von Äthylnitrit genau soviel Äthoxylradikal mit dem Stickoxyd, wie in Versuch 10 ohne Äthylnitrit. Die Menge des gebildeten Äthylnitrits ist jedoch dieselbe. Die Reaktion zwischen Äthoxylradikal und Stickoxyd ist also viel schneller als die Reaktion zwischen Äthoxylradikal und Äthylnitrit bei dieser Temperatur. Dasselbe zeigen auch die Versuche 11 und 12.

Die Bildung von Äthoxylradikalen beim Äthylnitritzerfall wurde durch diese Reaktionskoppelung unmittelbar gezeigt. Daraus folgt auch, daß die weiteren Schritte bei der thermischen Zersetzung von Nitritestern mit den Zerfallsschritten des Diäthylperoxyds übereinstimmen [Dimethylperoxydzerfall s. (117a)].

REMBAUM und SZWARC (118) haben die Toluolträgergas-Technik zur Untersuchung des thermischen Zerfalls von Diacetylperoxyd im Temperaturgebiet von 90–190° C angewandt. Die Reaktion erwies sich als homogen und von erster Ordnung mit $k = 1{,}8 \cdot 10^{14} \exp(-29500/RT)\ \mathrm{sec}^{-1}$. Es bilden sich Kohlendioxyd, Äthan und eine kleine Menge Methan. Das Verhältnis $CO_2/(C_2H_6 + CH_4)$ beträgt 2 : 1. Der Mechanismus enthält die üblichen Schritte des Zerfalls organischer Peroxyde. Die gefundene Aktivierungsenergie von 29,5 kcal/Mol entspricht der Aufspaltungsenergie der O—O-Bindung in Diacetylperoxyd.

Die Pyrolyse des Toluols wurde mehrfach untersucht (119). SZWARC (120) hat die Zersetzung nur bis etwa 0,01–1% Zerfall untersucht und dabei den Gesamtdruck zwischen 2 und 15 mm Hg und die Reaktionstemperatur zwischen 680 und 850° C variiert, und zwar in einem Strömungssystem mit einer Kontaktzeit von 0,3 sec. Die Reaktionsgeschwindigkeit wurde aus der Menge des gebildeten $H_2 + CH_4$ berechnet, deren Verhältnis 60 : 40 war. Aus dem Temperaturkoeffizient ergaben sich bei Toluol 77,5 kcal/Mol Aktivierungsenergie, bei *m*-Xylols 77,5, bei *p*-Xylol 75 und bei *o*-Xylol 74 kcal/Mol. Der präexponentielle Faktor beträgt $2 \cdot 10^{13}\ \mathrm{sec}^{-1}$.

Als geschwindigkeitsbestimmender Schritt wird die Abspaltung eines Wasserstoffatoms vom Toluol angenommen:

(1) $$C_6H_5 \cdot CH_3 \rightarrow C_6H_5 \cdot CH_2 + H\,,$$

dem die schnellen Elementarschritte folgen:

(2) $$C_6H_5 \cdot CH_3 + H \rightarrow C_6H_5 \cdot CH_2 + H_2$$

(3) $$C_6H_5CH_3 + H \rightarrow C_6H_6 + CH_3$$

(4) $$C_6H_5CH_3 + CH_3 \rightarrow CH_4 + C_6H_5CH_2$$

(5) $$2\,C_6H_5CH_2 \rightarrow \text{Dibenzyl}.$$

Hierbei bildet sich also 1 Mol $(H_2 + CH_4)$ von jedem zerfallenen Toluol und gleichzeitig auch ein halbes Mol Dibenzyl.

Später haben STEACIE und Mitarb. (121) bei etwas veränderten Versuchsbedingungen auch Resultate gefunden, die von denen von SZWARC abweichen. Die Grundzüge des SZWARCschen Mechanismus waren jedoch richtig. Eine noch nicht völlig geklärte Frage ist der Mechanismus der Methan- und Benzol-Bildung. BLADES, BLADES und STEACIE halten die SZWARCschen Folgerungen über die Dissoziationsenergien nicht für sicher. Daß die Dissoziationsenergie des Wasserstoffs in der Seitenkette des Toluols kein sicherer

Wert ist, kann man aus zahlreichen neueren Angaben folgern [SEHON und SZWARC (122)].

LEIGH und SZWARC (123) untersuchten die Kinetik des thermischen Zerfalls von *n*-Propylbenzol nach der gleichen Methode. Der Zerfall soll nach

$$C_6H_5 \cdot CH_2 \cdot C_2H_5 \rightarrow C_6H_5 \cdot CH_2 \cdot + C_2H_5 \cdot$$

zum Äthylradikal führen. Der Vorgang ist homogen und von erster Ordnung. Die Aktivierungsenergie beträgt 57,5 kcal/Mol, der A-Wert $3 \cdot 10^{12}\ \mathrm{sec}^{-1}$. Die Aktivierungsenergie kann als die Energie der Bindung

$$D(C_6H_5 \cdot CH_2 - C_2H_5)$$

betrachtet werden. Da die Bildungswärme des Benzylradikals bekannt ist, kann aus diesem Wert die Bildungswärme des Äthylradikals zu 22 kcal/Mol berechnet werden. Mit Hilfe dieser Größe ergibt sich z. B. die Bindungsstärke $D(C_2H_5 - H)$ zu 94 ± 4 kcal/Mol.

LEIGH und SZWARC (124) haben auch die Pyrolyse des *n*-Butylbenzols untersucht, die zu *n*-Propylradikalen führt. Die Aktivierungsenergie dieser Reaktion beträgt 65 kcal/Mol. Danach ist die Bildungswärme des *n*-Propylradikals etwa 24 kcal/Mol. Zu den Bindungsenergien im Cumol, *p*-Cymol und *t*-Butylbenzol führende Versuche wurden auch von LEIGH und SZWARC (125) durchgeführt.

Einige Ergebnisse der Untersuchungen sind in der folgenden Tabelle zusammengestellt (s. auch TROTMAN-DICKENSON's Buch):

Tabelle 37

Anwendung der Toluol-Träger-Technik auf einige Zerfallsreaktionen

Verbindung	Temp. °C	log A sec^{-1}	E kcal	Literatur
Reaktionen, in denen der A-Wert normal ist, $10^{11,5} < A < 10^{14,5}\ \mathrm{sec}^{-1}$				
$C_6H_5CH_2 - CH_3$	614–745	13,0	63,2	1
$C_6H_5CH_2 - C_2H_5$	614–743	12,5	57,5	2
$C_6H_5CH_2 - C_3H_7$	606–701	14,5	65	3
$C_6H_5CH_2 - Br$	495–599	13,0	50,5	4
$C_6H_5CH_2 - NH_2$	650–800	12,8	59	5
$C_6H_5CH_2 - COOH$	—	14,3	66	6
$C_6H_5CH_2 - OCO \cdot CH_3$	—	14,5	67	6
$CH_2CH{:}CH_2 - CH_3$	653–773	13,0	61,5	7
$CH_2{:}CHCH_2 - Br$	459–592	12,7	47,5	4
$C_6H_5 - Br$	757–870	13,3	70,9	8,9
β-Naphthylbromid	749–860	13,2	70,0	10
α-Naphthylbromid	741–850	13,6	70,9	10
10-Bromphenanthren	729–852	13,0	67,7	10
10-Bromanthracen	691–789	13,2	65,6	10
$C_2H_5O - OC_2H_5$	210–245	13,3	21,7	11

Tabelle 37 (Fortsetzung)

Verbindung	Temp. °C	log A sec^{-1}	E kcal	Literatur
α-Äthylnaphthalin	644–766	13,9	64,8	12
$NH_2 — NH_2$	621–784	12,6	60	13
$CH_3N — NCH_3$	390–450	14,2	46,0	14
$CH_3Hg — CH_3$	508–610	13,5	51,5	15
Reaktionen, in denen der A-Wert größer als $10^{14,5}$ sec^{-1} ist				
$C_6H_5CH_2 — Cl$	649–747	14,8	68,0	16
$C_6H_5CH_2 — COCH_3$	570–687	16,0	68,2	12
$C_6H_5CH_2 — CO_2C_6H_5$	635–728	15,3	69,0	17
$CH_3CO — COH_3$	553–658	15,7	66,0	12
$C_6H_5CO — Cl$	698–807	15,4	73,2	16
n-$C_3H_7Hg — n$-C_3H_7	228–441	15,6	39,3	18
$(CH_3)_3 \cdot CO — OC \cdot (CH_3)_3$	120–280	14,7	36,0	19
$CF_3 — CF_3$	846–1019	8 (hetero-gen)	50,0	20

Literatur zu Tab. 37

1. Szwarc, M., J. Chem. Phys. **17**, 431 (1949).
2. Leigh, C. H. u. M. Szwarc, J. Chem. Phys. **20**, 403 (1952).
3. Leigh, C. H. u. M. Szwarc, J. Chem. Phys. **20**, 407 (1952).
4. Szwarc, M., B. N. Ghosh u. A. H. Sehon, J. Chem. Phys. **18**, 1142 (1950).
5. Szwarc, M., Proc. Roy. Soc., A **198**, 285 (1949).
6. Taylor, J. W., M. Sc. Thesis (Manchester 1951).
7. Sehon, A. H. u. M. Szwarc, Proc. Roy. Soc., A **202**, 263 (1950).
8. Szwarc, M. u. D. Williams, J. Chem. Phys. **20**, 1171 (1952).
9. Szwarc, M. u. D. Williams, Proc. Roy. Soc., A **219**, 353 (1953).
10. Ladacki, M. u. M. Szwarc, J. Chem. Phys. **20**, 1814 (1952).
11. Rebbert, R. E. u. K. J. Laidler, J. Chem. Phys. **20**, 574 (1952).
12. Taylor, J. W., Ph. D. Thesis (Manchester 1953).
13. Szwarc, M., Proc. Roy. Soc. A **198**, 267 (1949).
14. Page, M., H. O. Pritchard u. A. F. Trotman-Dickenson, J. Chem. Soc. **1953**, 3878.
15. Gowenlock, B. G., J. C. Polanyi u. E. Warhurst, Proc. Roy. Soc., A **218**, 269 (1953).
16. Szwarc, M. u. J. W. Taylor, J. Chem. Phys. **22**, 270 (1954).
17. Szwarc, M. u. J. W. Taylor, J. Chem. Phys. **21**, 1746 (1953).
18. Chilton, H. T. J. u. B. G. Gowenlock, Trans. Faraday Soc. **49**, 1451 (1953).
19. Murawsky, J., J. S. Robberts u. M. Szwarc, J. Chem. Phys. **19**, 698 (1951).
20. Mercer, P. D. u. H. O. Pritchard, J. Chem. Soc. **1957**, 2843.

Die Anwendung der Toluol-Träger-Technik in der Pyrolyse des *p*-Xylylbromids hat zu einer interessanten Verbindung geführt (125a). In einer Disproportionierungsreaktion bildete sich ein Kohlenwasserstoff von chinoider Struktur und der Zusammensetzung $CH_2 : C_6H_4 : CH_2$. Diese Verbindung wurde auch bei Versuchen zur Pyrolyse des Dibrom-*p*-Xylols

$$(Br \cdot CH_2 \cdot C_6H_4 \cdot CH_2 \cdot Br)$$

gefunden. Da die Abspaltung eines zweiten Wasserstoffatoms vom *p*-Xylyl-Radikal eine zu hohe Aktivierungsenergie beansprucht hätte (70 kcal/Mol), kann diese Verbindung nur über eine Disproportionierung entstanden sein.

Über die thermische Zersetzung des Salpetersäuredampfes haben Johnston und Mitarb. (126) gearbeitet. Die erste Untersuchungsreihe wurde zwischen 100 und 465° C ausgeführt, und die Geschwindigkeit durch die photometrische Bestimmung des Stickstoffdioxyds gemessen. Die Umsetzung ist bei niederer Temperatur überwiegend heterogen und von erster Ordnung. Die Aktivierungsenergie ist auffallend klein: $\sim$ 5 kcal/Mol. Oberhalb 400° C wird die homogene Reaktion vorherrschend. Die Versuche wurden nach der Strömungsmethode in drei verschiedenen Reaktionsgefäßen ausgeführt, während die Niederdruckversuche im statischen System in einem Pyrexgefäß von 22 Liter Inhalt ausgeführt wurden. Die Anfangsgeschwindigkeit wird durch Stickstoffdioxyd herabgesetzt. Aus dem Temperaturkoeffizienten ergibt sich die Aktivierungsenergie zu 47 kcal/Mol. Die empirische Gleichung:

$$-\frac{d[\mathrm{HNO_3}]}{dt} = A\,[\mathrm{HNO_3}]\,\frac{[\mathrm{HNO_3}] + B\,[\mathrm{NO_2}]}{[\mathrm{HNO_3}] + C\,[\mathrm{NO_2}]}$$

kann durch das Schema gedeutet werden:

$$\text{(1)} \qquad \mathrm{HNO_3} \xrightarrow{k_1} \mathrm{HO} + \mathrm{NO_2}$$

$$\text{(2)} \qquad \mathrm{HO} + \mathrm{NO_2} \xrightarrow{k_2} \mathrm{HNO_3}$$

$$\text{(3)} \qquad \mathrm{HO} + \mathrm{HNO_3} \xrightarrow{k_3} \mathrm{H_2O} + \mathrm{NO_3}.$$

Diesen geschwindigkeitsbestimmenden Vorgängen folgen die zwei schnellen Reaktionen

$$\text{(4)} \qquad \mathrm{NO_3} + \mathrm{NO_2} \xrightarrow{k_4} \mathrm{NO_2} + \mathrm{O_2} + \mathrm{NO}$$

$$\text{(5)} \qquad \mathrm{NO_3} + \mathrm{NO} \xrightarrow{k_5} 2\,\mathrm{NO_2}.$$

Wenn die Konzentration des OH-Radikals quasistationär angenommen wird, kann die Geschwindigkeitsgleichung

$$-\frac{d[\mathrm{HNO_3}]}{dt} = 2k_1\,[\mathrm{HNO_3}]\,\frac{1}{1 + (k_2/k_3)\,[\mathrm{NO_2}]/[\mathrm{HNO_3}]}$$

abgeleitet werden. Die oben aufgeführten Reaktionen sind nur die dominierenden elementaren Schritte. Die Zersetzung ist in Wirklichkeit verwickelter; denn die kinetischen Parameter des Primäraktes konnten bei Drucken von 0,5–20 mm Hg noch nicht bestimmt werden. Der von JOHNSTON und Mitarb. gefundene Primärschritt der Salpetersäure-Zersetzung spielt auch in Zerfallsreaktionen anderer Nitroverbindungen, sogar bei Nitrierung durch Salpetersäuredämpfe die geschwindigkeitsbestimmende Rolle. Den Zerfallsmechanismus des Äthylnitrats haben ADAMS und BAWN (127) beschrieben. Sie haben zwischen 180 und 215° C eine Geschwindigkeitskonstante erster Ordnung gefunden: $k = 10^{15,8} \exp(-39900/RT)\ \mathrm{sec}^{-1}$. Die Aktivierungsenergie gibt nach der Gleichung

$$C_2H_5ONO_2 \rightarrow C_2H_5O\cdot + NO_2$$

die Spaltungsenergie der O—N-Bindung. POLLARD, MARSHALL und PEDLER (128) haben den Vorgang erneut untersucht und durch Druckmessung und durch photometrische Bestimmung des Stickstoffdioxyds verfolgt. Die von ihnen gefundene Geschwindigkeitskonstante erster Ordnung beträgt:

$$k = 10^{14,74} \exp[(-38000 \pm 380)/RT]\ \mathrm{sec}^{-1}.$$

Als Mechanismus wird vorgeschlagen

(1) $$C_2H_5ONO_2 \rightarrow C_2H_5O + NO_2$$

(2) $$C_2H_5O + NO_2 \rightarrow C_2H_5ONO_2$$

(3) $$C_2H_5O + NO \rightarrow C_2H_5ONO$$

(4) $$C_2H_5O \rightarrow CH_3CHO + H$$

(5) $$C_2H_5O \rightarrow HCHO + CH_3,$$

worauf Oxydationsreaktionen des Formaldehyds und Acetaldehyds folgen. Durch die Reaktion (2) kann die hemmende Wirkung des NO_2 gedeutet werden und durch (3) die Bildung von Äthylnitrit. LEVY (129) hat Äthylnitrit beim Zerfall des Äthylnitrats zwischen 161 und 201° C als Hauptprodukt gefunden.

Der thermische Zerfall des Nitromethans wurde von COTTRELL, GRAHAM und REID (130) zwischen 380 und 430° C und im Druckgebiet zwischen 200 und 400 mm Hg als eine homogene Reaktion von etwa erster Ordnung gefunden, mit $k = 10^{14,6} \exp(-53600/RT)\ \mathrm{sec}^{-1}$. Die Hauptprodukte der Reaktion sind NO, CH_4, CO und H_2O, CO_2, C_2H_6. C_2H_4 und N_2O bilden sich nur in kleineren Mengen. Die Versuche wurden im statischen System ausgeführt. In der offenen Reaktionsfolge spielen die folgenden Schritte eine Rolle:

$$CH_3NO_2 \rightarrow CH_3 + NO_2 \tag{1}$$

$$CH_3 + CH_3NO_2 \rightarrow CH_4 + CH_2NO_2 \tag{2}$$

$$CH_2NO_2 + NO_2 \rightarrow CH_2O + NO + NO_2 \tag{3}$$

$$CH_2O + NO_2 \rightarrow CO + NO + H_2O \quad \text{usw.} \tag{4}$$

$$CH_3 + CH_3 \rightarrow C_2H_6\,. \tag{5}$$

Da die Aktivierungsenergie kleiner ist als die C–N-Bindungsenergie, nehmen die Verfasser einen aktiven Komplex cyclischer Struktur an.

Hillenbrand und Kilpatrick (131) haben für den thermischen Zerfall von Nitromethan zwischen 420 und 480° C

$$k = 10^{13,61} \exp(-50600/RT) \sec^{-1}$$

gefunden.

Die gleichen Autoren (132) fanden später für den Zerfall von Nitromethan im gleichen Temperaturbereich

$$k = 2{,}7 \cdot 10^{13} \exp(-50000/RT) \sec^{-1}$$

in guter Übereinstimmung mit Cottrell, Graham und Reid.

Gray, Yoffe und Roselaar (133) haben bei der thermischen Zersetzung von Nitroalkanen die Reaktion $R - NO_2 \rightarrow R + NO_2$ als Primärschritt gefunden. Diese Reaktion kann so weiter verlaufen, daß sich ein Alkoxylradikal nach $R + NO_2 \rightarrow RO + NO$ bildet, das weiter in Acetaldehyd und Formaldehyd zerfällt. Freie Radikale sensibilisieren und erniedrigen die Zerfallstemperatur um etwa 200° C. Der Zerfall von 2-Nitropropan wurde von Smith und Calvert (133a) untersucht.

Die thermische Zersetzung der Metallalkylverbindungen, besonders der Quecksilberalkyle, wurde sehr ausführlich untersucht. Diese Reaktionen finden nicht nur theoretisches Interesse, weil sie einfache Vorgänge von erster Ordnung sind, sondern sie bilden gleichzeitig sehr bequeme Quellen der verschiedenen Alkyl- bzw. Arylradikale. Die Zerfallsreaktionen dieser Verbindungen können in zwei Gruppen unterteilt werden; der präexponentielle Faktor der Geschwindigkeitskonstante erster Ordnung hat entweder einen normalen Wert oder einen um zwei oder mehrere Zehnerpotenzen größeren.

Diese zwei Gruppen sollen nach PRITCHARD (134) erklärt werden, wenn statt der Schritte der normalen Zersetzung

$$\left.\begin{array}{ll}(1) & Alkyl_2Me \rightarrow Alkyl\,Me + Alkyl \\ (2) & Alkyl\,Me \rightarrow Alkyl + Me \\ (3) & Alkyl + Alkyl \rightarrow Alkyl_2 \\ (4) & Alkyl + Alkyl \rightarrow \text{Disproportionierung}\end{array}\right\}\ \text{Gruppe I}$$

die simultane Abspaltung beider Alkylradikale

$$Alkyl_2Me \rightarrow Alkyl + Alkyl + Me \qquad \text{Gruppe II}$$

angenommen wird. In diesem Falle sollen mehr Freiheitsgrade zur Aktivierung beitragen, die im Sinne der Gleichung

$$k = \lambda \exp\left(-E^*/kt\right) \sum_{r=0}^{s-1} \frac{1}{r!} \left(\frac{E^*}{kT}\right)^r,$$

die Geschwindigkeitskonstante bestimmen. Im folgenden seien einige Ergebnisse von PRITCHARD zusammengestellt.

Tabelle 38

Die Geschwindigkeitskonstanten der Metallalkylzersetzungen nach verschiedener Art der Aktivierung berechnet

Molekel	T° K	k_{beob}	Art I	Art II			
				$s = 1$	$s = 2$	$s = 3$	$s = 4$
$HgMe_2$	823	$7,7 \cdot 10^{-1}$	$4,4 \cdot 10^{-1}$	$1,1 \cdot 10^{-2}$	$4,0 \cdot 10^{-1}$	7,3	—
$HgEt_2$	623	$2,0 \cdot 10^{-1}$	$3,4 \cdot 10^{-2}$	$2,8 \cdot 10^{-4}$	$1,1 \cdot 10^{-2}$	$2,2 \cdot 10^{-1}$	2,9
Hg-*n*-Pr_2	623	$1,3 \cdot 10^{-1}$	$6,9 \cdot 10^{-3}$	$5,6 \cdot 10^{-5}$	$2,3 \cdot 10^{-3}$	$4,7 \cdot 10^{-2}$	$6,5 \cdot 10^{-1}$
Hg-*i*-Pr_2	523	$2,1 \cdot 10^{-1}$	$8,6 \cdot 10^{-2}$	$2,8 \cdot 10^{-4}$	$1,1 \cdot 10^{-2}$	$2,2 \cdot 10^{-1}$	2,9
$HgPh_2$	923	1,0	$1,9 \cdot 10^{-3}$	$7,3 \cdot 10^{-5}$	$2,9 \cdot 10^{-3}$	$6,1 \cdot 10^{-2}$	$8,3 \cdot 10^{-1}$

Die wichtigsten Ergebnisse sind in der folgenden Tabelle zusammengefaßt.

Tabelle 39

Die kinetischen Parameter der Metallalkylzersetzungen

Verbindung	*A*-Wert	*A.E.* kcal/Mol	Temperatur °C	Methode	Literatur
Hg-*i*-Pr_2 . . .	$10^{15,63}$	39,3	228–441	Strömungs-	(1)
$HgMe_2$ . . .	$10^{14,28}$	51,3	294–330	Statische-	(2)
Hg-*n*-Pr_2 . .	$10^{15,52}$	47,1	332–404	Strömungs-	(3)
$CdMe_2$	$10^{13,1}$	43,5	248–266	Statische-	(4)
$HgMe_2$ . . .	$10^{13,5}$	51,5; 52,5	—	—	(2, 5, 6)
$HgEt_2$	$10^{14,1}$	42,5; 41,5	—	—	(5, 6)
PhHgCl . . .	10^{13}	59	—	—	(7)
PhHgBr . . .	$10^{14,3}$	63	—	—	(7)
$HgPh_2$	10^{16}	68	—	—	(8)

[Siehe noch 6., ferner IVIN, K. J. u. E. W. R. STEACIE, Proc. Roy. Soc., A **208**, 25 (1951) und PRICE, S. J. W. u. A. F. TROTMAN-DICKENSON, Trans. Faraday Soc. **54**, 1630 (1958)].

Literatur zu Tab. 39

1. CHILTON, H. T. J. u. B. G. GOWENLOCK, Trans. Faraday Soc. **49**, 1451 (1953).
2. LAURIE, C. M. u. L. H. LONG, Trans. Faraday Soc. **51**, 665 (1955).
3. CHILTON, H. T. J. u. B. G. GOWENLOCK, Trans. Faraday Soc. **50**, 824 (1954).
4. LAURIE, C. M. u. L. H. LONG, Trans. Faraday Soc. **53**, 1431 (1957).
5. MORTIMER, C. T., H. O. PRITCHARD u. H. A. SKINNER, Trans. Faraday Soc. **48**, 220 (1952).
6. GOWENLOCK, B. G., J. C. POLANYI u. E. WARHURST, Proc. Roy. Soc., A **218**, 269 (1953).
7. PRITCHARD, H. O., Thesis (Manchester 1951).
8. HARTLEY, K., H. O. PRITCHARD u. H. A. SKINNER, Trans. Faraday Soc. **47**, 254 (1951).

SRINIVASAN (135) hat den thermischen Zerfall des Dimethylquecksilbers bei 615° K nach einer statischen Methode untersucht und festgestellt, daß die Abweichungen in den früheren Messungen auf Oberflächenreaktionen zurückzuführen sind. Aus seinen Rechnungen geht hervor, daß die Äthanbildung ausschließlich von der Rekombination der Methylradikale herrührt, und der Vorgang $CH_3 + HgCH_3 \rightarrow C_2H_6 + Hg$ keine Rolle spielt.

CLARKE und PEASE (136) haben mit einer statischen Methode im Temperaturintervall 83–163° C für die Pyrolyse des Diborans die folgende Geschwindigkeitsgleichung

$$-dx/dt = k' p_0^{1/2} x^{5/2}$$

gefunden, die aus folgendem Mechanismus hergeleitet werden kann:

$$(1) \qquad B_2H_6 \overset{k_1}{\rightleftharpoons} 2BH_3$$

$$(2) \qquad BH_3 + B_2H_6 \xrightarrow{k_2} B_3H_7 + H_2$$

$$(3) \qquad B_3H_7 + H_2 \xrightarrow{k_3} B_2H_6 + BH_3$$

$$(4) \qquad B_3H_7 + B_2H_6 \xrightarrow{k_4} B_4H_{10} + BH_3 .$$

Im quasi-stationären Zustand bekommt man aus diesem Reaktionsschema die Geschwindigkeitsgleichung

$$-\frac{d[B_2H_6]}{dt} = \frac{2k_2 \sqrt{K}\,(k_4/k_3)\,[B_2H_6]^{5/2}}{(k_4/k_3)\,[B_2H_6] + [H_2]}$$

aus der sich mit den Substitutionen

$$[B_2H_6] = xp_0 = p \qquad [H_2] = p_0 - p = (1-x)\,p_0$$

und $k_4/k_3 = 1$ die gefundene Gleichung ergibt. Die Geschwindigkeitskonstante k' entspricht dem Ausdruck $2k_2\sqrt{K}$.

Ausführlichere Versuche wurden in Verbindung mit der Pyrolyse des Diborans von Bragg, McCarty und Norton (137) ausgeführt. Zunächst wurde die Zunahme des Gesamtdrucks gemessen als Funktion von Anfangsdruck und Temperatur. Dann verfolgten sie das Fortschreiten der Reaktion durch Messung der Wasserstoffzunahme. Endlich wurden die einzelnen Reaktionsprodukte qualitativ und quantitativ im Massenspektrometer bestimmt.

Diese Untersuchungen haben gezeigt, daß der Geschwindigkeitsbestimmende Schritt von 1,5. Ordnung ist, und die Reaktion im Glasgefäß homogen verläuft. Der Wert der Aktivierungsenergie aus der Gesamtdruckänderung berechnet beträgt 27,4 ± 0,7 kcal/Mol, aus der Bildungsgeschwindigkeit des Wasserstoffs berechnet 25,5 ± 0,5 kcal/Mol. Die Abweichung ist höchstwahrscheinlich den Temperaturkoeffizienten sekundärer Reaktionen zuzuschreiben. Die massenspektrometrische Messung zeigt als geschwindigkeitsbestimmenden Vorgang die Zersetzung des Diborans von 1,5. Ordnung. Als Zwischenprodukt entsteht aus Diboran das Dihydropentaboran (B_5H_{11}) und aus diesem das Pentaboran (B_5H_9) in Zerfallsreaktionen erster Ordnung. Das Reaktionsschema ist vereinfacht etwa:

(1) $$B_2H_6 \rightleftharpoons 2\,BH_3$$

(2) $$B_2H_6 + BH_3 \rightarrow \text{Zwischenprodukte}$$

(3) $$\text{Zwischenprodukte} + B_2H_6 \rightarrow B_5H_{11} + 2\,H_2$$

(4) $$B_5H_{11} \rightarrow B_5H_9 + H_2$$

(5) $$B_5H_{11} \rightarrow B_2H_6 + \text{höhere Hydride}.$$

Beachell und Haugh (138) haben den thermischen Zerfall von Dekaboran untersucht und eine Hemmung durch Wasserstoff gefunden. Die Aktivierungsenergie von 41,4 kcal/Mol kann der geschwindigkeitsbestimmenden Spaltung der B—H bzw. B—D-Bindungen zugeordnet werden.

Beachell und Schar (139) stellten weiterhin fest, daß in der Alkoholyse Trialkylborat und Wasserstoff mit quantitativer Ausbeute entstehen.

Benson und Axworthy, Jr. (140) untersuchten sehr kritisch den thermischen Ozonzerfall. Die Versuche wurden im statischen System bei 99,8 ± 0,1 °C ausgeführt. Der Zerfall verläuft nach:

$$M + O_3 \underset{2}{\overset{1}{\rightleftharpoons}} M + O_2 + O,$$

$$O + O_3 \xrightarrow{3} 2\,O_2.$$

M kann dabei O_2, O_3, CO_2, N_2 und He bedeuten. Die relativen Wirksamkeiten dieser Gase in der Aktivierung des Ozons betragen 0,44; 0,41; 1,06 und 0,34. Es wurden folgende Geschwindigkeitskonstanten erhalten:

$$k_1 = 4{,}61 \pm 0{,}2 \cdot 10^{12} \exp(-24000/RT) \text{ Liter Mol}^{-1} \text{ sec}^{-1}$$
$$k_2 = 6{,}00 \pm 0{,}33 \cdot 10^{7} \exp(+600/RT) \text{ Liter}^2 \text{ Mol}^{-2} \text{ sec}^{-1}$$
$$k_3 = 2{,}96 \pm 0{,}21 \cdot 10^{10} \exp(-6000/RT) \text{ Liter Mol}^{-1} \text{ sec}^{-1}.$$

Der größere Faktor im Ausdruck von k_1 steht gut im Einklang mit der Aktivierungsentropie des Vorganges. Die Verfasser weisen auch auf Widersprüche des von GLISSMAN und SCHUMACHER (141) früher vorgeschlagenen Reaktionsschemas hin.

Eine seltsame Zersetzungsreaktion fanden DON VANAS, LODGE und WALTERS (142) in der thermischen Zersetzung des Cyclopentans. Die Hauptprodukte bei 550° C sind Äthylen, Propylen und Wasserstoff. Im Anfangsstadium wird die Reaktionsgeschwindigkeit von Stickstoff, Wasserstoff oder von kleinen Mengen Stickoxyd nicht beeinflußt. Dagegen verursachen die Reaktionsprodukte oder schon vorher zugefügtes Äthylen, Propylen und Cyclopentadien in späteren Stadien eine Beschleunigung. Ein Mechanismus wird nicht diskutiert.

Der thermische Zerfall des Azomethans wurde von PAGE, PRITCHARD und TROTMAN-DICKENSON (142a) untersucht. Die Reaktionsprodukte sind Äthan und Stickstoff. Die von den Verfassern unter Anwendung der Toluolträgergas-Technik gewonnene Geschwindigkeitskonstante

$$k = 1{,}5 \cdot 10^{14} \exp(-46000/RT) \text{ sec}^{-1}$$

ließ vermuten, daß es sich um eine homogene, unimolekulare Reaktion handelt, deren Primärschritt die Abspaltung eines Methylradikals ist und deren experimentell gefundene Aktivierungsenergie von 46 kcal/Mol die Dissoziationsarbeit der C–N-Bindung sei. Der Vorgang ist jedoch komplizierter, wie aus neuen Versuchen von TROTMAN-DICKENSON und STEEL (142b) hervorgeht. Beim Zerfall treten auch kurze Ketten auf. Die Geschwindigkeitskonstante für die Dissoziation der C—N-Bindung beträgt an der oberen Druckgrenze:

$$\log k_\infty/(\text{sec}^{-1}) = (15{,}7 \pm 0{,}15) - [(51200 \pm 250)/2{,}3\, RT].$$

b) Geschlossene Reaktionsfolgen (Kettenreaktionen)

Wie schon erwähnt, verlaufen Zersetzungsvorgänge nicht nur nach molekularem Mechanismus. Bei Aufspaltung der Molekel bilden sich Radikale, die eine Kettenreaktion auslösen können. Da chemische Vorgänge im allgemeinen eine Konkurrenz von simultanen Reaktionen sind, beginnen auch Zerfallsreaktionen wahrscheinlich auf mehreren Wegen. Der in vielen Fällen beobachtete einfache Mechanismus rührt meistens daher, daß unter den simultanen Reaktionen eine vorherrschend und so gleichzeitig auch geschwindigkeitsbestimmend ist. Ferner können die Anfangsmolekel, das Endprodukt oder sogar ein langlebiges Zwischenprodukt die Reaktion so beeinflussen, daß die primär gebildeten und stärker aktiven freien Radikale in weniger aktive umgewandelt werden (selbsthemmende Reaktionen). Diese Hemmung kann so weit gehen, daß sich geschlossene Ketten überhaupt nicht ausbilden und der Vorgang zur offenen Folge wird. Neben dem Radikalmechanismus verläuft wahrscheinlich auch ein molekularer Vorgang. Hierzu sollte die Restreaktion der durch Inhibitoren (NO, Propylen usw.) völlig gehemmten Vorgänge oder ein Anteil der Restreaktionen gehören.

Über den Mechanismus der Restreaktion der durch Inhibitoren maximal gehemmten Vorgänge sind die Ansichten nicht einheitlich. Man könnte nach Stubbs und Hinshelwood (143) mit den folgenden Möglichkeiten rechnen. Die Restreaktion ist:

1. der Primärvorgang selbst, aus dem sich die Kettenreaktion ohne Inhibitor entwickeln würde,
2. ein gewisser Anteil der Kettenreaktion, der auch in Anwesenheit des Inhibitors übrigbleibt,
3. eine Oberflächenreaktion,
4. eine Kettenreaktion, die von dem Inhibitor nicht beeinflußt wird,
5. eine unabhängige, molekulare Reaktion.

Für den ersten Fall sprechen die Beobachtungen von Steacie und Folkins (144), nach denen bei der thermischen Zersetzung des Butans die Endprodukte bei der ungehemmten und bei der durch NO gehemmten Reaktion gleich sind.

Die zweite Möglichkeit wurde von Echols und Pease (145) in Verbindung mit der von Stickoxyd gehemmten Zerfallsreaktion des n-Butans diskutiert. Die Druckänderung-Zeit-Kurven laufen nach einem bestimmten Umsatz auch dann parallel, wenn das Stickoxyd während der Reaktion nicht wegreagiert. Echols und Pease sind der Ansicht, daß sich ein Gleichgewichtszustand im System ausbildet, in dem so viele Radikale aus der Wechselwirkung mit Stickoxyd entstehen, wie verschwinden.

Diese Auffassung kann kaum richtig sein, wenn man berücksichtigt, daß z. B. das Propylen im gleichen Maße hemmt wie das Stickoxyd, also zwei verschiedene, hemmende Substanzen zum selben Gleichgewicht führen. Die gleiche hemmende Wirkung wurde auch für drei Inhibitoren, Stickoxyd, Propylen und i-Butylen von Jach, Stubbs und Hinshelwood (146) bei der Untersuchung der thermischen Zersetzung von drei verschiedenen Kohlenwasserstoffen gefunden. Die maximal gehemmte Geschwindigkeit wies bei jedem einzelnen Kohlenwasserstoff mit jeder hemmenden Substanz den gleichen Wert auf.

Tabelle 40
Die minimale Geschwindigkeit mit verschiedenen Inhibitoren bei 560° C

	100 mm *i*-Butan	100 mm *i*-Pentan	100 mm *n*-Pentan
mit Stickoxyd . .	1,8	5,0	3,7
mit Propylen . .	1,9	4,6	3,9
mit *i*-Buten . . .	2,0	4,8	4,0

STUBBS und HINSHELWOOD (147) haben auch gefunden, daß eine weitere Zugabe von Stickoxyd während der Reaktion an der Geschwindigkeit nichts ändert. Die *S*-Form der kinetischen Kurve der höheren Paraffine kann so gedeutet werden, daß die in der Hauptreaktion entstehenden Olefine in Sekundärreaktionen weiterreagieren und die Druckzunahme beschleunigen. Der parallele Verlauf der kinetischen Kurven wird von HINSHELWOOD damit erklärt, daß die in der Hauptreaktion gebildeten Olefine auch die Rolle des Inhibitors spielen können.

In sorgfältigen Versuchen konnte gezeigt werden, daß beim Zerfall der Kohlenwasserstoffe die Wand höchstens eine sehr geringe Rolle spielt. Auch die Restreaktion ist ein homogener Vorgang.

Der vierte Fall bedeutet die Entwicklung einer Kette, auf die Inhibitoren ohne Wirkung sind. Diese Möglichkeit kann aber durch Koppelung von Reaktionen ausgeschlossen werden. Wird z. B. dem Reaktionsgemisch Wasserstoff zugegeben, so kann angenommen werden, daß die gegen den Inhibitor unempfindlichen Kettenträger mit Wasserstoffatomen reagieren und der Vorgang schon gehemmt werden kann. Jedoch zeigten die Versuche das Gegenteil, da in Anwesenheit von Wasserstoff die Reaktionen nicht langsamer, sondern schneller verliefen, und die maximale hemmende Wirkung des Stickoxyds genauso zur Geltung kam. Demnach scheint die Restreaktion ein molekularer Vorgang zu sein. Dieser molekulare Vorgang weist besondere, interessante Merkmale in den Zerfallsreaktionen der Paraffinkohlenwasserstoffe auf und wurde von HINSHELWOOD und Mitarb. besonders eingehend untersucht.

Aus dem bisher gesammelten experimentellen Material geht hervor, daß die Zerfallsreaktionen von Kohlenwasserstoffen nach einem Kettenmechanismus nach RICE und HERZFELD verlaufen. Nach dem in Verbindung mit dem RICE-HERZFELDschen Mechanismus Gesagten ist es leicht verständlich, daß sich die Reaktionsordnungen nicht immer rein ergeben. So gibt z. B. der von RICE und DOOLEY (148) vorgeschlagene Mechanismus des Methanzerfalls den experimentell gefundenen Wert der Aktivierungsenergie in guter Übereinstimmung wieder, doch kommt die Methankonzentration in der aus dem Reaktionsschema abgeleiteten Geschwindigkeitsgleichung in der Potenz 3/2 vor. CAGLE (149) leitete eine Geschwindigkeitsgleichung ab, in der der Konstantenausdruck den gleichen Aufbau hat, wie der von RICE und DOOLEY, dagegen kommt der Gesamtdruck im Nenner in der halben Potenz vor, und so vereinfacht sich die 3/2 Methanpotenz des Zählers im Falle des reinen Methans auf die erste Potenz. Diese Geschwindigkeitsgleichung erhielt CAGLE dadurch, daß er den Vorgang $H + CH_3 + M = CH_4 + M$ statt der bimolekularen Reaktion $H + CH_3 = CH_4$ des RICE-DOOLEY-Mechanismus als kettenabbrechenden Schritt angenommen hat.

Unerwartete Ordnungen ergeben sich in Zerfallsreaktionen der Kohlenwasserstoffe mit höherer Kohlenstoffatomzahl. STUBBS und HINSHELWOOD (150) approximieren die Geschwindigkeit der Restreaktion durch die Gleichung

$$\text{Geschwindigkeit} = A p_0 + B p_0^2.$$

Während bei Äthan die einfache Formel gilt, d. h. die Reaktion unimolekular mit bimolekularer Aktivierung ist, wird die Geschwindigkeit der Propanzersetzung schon durch die Formel

$$\text{Geschwindigkeit} = A p_0 + \frac{b p_0^2}{1 + b_0'}$$

gegeben, und es ist sehr wahrscheinlich, daß im allgemeinen der Ausdruck

$$\text{Geschwindigkeit} = \frac{a p_0^2}{1 + a' p_0} + \frac{b p_0^2}{1 + b' p_0}$$

gültig ist.

Da es sich hier um eine ziemlich verwickelte Reaktion handelt, ist es fraglich, ob die Messung der Druckänderung als Funktion der Zeit wirklich die Geschwindigkeit der chemischen Reaktion angibt. Die sehr exakten Untersuchungen von DANBY, SPALL, STUBBS und HINSHELWOOD (151) zeigen aber, daß die Druckänderungen im allgemeinen proportional dem Ausmaß der chemischen Umsetzung sind, d. h. $\Delta p / \Delta t$ die Geschwindigkeit der Reaktion richtig wiedergibt. In den Versuchen zur thermischen Zersetzung des n-Pentans konnten HINSHELWOOD und Mitarb. feststellen, daß die Aktivierungsenergie und der präexponentielle Faktor des neben der Kettenreaktion ablaufenden molekularen Vorganges mit dem Druck variieren. Der normale Wert gilt bei höheren Drucken, während bei niedrigeren Drucken die Aktivierungsenergie und der präexponentielle Faktor einen sehr großen Wert erreichen. Die scheinbare Aktivierungsenergie steigt von 44 kcal/Mol auf 82 kcal/Mol und der A-Faktor von 10,1 auf 18,2. Der Übergang ist stetig. Die Änderung der Aktivierungsenergie zeigt, daß der Mechanismus des molekularen Vorganges nicht einheitlich ist. Der aktive Komplex entsteht auf zwei Wegen, was natürlich zweierlei Aktivierungsenergie und bei niedrigeren Drucken eine aus mehreren Schritten zusammengesetzte Reaktion bedeutet, deren Geschwindigkeitskonstante auch komplex ist und einen größeren präexponentiellen Faktor zuläßt.

Beim Zerfall der Kohlenwasserstoffe bilden sich gesättigte und ungesättigte Verbindungen. Nach dem RICE-HERZFELDschen Mechanismus entsteht die gesättigte Verbindung aus dem kleineren Radikal. Die folgende Zusammenstellung gibt die relativen Wahrscheinlichkeiten für die Aufspaltung der Kohlenstoffkette an der vom Ende der Kohlenstoffkette gezählten ersten, zweiten und dritten C–C-Bindung.

	C_{1-2}	C_{2-3}	C_{3-4}
n-Butan	1,0	1,0	—
n-Pentan	1,0	0,78	—
n-Hexan	1,0	0,5	0,25
n-Heptan	1,0	0,64	0,35
n-Octan	1,0	1,0	0,10

Da sich das Verhältnis der Zerfallsprodukte mit der Temperatur und dem Druck nicht sehr stark ändert [CRAWFORD und STEACIE (152), INGOLD, STUBBS und HINSHELWOOD (153)], kann angenommen werden, daß die Geschwindigkeiten und die Aktivierungsenergien der einzelnen elementaren Vorgänge etwa gleich sind [s. auch (154)].

Eine interessante kinetische Erscheinung wurde beim thermischen Zerfall des n-Butans und n-Pentans von JACH und HINSHELWOOD (155) beobachtet, wenn das zerfallende Gas gleichzeitig der hemmenden Wirkung von Stickoxyd und dem beschleunigenden Einfluß von Schwefelhexafluorid oder Kohlenstofftetrafluorid ausgesetzt wurde. Eine steigende Menge des schweren Gases erhöhte die Geschwindigkeit bis zu einem gewissen Grenzwert, der erreicht wurde, wenn die Konzentration des schweren Gases etwa das zwei- bis dreifache der Kohlenwasserstoffkonzentration ausmachte. Die beschleunigende Wirkung war dem Druck des Paraffins proportional, war aber in ihrer absoluten Größe unabhängig von der Hemmung der Kettenreaktion durch Stickoxyd. Daraus wurde gefolgert, daß sich die geschwindigkeitssteigernde Wirkung der schweren Gase auf einen molekularen Vorgang bezieht, der von der hemmenden Substanz nicht beeinflußt wird [vgl. noch die Mitteilung von VOEVODSKY (155a)].

Die Reaktionsmöglichkeiten der bei thermischen Zersetzungen von Kohlenwasserstoffen gebildeten Olefine wurden von INGOLD und STUBBS (156) und von MOLERA und STUBBS (157) untersucht. Den Propylenzerfall haben INGOLD und STUBBS im Druckgebiet 50–500 mm Hg und im Temperaturintervall 570–650° C statisch untersucht. Das Fortschreiten der Reaktion wurde durch Druckmessung und durch chemische Analyse der Zerfallsprodukte verfolgt. Die Reaktion beginnt bei niedrigerer Temperatur mit einer Druckabnahme, was auf Polymerisierung hinweist. Die später eintretende Druckzunahme zeigt die Zersetzung. Die miteinander konkurrierenden Vorgänge der Polymerisation und des Zerfalls verursachen am Anfang der Reaktion eine längere oder kürzere Induktions-Periode (time lag). Der Vorgang ist mit guter Näherung homogen und von erster Ordnung. Stickoxyd übt schon in kleinen Mengen eine katalysierende Wirkung aus, wird jedoch gleichzeitig verbraucht. Die Reaktionsprodukte sind Methan, Äthylen und Wasserstoff. Die scheinbare Aktivierungsenergie beträgt 57,1 kcal/Mol.

MOLERA und STUBBS haben die Zerfallsreaktionen von Buten-(1), Penten-(1), Hexen-(1), Hepten-(1), Buten-(2), Isobuten, 2-Methylbuten-(1) und 3-Methylbuten-(1) nach der Methode von INGOLD und STUBBS untersucht. Die Druckzunahme, wenigstens in dem ersten Stadium der Reaktion, konnte als Maß der Zersetzung der Olefine betrachtet werden, weil bei diesen Verbindungen der Vorgang nicht mit Polymerisierung beginnt, also eine druckverringernde Reaktion nicht zustande kommt. Die Aktivierungsenergie kann aus den nach der Geschwindigkeitsgleichung erster Ordnung berechneten Konstanten bestimmt werden. Die Aktivierungsenergie hat in den einzelnen Olefinreaktionen die folgenden Werte:

	Temp. Intervall	E kcal/Mol		Temp. Intervall	E kcal/Mol
Buten-(1)	490–600°	66,4	2-Methylbuten-(1)	520–570°	62,8
Buten-(2)	540–590°	57,4	3-Methylbuten-(1)	510–570°	61,5; 65,0; 61,8
Isobuten	580–630°	53,3			
Penten-(1) . . .	430–530°	53,1; 54,6	Hexen-(1) . . .	460–530°	53,3
			Hepten-(1) . .	450–510°	49,0

Stickoxyd übt entweder keine oder eine beschleunigende Wirkung auf die Olefinzersetzungen aus. Die Olefine von kleinerer Kohlenstoffatomzahl vermindern die Geschwindigkeit oder sind ohne Einfluß. Es ist interessant, die Zersetzungsgeschwindigkeit von Olefinen mit der Zerfallsgeschwindigkeit von Paraffinkohlenwasserstoffen gleicher Kohlenstoffatomzahl unter gleichen Bedingungen zu vergleichen. Die Paraffine mit zwei und drei Kohlenstoffatomen zersetzen sich bedeutend schneller als die entsprechenden Olefine. Ab Buten ist die Zerfallsgeschwindigkeit der Olefine größer. Dieser Geschwindigkeitswechsel kann durch die Änderung der Bindungsstärken gedeutet werden. Die *C—C*-Bindung des Äthylens ist viel stärker als die im Äthan. Im Propylen ist sie nur um 1 kcal schwächer als im Propan. Im Butylen ist die *β-C–C*-Bindung schon wesentlich schwächer, kann also leichter gespaltet werden, als die *C–C*-Bindungen in Paraffinkohlenwasserstoffen. Der Mechanismus ist ziemlich verwickelt, und es stehen heute noch nicht genügend Daten zur Verfügung, um die einzelnen Schritte des Reaktionsschemas festzustellen. Es ist auch nicht klar, ob in der Äthylenzersetzung Polymerisation und Zerfall simultane Vorgänge sind oder ob die Polymerisation vorher verläuft und das gebildete Polymere zerfällt. Die kinetische Kurve spricht mehr für diese letzte, die Deutung des Stickoxydeffektes dagegen für die erste Möglichkeit.

Auf einige Mitteilungen zu diesem Themenkreis sei noch hingewiesen. Voge und Good (158) untersuchten die Reaktionsprodukte des thermischen *n*-Hexadecanzerfalls, die Abspaltungswahrscheinlichkeiten der in Frage kommenden Radikale, ferner die Krackgeschwindigkeit in homologen Reihen. Die Krackgeschwindigkeit als Funktion der Kohlenstoffatomzahl kann bei 500° C durch den folgenden Ausdruck

$$k(\sec^{-1}) = (n - 1)\,(1{,}57\,n - 3{,}9) \cdot 10^{-5}$$

beschrieben werden.

Varnerin und Dooling (159) haben von der Möglichkeit des mit Deuteroverbindungen zustande kommenden Isotopenaustausches Gebrauch gemacht. Wenn ein 1 : 1 Gemisch aus Äthan und Deuteromethan bei 582° C in Anwesenheit von Stickoxyd der thermischen Zersetzung unterworfen wurde, war der Zusammenhang zwischen dem zerfallenen Äthan und dem entstandenen CD_3H/CD_4-Verhältnis unabhängig von der Konzentration des Stickoxyds. Ebenso wurde der Zusammenhang zwischen dem zerfallenen C_2D_6 und dem gebildeten Verhältnis D_2/CH_4 von Stickoxyd in dem 1 : 1-Gemisch aus C_2D_6 und CH_4 nicht beeinflußt. Dagegen veränderte Stickoxyd in dem $C_2D_6 + CH_4$-Gemisch den Zusammenhang zwischen der Menge des zerfallenen Äthans und dem CD_3H/CH_4-Verhältnis in sehr großem Maße, indem das CD_3H/CH_4-Verhältnis mit der NO-Konzentration sehr stark zunahm.

Das Reaktionsschema der thermischen Zersetzung des 1:1-$C_2H_6 + CD_4$-Gemisches:

		k(cm^3 · Mol^{-1} sec^{-1})
(1)	$C_2H_6 \rightarrow CH_3 + CH_3$	—
(2)	$CH_3 + C_2H_6 \rightarrow CH_4 + C_2H_5$	$7{,}3 \cdot 10^{-16}$
(3)	$CH_3 + CD_4 \rightarrow CH_3D + CD_3$	$7{,}3 \cdot 10^{-17}$
(4)	$CD_3 + C_2H_6 \rightarrow CD_3H + C_2H_5$	$7{,}3 \cdot 10^{-16}$

(5)	$C_2H_5 + CD_4 \rightarrow C_2H_5D + CD_3$	$7{,}3 \cdot 10^{-16}$
(6)	$C_2H_5 \rightarrow C_2H_4 + H$	$2{,}4 \cdot 10^{4}$ (sec^{-1})
(7)	$H + C_2H_6 \rightarrow H_2 + C_2H_5$	$1{,}0 \cdot 10^{-13}$
(8)	$H + CD_4 \rightarrow HD + CD_3$	$1{,}0 \cdot 10^{-14}$.

Das Reaktionsschema der thermischen Zersetzung des 1:1-$C_2D_6 + CH_4$-Gemisches:

		k(cm$^3 \cdot$ Mol^{-1} sec^{-1})
(1)	$C_2D_6 \rightarrow CD_3 + CD_3$	—
(2)	$CD_3 + C_2D_6 \rightarrow CD_4 + C_2D_5$	$3{,}7 \cdot 10^{-16}$
(3)	$CD_3 + CH_4 \rightarrow CD_3H + CH_3$	$3{,}3 \cdot 10^{-16}$
(4)	$CH_3 + C_2D_6 \rightarrow CH_3D + C_2D_5$	$3{,}7 \cdot 10^{-16}$
(5)	$C_2D_5 + CH_4 \rightarrow C_2D_5H + CH_3$	$3{,}3 \cdot 10^{-16}$
(6)	$C_2D_5 \rightarrow C_2D_4 + D$	$2{,}4 \cdot 10^{4}$ (sec^{-1})
(7)	$D + C_2D_6 \rightarrow D_2 + C_2D_5$	$4{,}7 \cdot 10^{-14}$
(8)	$D + CH_4 \rightarrow HD + CH_3$	$4{,}1 \cdot 10^{-14}$.

Die angegebenen Geschwindigkeitskonstanten wurden aus den Daten von STEACIE (160) und von TROTMAN-DICKENSON (161) berechnet. Aus diesen gehen die relativen Geschwindigkeiten der einzelnen Elementarvorgänge und weiterhin auch die ungefähren Konzentrationen der einzelnen Kettenträger hervor.

Tabelle 41

Die Zerfallsprodukte des C_2D_6–CH_4-Gemisches bei verschiedenen Stickoxyddrucken in Molprozenten ausgedrückt

NO mm	0	4,0	6,7	9,0	14,6	30
CH_3D	44	47	45	40	44	47
HD	34	34	29	28	32	27
D_2	87	83	72	63	75	64
C_2D_5H	18	19	16	11	11	6
CD_3H	2,1	3,9	6,0	6,3	6,5	7,8
$(CH_3D + D_2)$	131	130	117	103	119	111
CH_3D/CD_3H	25	12	7,6	6,3	6,9	6,0

Während die Menge des CH_3D praktisch konstant ist, nimmt die Konzentration des C_2D_5H mit dem Stickoxyddruck ab, dagegen die des CD_3H zu. Diese Erscheinung ist leicht verständlich, wenn man berücksichtigt, daß sich nach dem zweiten Schema CD_3H in einer Reaktion bildet, deren Vorbedingung nur die Reaktion (1) ist. Diese ist aber unabhängig von der NO-Konzentration. Wie sich die Ketten bei steigenden NO-Konzentrationen verkürzen, wird der Primärschritt immer mehr vorherrschen. Damit nimmt auch die Konzentration des CD_3H zu. Andererseits bildet sich C_2D_5H in der Reaktion (5), der die Reaktionen (4) und (3) vorangehen. Die Zunahme der NO-Konzentration drängt den Kettenmechanismus zurück, damit auch die Möglichkeit für die Reaktion (5). Deshalb nimmt die Menge des C_2D_5H ab. Die Reihe $CH_3D + D_2$ beweist die Realität der Versuchsangaben, weil für jede zerfallene C_2D_6-Molekel ein D_2 oder ein CH_3D gebildet wird. Die Menge des CD_3H ist also ein Maß der C_2D_6-Zersetzung. Die Menge des CH_3D ist das Ergebnis des „nicht-Ketten"-Vorganges. Das Verhältnis CH_3D/CD_3H ist also eine der Kettenlänge proportionale Größe. Diese fällt von 25 auf 6 ab, in guter Übereinstimmung mit anderen Schätzungen.

Kinetische Untersuchungen ähnlicher Art wurden von Rice und Varnerin (162) in einer gekoppelten Reaktion von normalem und deuteriertem Acetaldehyd bzw. Äthan ausgeführt, die gleichfalls für den Kettenmechanismus der Zersetzung sprachen.

Silcocks (163) studierte die thermische Zersetzung und Polymerisation des Äthan-Äthylen-Gemisches in gekoppelter Reaktion.

Die thermische Zersetzung zahlreicher chlorsubstituierter Kohlenwasserstoffe ist nach den Arbeiten von Barton und Howlett ein Kettenmechanismus. So haben Barton und Howlett (164) den thermischen Zerfall von 1,2-Dichloräthan im Temperaturintervall von 362 bis 485° C als eine Kettenreaktion gefunden, die homogen und von erster Ordnung Vinylchlorid und Chlorwasserstoff liefert. Die Geschwindigkeitskonstante beträgt

$$k = 6{,}4 \cdot 10^{10} \exp(-47000/RT) \sec^{-1}.$$

Die Reaktion wird von Propylen stark gehemmt. Der von ihnen zuerst vorgeschlagene Mechanismus wurde später von Howlett (165) modifiziert und aus den folgenden elementaren Schritten aufgebaut.

(1) $$C_2H_4Cl_2 \xrightarrow{k_1} C_2H_4Cl + Cl$$

(2) $$Cl + C_2H_4Cl_2 \xrightarrow{k_2} C_2H_3Cl_2 + HCl$$

(3) $$C_2H_3Cl_2 \xrightarrow{k_3} C_2H_3Cl + Cl$$

(4) $$Cl + C_2H_4Cl \xrightarrow{k_4} C_2H_3Cl + HCl.$$

Aus diesem Schema ergab sich im stationären Fall die Zersetzungsgeschwindigkeit von erster Ordnung gemäß

$$k = \left(\frac{k_1 k_2 k_3}{k_4}\right)^{1/2}.$$

Die Werte der einzelnen Geschwindigkeitskonstanten wurden zu

$$k_1 = 10^{13} \exp(-70000/RT) \sec^{-1}$$
$$k_2 = 10^{8,62} \exp(-5000/RT) \text{ Liter} \cdot \text{Mol}^{-1} \sec^{-1}$$
$$k_3 = 10^{10} \exp(-22000/RT) \sec^{-1}$$
$$k_4 = 10^{10} \exp(-3000/RT) \text{ Liter Mol}^{-1} \sec^{-1}$$

berechnet. Es ist interessant, daß unter 20 mm Hg Druck die Geschwindigkeitskonstante abnimmt, doch kann der ursprüngliche Wert durch Hinzufügung von Chlorwasserstoff wieder hergestellt werden.

Die thermischen Zersetzungen von 1,1,2,2- und 1,1,1,2-Tetrachloräthan sind nach BARTON und HOWLETT (166) Kettenreaktionen. Der Vorgang ist zwischen 263 und 382° C homogen und von erster Ordnung, die Reaktionsprodukte sind Trichloräthylen und Chlorwasserstoff. Die Geschwindigkeitskonstante beträgt $k = 10^{9,62} \exp(-36500/RT)\ \mathrm{sec}^{-1}$. Der Kettenmechanismus wird durch eine von der Temperatur abhängige Induktionsperiode bewiesen, die von dem Anfangsdruck, wie von dem Verhältnis Oberfläche : Volumen unabhängig ist. Die Induktionsperiode kann durch Zugabe von Propylen beliebig verlängert werden. Die Zersetzungstemperatur des asymmetrischen 1,1,1,2-Tetrachloräthans ist etwas höher (310–378° C), die Kinetik ist aber der der symmetrischen Verbindung ähnlich. Im Mechanismus sind das Chloratom und das Tetrachloräthylradikal die Kettenträger. Nach den Inhibitionsversuchen kann man mit einer Kettenlänge von 300–500 rechnen.

BARTON, HEAD und WILLIAMS (167) haben die Zersetzung von 2,2'-Dichloräthyläther zwischen 646 und 702° K untersucht und eine druckabhängige Geschwindigkeitskonstante gefunden. Der Wert der Konstanten beträgt bei 30 mm Hg Anfangsdruck $k = 10^{15} \exp(-54500/RT)\ \mathrm{sec}^{-1}$. Die Induktionsperiode des Vorganges ist umgekehrt proportional der Temperatur und dem Anfangsdruck und kann durch Zugabe von Propylen beliebig verlängert werden. Die Reaktion ist nicht völlig homogen, die Ketten brechen nach den Versuchsangaben an der Wand ab.

Die thermische Zersetzung von 1,4-Dichlorbutan und 1,1,2-Trichloräthan ist nach WILLIAMS (168) gleichfalls eine Kettenreaktion. Dichlorbutan zersetzt sich zwischen 673 und 727° K in Chlorwasserstoff und Butadien in einer Reaktion erster Ordnung, deren Geschwindigkeitskonstante $k = 10^{14,36} \exp(-56500/RT)\ \mathrm{sec}^{-1}$ ist. Die Induktionsperiode ist dem Druck umgekehrt proportional und kann durch Propylen verlängert werden. Der thermische Zerfall des Trichloräthans weist ähnliche kinetische Merkmale auf.

Die Pyrolyse des 1,1,1-Trichloräthan wurde von BARTON und ONYON (169) zwischen 635 und 707° K untersucht. Der Vorgang liefert in einem Kettenmechanismus Vinylidenchlorid und Chlorwasserstoff. Die Reaktion hat einen gemischten Mechanismus, dessen homogener, unimolekularer Anteil die Geschwindigkeitskonstante $k = 10^{14} \exp(-54000/RT)\ \mathrm{sec}^{-1}$ besitzt, während der Kettenvorgang über das 2,2,2-Trichloräthylradikal und das Chloratom verläuft und etwa 75% des gesamten Umsatzes ausmacht. Die Bruttogeschwindigkeitskonstante der Kettenreaktion beträgt

$$k = 10^{12,53} \exp(-47900/RT)\ \mathrm{sec}^{-1}.$$

Die Induktionsperiode hängt auf gut reproduzierbare Weise von der Temperatur ab [$I = 10^{-14,4} \exp(50000/RT)$ sec], ist aber unabhängig vom Druck.

Nach den Untersuchungen von GOODALL und HOWLETT (170) zersetzt sich Allylchlorid zwischen 370 und 475° C simultan nach drei Mechanismen, unter denen der heterogene Anteil der größte ist [vgl. PORTER und RUST (171)].

Trichloräthylen zerfällt nach GOODALL und HOWLETT (172) zwischen 385 und 445° C homogen nach Ketten- bzw. bimolekularem Mechanismus. Die Geschwindigkeitskonstante der homogenen bimolekularen Reaktion ergab sich aus der Untersuchung des maximal gehemmten Vorganges zu

$$k = 10^{12,08} \exp(-42000/RT) \text{ Liter Mol}^{-1} \text{ sec}^{-1},$$

während die Geschwindigkeitskonstante der homogenen Bruttoreaktion $k' = 10^{7,52} \exp(-35400/RT)$ sec^{-1} ist.

Der thermische Zerfall des 1,2-Dichloräthylens spielt sich nach GOODALL und HOWLETT (173) zwischen 370 und 480° C bei der cis- und trans-Form mit gleicher Geschwindigkeit über einen Radikal-Kettenmechanismus ab. In dem Vorgang spielt auch die Wand eine Rolle, da die Reaktionsordnung im gepackten Reaktionsgefäß einheitlich 3/2 ist, während sie im leeren Reaktionsgefäß zwischen 1 und 1,5 variiert. Die Ordnung 3/2 kann so gedeutet werden, daß das nach dem RICE-HERZFELDschen Mechanismus sich zersetzende größere Radikal an der Wand zerfällt.

Die thermische Zersetzung des Chloroforms wurde von SEMELUK und BERNSTEIN (174) im Temperaturintervall 450–525° C nach einer Strömungsmethode in Anwesenheit von Helium als Trägergas untersucht. Die Produkte wurden im Ultrarotspektralphotometer untersucht. Auf Grund der kinetischen Kurven wurde die folgende Geschwindigkeitsgleichung aufgestellt:

$$-\frac{d}{dt}[CCl_3H] = k[CCl_3H]/(1 + b[HCl])^{1/2},$$

die durch den folgenden Mechanismus gedeutet werden kann:

(1) $$CCl_3H \rightarrow CCl_2H\cdot + Cl\cdot$$
(2) $$Cl\cdot + CCl_3H \rightleftharpoons HCl + CCl_3\cdot$$
(3) $$CCl_3\cdot + Cl\cdot \rightarrow CCl_4$$
(4) $$CCl_3\cdot \rightarrow CCl_2: + Cl\cdot$$
(5) $$CCl_2: + CCl_3H \rightarrow C_2Cl_4 + HCl.$$

Im quasistationären Fall setzt sich die experimentell gefundene Geschwindigkeitskonstante k aus den folgenden elementaren Konstanten zusammen:

$$k = (2k_1k_2k_4/k_3)^{1/2} \quad \text{und} \quad b = k_{-2}/k_4,$$

im Einklang mit der experimentell gefundenen Aktivierungsenergie von 37,2 kcal/Mol, wenn 8 kcal/Mol für E_2 und 6 kcal/Mol für E_3 angenommen werden.

Der thermische Zerfall des Pentachloräthans (175) wurde von Houser und Bernstein zwischen 407 und 438° C in einem Strömungssystem mit Helium als Trägergas untersucht. Die Hauptreaktionsprodukte sind C_2Cl_4 und HCl. Die Menge des Chlors macht höchstens 0,2% aus. Der Wert der Geschwindigkeitskonstante ist: $k = 10^{13} \exp(-48000/RT)\ \mathrm{sec}^{-1}$. Der Vorgang ist jedoch eine Kettenreaktion, die von Chlor autokatalytisch beschleunigt wird. Die wichtigsten Schritte des Mechanismus sind die folgenden:

$$(1)\qquad C_2Cl_5H \rightarrow C_2Cl_4H\cdot + Cl\cdot$$
$$(2)\qquad Cl\cdot + C_2Cl_5H \rightarrow C_2Cl_5\cdot + HCl$$
$$(3)\qquad C_2Cl_5\cdot \rightarrow C_2Cl_4 + Cl\cdot$$
$$(4)\qquad C_2Cl_4H\cdot \rightarrow C_2Cl_3H + Cl\cdot$$
$$(5)\qquad Cl\cdot + C_2Cl_5\cdot \rightarrow C_2Cl_4 + Cl_2$$
$$(6)\qquad Cl_2 + C_2Cl_5H \rightarrow C_2Cl_5\cdot + Cl\cdot + HCl.$$

Aus diesem Mechanismus kann die empirisch gefundene Geschwindigkeitsgleichung erhalten werden, die auch die Chlorautokatalyse enthält:

$$-d[C_2Cl_5H]/dt = k[C_2Cl_5H]\{1 + b'[Cl_2]/[M]\}^{1/2}.$$

Thermischer Zerfall des Methylenchlorids, siehe (175a).

Von den bromsubstituierten Kohlenwasserstoffen zerfällt die Mehrzahl nach unimolekularem Mechanismus (siehe **7**, § 1.). Einige Bromverbindungen zerfallen jedoch in Kettenreaktionen. Die thermische Zersetzung des Allylbromids ist nach Maccoll (176) zwischen 320 und 380° C ein homogener Vorgang erster Ordnung mit der Geschwindigkeitskonstante

$$k = 2{,}11 \cdot 10^{12} \exp(-45400/RT)\ \mathrm{sec}^{-1}.$$

Die Reaktionsprodukte sind Bromwasserstoff, Benzol und Kohlenstoff. Nach der Aktivierungsenergie ist wahrscheinlich der Primärschritt die Aufspaltung der *C–Br*-Bindung, die weiteren Schritte des Mechanismus konnten noch nicht geklärt werden.

Agius und Maccoll (177) untersuchten die thermische Zersetzung des *n*-Propylbromids, die zwischen 300 und 380° C zu Propylen und Bromwasserstoff führt. Die Reaktionsordnung ist 1,5, die Geschwindigkeitskonstante kann durch die folgende Gleichung ausgedrückt werden:

$$k_{1,5} = 7{,}24 \cdot 10^{10} \exp(-33800/RT)\ \mathrm{cm}^{3/2}\,\mathrm{Mol}^{-1/2}\,\mathrm{sec}^{-1}.$$

Die Wand scheint keine wesentliche Rolle zu spielen, dagegen wirkt Propylen stark hemmend. Wahrscheinlich ist der Primärakt auch in diesem Falle die Dissoziation der *C–Br*-Bindung, aber die niedrige Aktivierungsenergie und die Ordnung 1,5 weisen auf eine ziemlich komplexe Geschwindigkeitskonstante hin, die sich auf einem noch nicht geklärten Mechanismus aufbaut. Unter den Reaktionsprodukten kommen Bromwasserstoff und Propylen in äquivalenten Mengen vor. Das letztere bedeutet natürlich auch eine Selbsthemmung.

Aus dem Vergleich einer Anzahl Zerfallsreaktionen von organischen Bromiden zog MACCOLL den Schluß, daß der Mechanismus der *HBr*-Abspaltung durch die Bindungsstärke des Wasserstoffs bestimmt wird. Ist der Wasserstoff, der mit dem Brom als *HBr* abspaltet, primär, dann läuft die Dissoziation nach molekularem Mechanismus ab. Wenn dagegen das Bromatom primär gebunden ist, dann entwickelt sich ein Kettenvorgang.

Der Kettenanteil im thermischen Zerfall des Äthylbromids wurde schon in Verbindung mit der einfachen unimolekularen Reaktion (7, § 1a.) erwähnt.

Der thermische Zerfall von Ketonen wurde seit den älteren Versuchen der HINSHELWOODschen Schule hauptsächlich von WARING und Mitarb. untersucht. So wurde die thermische Zersetzung des Acetons von SMITH und HINSHELWOOD (178), des Methyl-Äthyl-Ketons von WARING und MUTTER (179), ferner von WARING und SPECTOR (180), des Diäthylketons von WARING und BARLOW (181), des Methyl-*n*-Propyl-Ketons von WARING und GARIK (182), des Methyl-*n*-Butyl-Ketons von BARRY, Jr. und WALTERS (183) untersucht.

Der Kettencharakter der Reaktion ist durch die hemmende Wirkung von Propylen eindeutig bewiesen. Der Grad der Hemmung hängt in jedem Falle von dem Partialdruck des Ketons ab. Dies deutet darauf hin, daß die Inhibitormolekel mit dem kleineren kettentragenden Radikal in bimolekularer Reaktion nach:

$$R + M = M^1 + R^1 + R$$

reagiert. (M ist eine Ketonmolekel, M^1 ein gesättigter Kohlenwasserstoff, R^1 ein größeres freies Radikal als das Methyl- oder Äthyl-Radikal.) Bei der Zersetzung des Acetons, des Methyl-Äthyl-Ketons und des Methyl-*n*-Propyl-Ketons ist Methan der einzige Kohlenwasserstoff, der sich bildet. Dieses Ergebnis und auch andere experimentelle Tatsachen beweisen, daß die Ketten von Methylradikalen fortgeführt werden. Dagegen zeugt eine hohe Äthankonzentration von der kettentragenden Rolle des Äthylradikals.

Das eigentümlichste Merkmal dieser thermischen Zerfallsreaktionen ist das Verhalten gegen Stickoxyd. Beim Methyl-Äthyl-Keton tritt nach einer sehr geringen und nur in dem ersten Stadium der Reaktion bei einem *NO*-Druck unter 1 mm beobachtbaren Hemmung eine ziemlich starke Katalyse auf. Dieser Fall wiederholt sich bei Methyl-*n*-Propyl-Keton. Demgegenüber wirkt NO bei Diäthylketon ausgesprochen hemmend. WARING und GARIK (loc. cit.) diskutierten zur Erklärung der eigentümlichen Wirkung des Stickoxyds drei Möglichkeiten:

1. Das Stickoxyd gibt mit dem Methylradikal ein Zwischenprodukt, das die Ketonzersetzung katalysiert. Ein katalytischer Effekt tritt nämlich nur in Zerfallsmechanismen mit Methylradikalen auf. Auch die Zersetzung des Acetaldehyds wird durch Stickoxyd katalysiert, während der Zerfall von Aldehyden, in denen größere Radikale auftreten, von Stickoxyd gehemmt wird. Diese Hypothese kann aber nach Untersuchungen des Verfassers (184) nicht aufrechterhalten werden. Kleine Konzentrationen von Stickoxyd üben in der Zersetzung des Propionaldehyds eine ausgeprägte Hemmung aus, während bei höheren *NO*-Konzentrationen eine starke Katalyse zu beobachten ist.

2. Das Stickoxyd reagiert in Anwesenheit des Methylradikals mit den Olefinmolekeln, die bei der Ketonzersetzung entstehen und die sonst als Inhibitoren der Kettenreaktionen wirken.

3. Das Stickoxyd tritt mit der Methyl-Carbonyl-Bindung selbst in Reaktion und katalysiert dadurch den Zerfall. Dieser katalytische Effekt wäre dem von Jod ähnlich, das die Zersetzung von Aceton und Methyl-Äthyl-Keton stark katalysiert.

Die im Paragraph 5. § 1 dieses Buches behandelte Theorie des Mechanismus der homogenen Kettenkatalyse und Inhibition erlaubt die Erscheinung der Inhibition und der Katalyse einheitlich zu interpretieren. Diese Effekte können bei geeigneten Konzentrationsverhältnissen in demselben System nacheinander auftreten. Die Konzentrationsverhältnisse bestimmen die Geschwindigkeiten der einzelnen elementaren Vorgänge. Da die beeinflussende Substanz nach der Theorie unmittelbar mit den Radikalen in Reaktion tritt, und die Geschwindigkeitskonstanten dieser Reaktionen von der Natur der Radikale abhängig sind, kann die bei verschiedenen Ketonen beobachtete verschiedene Wirkung von Stickoxyd – wenigstens im Prinzip – gedeutet werden. Die Ketonzersetzung spielt sich nach RICE-HERZFELDschem Mechanismus ab.

Methyl-Äthyl-Keton zerfällt zwischen 540 und 630° C in homogener Reaktion von erster Ordnung, deren Geschwindigkeitskonstante

$$k = 1{,}21 \cdot 10^{15} \exp\left(-67\,200/RT\right)\ \mathrm{sec}^{-1}$$

ist.

Diäthylketon zerfällt zwischen 500 und 570° C, bei Drucken größer als 50 mm Hg in einem homogenen Vorgang von erster Ordnung. Am Anfang der Reaktion beträgt die Geschwindigkeitskonstante

$$k = 1{,}42 \cdot 10^{11} \exp(-49\,600/RT)\ \mathrm{sec}^{-1},$$

während ihr Wert in dem völlig gehemmten Vorgang

$$k_{(\mathrm{NO})} = 3{,}68 \cdot 10^{13} \exp(-59\,600/RT)\ \mathrm{sec}^{-1}$$

ist.

Methyl-*n*-Propyl-Keton zerfällt gleichfalls zwischen 500 und 570° C. Die Geschwindigkeitskonstante erster Ordnung für die nicht gehemmte Reaktion ist $k = 1{,}85 \cdot 10^{12} \exp(-52\,950/RT)\ \mathrm{sec}^{-1}$, für die gehemmte Reaktion $k = 1{,}07 \cdot 10^{13} \exp(-56\,200/RT)\ \mathrm{sec}^{-1}$.

Methyl-*n*-Butyl-Keton zerfällt im Temperaturintervall 430–500° C. Die Ordnung der Reaktion ist etwa 1,3, die scheinbare Aktivierungsenergie 52 ± 3 kcal bei einem Druck von 200 mm Hg.

Nach YOUNG (185) verläuft die thermische Zersetzung des Ketens zwischen 510 und 590° C als Reaktion zweiter Ordnung. Die Ergebnisse sprechen für das folgende Reaktionsschema:

(1) $$2\,CH_2{=}C{=}O \rightarrow CH_2:C:CH_2 + CO_2$$

(2) $$CH_2:C:CH_2 \rightarrow C_2H_2 + :CH_2$$

(3) $$:CH_2 + CH_2:CO \rightarrow CH_3\cdot + \cdot CH:CO\,.$$

Mit steigender Temperatur nimmt auch die Kettenlänge zu, und die Kettenreaktion überwiegt den bimolekularen Vorgang. In diesem Falle ist der Primärschritt der folgende:

(1′) $$CH_2:CO \rightarrow :CH_2 + CO\,.$$

Die bimolekulare Reaktion verläuft höchstwahrscheinlich über einen vierzentrigen Aktivierungskomplex.

Die Pyrolyse des *n*-Butyl-Alkohols wurde von BARNARD (186) ausführlich untersucht. Seine Versuche wurden in einem statischen System ausgeführt, und der Verlauf der Reaktion durch Druckmessung und chemische Analyse verfolgt. Die Reaktion erwies sich zwischen 573 und 629° C und im Druckgebiet 20–500 mm Hg als ein homogener Vorgang erster Ordnung, dessen Geschwindigkeitskonstante $k = 10^{12,2 \pm 0,2} \exp[(-56\,700 \pm 770)/RT]\ \mathrm{sec}^{-1}$ ist. Die wichtigsten Produkte der Reaktion sind Formaldehyd, Kohlenoxyd, Methan und Wasserstoff. In kleineren Mengen konnten noch Äthan, Äthylen und Propylen nachgewiesen werden. Die Reaktion wurde von Argon und Wasserdampf nicht beeinflußt, dagegen von Stickoxyd und Toluol verlangsamt. Die Geschwindigkeitskonstante der durch Stickoxyd gehemmten Reaktion ist $k^* = 10^{15,2 \pm 0,9} \exp[(-70\,500 \pm 3600)/RT]\ \mathrm{sec}^{-1}$. Der folgende Mechanismus beschreibt die Merkmale des Vorganges und ist auch mit anderen kinetischen Betrachtungen in Einklang. Der Primärschritt ist die Bildung des Propylradikals:

(1) $$CH_3CH_2CH_2CH_2OH \rightarrow CH_3CH_2CH_2 + CH_2OH$$

Die weiteren Schritte sind:

(2) $$CH_2OH \rightarrow H + HCHO$$

(3) $$HCHO \rightarrow H_2 + CO$$

(4) $$CH_3CH_2CH_2 \rightarrow CH_3 + C_2H_4.$$

Das Methylradikal setzt in folgenden Reaktionen die Kette fort:

(5) $$CH_3 + CH_3CH_2CH_2CH_2OH \rightarrow CH_4 + CH_3CH_2CH_2CHOH$$

(6) $$CH_3CH_2CH_2CHOH \rightarrow CH_3CH_2CH_2 + HCHO$$

(7) $$CH_3CH_2CH_2 \rightarrow CH_3 + C_2H_4$$

Der Abbruch der Kette erfolgt nach den zwei Schritten:

(8) $$CH_3 + CH_3CH_2CH_2CHOH \rightarrow CH_3CH_2CH_2CH(CH_3)OH$$

(9) $$CH_3 + CH_3CH_2CH_2 \rightarrow CH_3CH_2CH_2CH_3.$$

[Vgl. weiter BARNARD (186a)].

BENSON (187) hat die experimentellen Angaben der schon früher von ASKEY und HINSHELWOOD (188) und von LEIFER und UREY (189) untersuchten thermischen Zersetzung des Dimethyläthers sehr eingehend kinetisch untersucht. BENSON beschreibt den Zerfall durch einen Mechanismus vom RICE-HERZFELDschen Typ mit folgenden Schritten:

Kettenbeginn	(1)	$CH_3OCH_3 \xrightarrow{1} CH_3 + CH_3O$
Kette I	(2)	$CH_3 + CH_3OCH_3 \xrightarrow{2} CH_4 + CH_2OCH_3$
	(3)	$CH_2OCH_3 \xrightarrow{3} CH_2O + CH_3$
Kette II	(4) (5)	$CH_3O \underset{5}{\overset{4}{\rightleftharpoons}} CH_2O + H$
	(6)	$H + CH_3OCH_3 \xrightarrow{6} H_2 + CH_2OCH_3$
	(7)	$H + CH_2O \xrightarrow{7} H_2 + CHO$
Kette III	(8)	$CH_3 + CH_2O \xrightarrow{8} CH_4 + CHO$
	(9)	$M + CHO \xrightarrow{9} CO + H + M$
Kettenabbruch	(10)	$2CH_3 \xrightarrow{10} C_2H_6$
Kettenübertragung	(11)	$CH_3 + H_2 \xrightarrow{11} CH_4 + H.$

Wenn Methylradikal und Wasserstoffatom quasistationär angenommen werden, und man berücksichtigt, daß die Kette ziemlich lang ist, kann die folgende Geschwindigkeitsgleichung abgeleitet werden:

$$\frac{-d\,(\mathrm{Me_2O})}{dt} = k_2\left(\frac{k_1}{k_{10}}\right)^{1/2}(\mathrm{Me_2O})^{3/2}\cdot\left[1+\frac{k_8}{k_2}\,\frac{(\mathrm{CH_2O})}{(\mathrm{Me_2O})}+\frac{k_{11}}{k_2}\,\frac{(\mathrm{H_2})}{(\mathrm{Me_2O})}\right].$$

Am Anfang der Reaktion, wenn also $(CH_2O) \ll (Me_2O)$ und $(H_2) \ll (Me_2O)$ gelten, nimmt die Geschwindigkeitsgleichung die folgende einfachere Gestalt von der Ordnung 3/2 an:

$$\frac{-d\,(\mathrm{Me_2O})}{dt} = k_2\left(\frac{k_1}{k_{10}}\right)^{1/2}\cdot(\mathrm{Me_2O})_0^{3/2} = k_0(\mathrm{Me_2O})_0^{3/2}.$$

Die Richtigkeit des Mechanismus wird deutlich, wenn die nach dieser Gleichung berechneten Geschwindigkeitskonstanten mit jenen verglichen werden, die von Leifer und Urey berechnet wurden (Tab. 42).

Tabelle 42

Die Werte der Geschwindigkeitskonstanten am Anfang der Reaktion, im nicht gepackten Gefäß bei 770° K

Anfangsdruck des $(\mathrm{Me_2O})$ mm Hg	Geschw. Konst. 1. Ordnung $\mathrm{min^{-1}}\cdot 10^3$	Geschw. Konst. 3/2 Ordnung $\mathrm{min^{-1}\,(mm\,Hg)^{-1/2}}\cdot 10^3$
54	8,89	1,21
109	12,0	1,15
258	19,0	1,18
326	21,4	1,18
389	23,1	1,17
415	23,9	1,17
422	24,1	1,17
		Mittelwert $1{,}175 \pm 0{,}006$

Aus der für 777° K berechneten Geschwindigkeitskonstanten

$$k_0 = 4{,}31 \cdot 10^{-3}\ \mathrm{Liter^{1/2}\,Mol^{-1/2}\,sec^{-1}}$$

und den Literaturangaben für k_2 und k_{10} kann für die Aktivierungsenergie der Primärstufe $E_1 = 81{,}1$ kcal/Mol, für die Aktivierungsentropie

$$\Delta S_1 = 38\ \mathrm{cal/(Mol\ Grad)},$$

für den A-Faktor $A_1 = 6{,}1 \cdot 10^{16}\ \mathrm{sec^{-1}}$ berechnet werden. [vgl. noch (189a)].

Mueller und Walters (190) haben die Kinetik der thermischen Zersetzung von Äthylenoxyd durch neuere experimentelle Daten ergänzt, jedoch gelang die Klärung des Mechanismus immer noch nicht.

Die homogene thermische Cyclopentanonzersetzung wurde von Johnston und Walters (191) zwischen 488 und 543° C im Druckgebiet 99–314 mm Hg untersucht. Der Vorgang besitzt eine Induktionsperiode und wird von ungesättigten Kohlenwasserstoffen beschleunigt. Über den Mechanismus dieser verwickelten Reaktion konnte bisher nichts näheres festgestellt werden.

Guenther und Walters (192) untersuchten die thermische Zersetzung des Dioxolans. Die Reaktion erwies sich zwischen 455 und 525° C und im Druckgebiet 50–400 mm Hg als ein homogener Vorgang der Ordnung 1,3, der von Stickoxyd und Propylen gehemmt, von Äthylenoxyd beschleunigt wird. In der Reaktion, die durch Druckmessung und massenspektrometrische Analyse verfolgt wurde, bilden sich Methan, Kohlenoxyd, Kohlendioxyd, Wasserstoff und Äthylen wahrscheinlich in den folgenden Schritten:

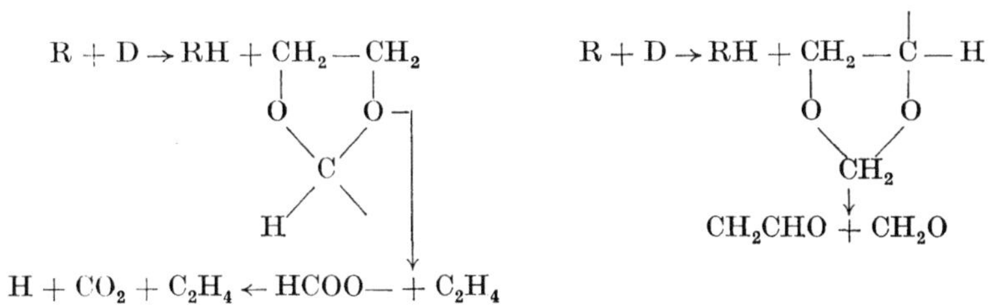

Die thermische Zersetzung von Trifluor-Acetyl-Hypofluorit wurde von Stewart und Cady (193) untersucht. Diese Zersetzung ist deshalb interessant, weil die Verbindung zu den wenigen gehört, in denen mit der Aufspaltung einer O–F-Bindung zu rechnen ist. Der Zerfall, der zu Hexafluoräthan und Kohlendioxyd führt, spielt sich im allgemeinen an der Wand ab. Dagegen erwies er sich in Aluminiumphosphatglas im wesentlichen als homogen. Die Versuche wurden zwischen 30 und 80° C im Druckgebiet 1,5–3 mm Hg ausgeführt. Die Versuchsdaten konnten mit einer Geschwindigkeitsgleichung zweiter Ordnung interpretiert werden. Die Geschwindigkeitskonstante kann durch den folgenden Ausdruck gegeben werden:

$$k = 8{,}6 \cdot 10^{11} \exp\,(-\,11\,200/RT)\ \mathrm{sec}^{-1}.$$

Von den zwei möglichen Mechanismen mußte derjenige, in dem die Fluoratome die Kettenträger wären, aus energetischen Gründen verworfen werden. Der Vorgang spielt sich über CF_3-Radikale ab:

(1) $2\,CF_3COOF \rightarrow CF_3COOF + CF_3 + CO_2 + F$

(2) $CF_3 + CF_3COOF \rightarrow CF_4 + CF_3 + CO_2$

(3) $2\,CF_3 \rightarrow C_2F_6$.

Statt des ersten, von STEWART und CADY vorgeschlagenen Schrittes ist es zweckmäßiger, die Primärreaktion in zwei Teile aufzulösen:

$$2\,CF_3COOF \rightarrow CF_3COOF + CF_3COO + F$$
$$CF_3COO \rightarrow CF_3 + CO_2.$$

Der Vorgang wird durch Chlor nach $CF_3 + Cl_2 \rightarrow CF_3Cl + Cl$ gehemmt. In diesem Falle war nämlich nur sehr wenig CF_4 unter den Reaktionsprodukten zu finden, und diese kleine Menge entstand sehr wahrscheinlich in der Reaktion $CF_3 + ClF \rightarrow CF_4 + Cl$. Die Chlorhemmung hat ermöglicht, die Kinetik des primären Schrittes gesondert zu untersuchen, dessen Geschwindigkeitskonstante durch die folgende Gleichung

$$k = 1{,}33 \cdot 10^{19} \exp\,(-25000/RT)\ \mathrm{cm^3\,Mol^{-1}\,sec^{-1}}$$

ausgedrückt werden kann. Die so erhaltene Aktivierungsenergie kann als die Stärke der O–F-Bindung betrachtet werden.

Die Kinetik des thermischen Zerfalls von Sulfurylchlorid wurde von SZABÓ und BÉRCES (194) sehr eingehend untersucht. Im Gegensatz zu früheren Arbeiten wurde festgestellt, daß die Dissoziation eine Kettenreaktion ist, deren Start- und Abbruchsprozesse an der Wand verlaufen. Jedoch ist die Wandwirkung so gering und so wenig spezifisch, daß die nach der BODENSTEINschen Technik ausgeführten Versuche sehr gut reproduzierbar waren. Die nebenstehende Abbildung veranschaulicht die Reproduzierbarkeit der Einzelmessungen von vier Experimenten.

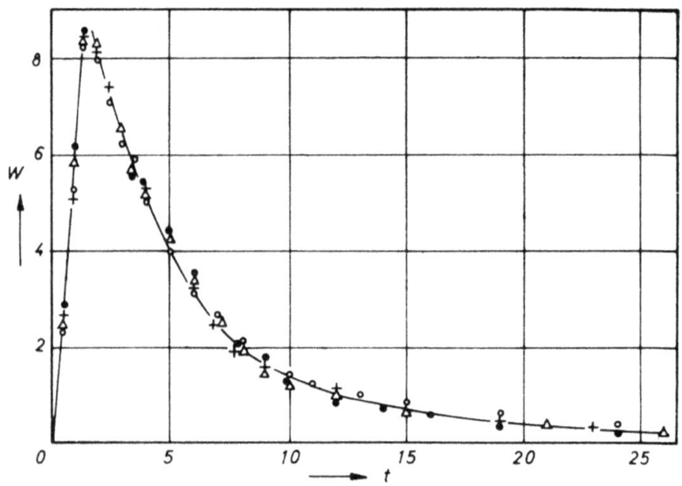

Abb. 9. Die Reproduzierbarkeit der Einzelmessungen in vier Experimenten des Sulfurylchloridzerfalls

Nach Aufklärung des Einflusses der verschiedenen Parameter wurde die folgende empirische Geschwindigkeitsgleichung aufgestellt,

$$w = \frac{\Delta p}{\Delta t} = \frac{\varkappa_1 (SO_2Cl_2)(P) - \varkappa_2 (Cl_2)(SO_2)(P)}{1 + \varkappa_3 \frac{(Cl_2)}{(SO_2Cl_2)}}$$

Der Ausdruck kann durch die Elementarschritte des folgenden Reaktionsmechanismus gedeutet werden:

(1) $SO_2Cl_2 + \text{Wand} \rightarrow SO_2Cl + Cl + \text{Wand}$

$$\Delta H_1^{\neq} = 25 \pm 2{,}5\,\text{kcal}$$
$$k_1 \sim 1{,}07 \cdot 10^{-7}\,\text{sec}^{-1}$$

(2) $Cl + SO_2Cl_2 \rightleftharpoons SO_2Cl + Cl_2$

$$\Delta H_{2,2'}^{\neq} = -11{,}5 \pm 2{,}5\,\text{kcal}$$
$$K_{2,2'} \sim 4{,}888$$

(3) $SO_2Cl + M \rightarrow SO_2 + Cl + M$

$$\Delta H_3^{\neq} = 19{,}5 \pm 2{,}5\,\text{kcal}$$
$$k_3 \sim 1{,}06 \cdot 10^4\,\text{Liter} \cdot \text{Mol}^{-1}\,\text{sec}^{-1}$$

(4) $SO_2 + Cl + M \rightarrow SO_2Cl + M$

$$\Delta H_4^{\neq} \sim 0\,\text{kcal}$$
$$k_4 \sim 2{,}17 \cdot 10^7\,\text{Liter}^2 \cdot \text{Mol}^{-2}\,\text{sec}^{-1}$$

(5) $Cl + \text{Wand} \rightarrow 1/2\,Cl_2$

$$\Delta H_5^{\neq} \sim 0\,\text{kcal}$$
$$k_5 \sim 4{,}10^{-3}\,\text{sec}^{-1}$$

(6) $SO_2Cl + \text{Wand} \rightarrow SO_2 + 1/2\,Cl_2$

$$\Delta H_6^{\neq} = 2{,}5 \pm 2{,}5\,\text{kcal}$$
$$k_6 \sim 3{,}72 \cdot 10^{-3}\,\text{sec}^{-1}.$$

Die im Schema angegebenen elementaren Geschwindigkeitskonstanten und die Werte der Aktivierungsenergie wurden nach einer schrittweisen Annäherung auf thermodynamischem Wege gewonnen. Mit ihrer Hilfe konnten auch die stationären Radikalkonzentrationen und die Kettenlänge nach der Gleichung

$$\nu = \frac{k_3 (SO_2Cl)(M) - k_4 (SO_2)(Cl)(M)}{k_1 (SO_2Cl_2)}$$

zu $\nu \sim 10^4$ berechnet werden.

Die Reaktion hat eine gut reproduzierbare und genau ausmeßbare Induktionsperiode. Nach dem Prinzip des Vierstufenmechanismus (siehe **2**, § 3.) konnte dieser nichtstationäre Teil des Vorganges berechnet werden (195). Die auf thermodynamischem Wege ausgeführten Approximationen der ersten Mitteilung (194) wurden voll bestätigt.

Neuerlich wurde sogar die vollständige kinetische Analyse der Sulfurylchloridzersetzung berechnet (196), wobei die Methode des Vierstufenmechanismus in ihrer von HUHN und BÉRCES [(197), siehe **2**, § 3] erweiterten Form angewandt wurde. Die Ergebnisse haben nicht nur die früheren, auf verschiedenen Wegen gewonnenen Werte der Radikalkonzentration und der Kettenlänge bestätigt, sondern die Kettenreaktion bis in die Einzelheiten aufgeklärt. Die Übereinstimmung ist mit den experimentellen Werten für die Substanzkurve und für die Geschwindigkeitskurve sehr gut (vgl. Abb. 10).

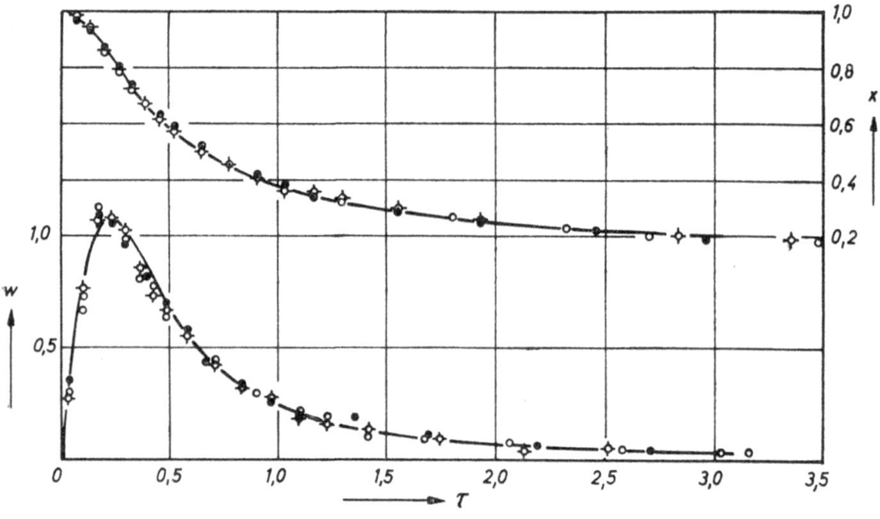

Abb. 10. Genauigkeit der Annäherungen des Sulfurylchloridzerfalls. Oben: Substanzkurve. Unten: Geschwindigkeitskurve

Die letzten experimentellen Arbeiten über den Zerfall des Chlormonoxyds von BODENSTEIN und SZABÓ (198) haben bewiesen, daß der Zerfall eine merkwürdige Kettenreaktion mit bimolekularem Startschritt und ausgeprägter und unter Umständen gut reproduzierbarer Induktionsperiode ist, die jedoch alle Merkmale einer degenerierten Explosion aufweist. Früher hatten Autoren [siehe SCHUMACHER, H. J., Chemische Gasreaktionen (Dresden-Leipzig 1938) S. 451] über die Kinetik nur qualitative Aussagen gemacht, quantitative

Berechnungen wurden von Szabó, Huhn und Márta (199) ausgeführt. Nach der Methode des Vierstufenmechanismus konnten die Transformierbarkeit der kinetischen Kurven gedeutet und die Konstantenausdrücke berechnet werden, für die auch eine gewisse Auflösung erzielt werden konnte. Durch die Verwendung einer Geschwindigkeitskonstante, die für die Reaktion $ClO + ClO = Cl_2 + O_2$ von Lipscomb, Norrish und Thrush (200) sowie von Porter und Wright (201) berechnet war, konnte u. a. für den Startschritt: $Cl_2O + Cl_2O \rightarrow$ der folgende Ausdruck erhalten werden:

$$k_1 = 10^{14,02}\, T^{1/2} \exp\left(\frac{-10\,600 + E_2 \pm 650}{RT}\right),$$

wobei E_2 die Aktivierungsenergie der kettenfortpflanzenden Reaktion ist.

Die folgenden Reaktionen, die ihrer Kinetik nach der Reaktionsgruppe dieses Kapitels gehörten, wurden schon im allgemeinen Teil erwähnt:

Ozonzersetzung: Norrish, McGrath; **3.** § 2 (25) S. 30.

Zerfall des Toluols: Szwarc; **4.** § 4 (37) S. 52.

Zerfall des Äthylbenzols: Szwarc; **4.** § 3. (38) S. 51.

Zerfall von gesättigten Kohlenwasserstoffen: Partington; **4.** § 2 (26) S. 45.

Zerfall des Octadeuterocyclobutans: Gray, Pritchard; **4.** § 6 (84) S. 64.

Zersetzung des Acetaldehyds: Grahame; **4.** § 4 (39) S. 53.

Zersetzung des Deuteroacetons: Trotman-Dickenson, Steacie; **4.** § 6 (103), S. 65.

Zerfall der chlorierten Kohlenwasserstoffe: Goodall, Howlett; **2.** § 4 (42), (43) S. 22.

Zerfall des Dichloräthans: Howlett; **2.** § 4 (41) S. 22.

Isomerisierung des Propans: Stevenson, Beeck, Otvos, Wagner; **4.** § 6 (85) S. 64.

Stickstoffpentoxydzerfall: Amell, Daniels; **4.** § 6 (100) S. 66.

Zerfall von Distickstoffmonoxyd: Bell, Robinson, Trenwith; **3.** § 1 (10) S. 26.

Zerfall des Nickelcarbonyls: Bernstein; **4.** § 6 (87) S. 64.

Literatur zu Kapitel 7

1. Richards, W. T. u. J. A. Reid, J. Chem. Phys. **1**, 114 (1933).
2. Carrington, T. u. N. Davidson, J. Chem. Phys. **19**, 1313 (1951); J. Phys. Chem. **57**, 418 (1953).

3. Payman, W. u. W. C. F. Shepperd, Proc. Roy. Soc., A. **186**, 293 (1949); Bleakney, W., D. K. Weimer u. C. H. Fletcher, Rev. Sci. Instruments **20**, 807 (1949).
4. Bauer, S. H. u. M. R. Gustavson, Discuss. Faraday Soc., **17**, 69 (1954).
5. Brass, P. D. u. R. C. Tolman, J. Amer. Chem. Soc. **54**, 1003 (1932).
6. Coloccia, E., R. V. Figini u. H. J. Schumacher, Angew. Chem. **68**, 492 (1956).
7. Szwarc, M. u. J. Murawski, Trans. Faraday Soc. **47**, 269 (1951).
8. Genaux, C. T. u. W. D. Walters, J. Amer. Chem. Soc. **73**, 4497 (1951); **75**, 6196 (1953).
9. Das, M. N. u. W. D. Walters, Z. physik. Chem. NF. **15**, 22 (1958).
10. Atkinson, B. u. V. A. Atkinson, J. Chem. Soc. **1957**, 2086; siehe auch Atkinson, B. u. A. B. Trenwith, ibid. **1953**, 2082.
11. Barton, D. H. R., J. Chem. Soc. **1949**, 148.
12. Barton, D. H. R. u. K. E. Howlett, J. Chem. Soc. **1949**, 155.
13. Barton, D. H. R. u. K. E. Howlett, J. Chem. Soc. **1949**, 165.
14. Barton, D. H. R. u. P. F. Onyon, J. Amer. Chem. Soc. **72**, 988 (1950).
15. Barton, D. H. R., A. J. Head u. R. J. Williams, J. Chem. Soc. **1951**, 2039.
16. Howlett, K. E., J. Chem. Soc. **1952**, 3695, 4487.
17. Maccoll, A. u. P. J. Thomas, J. Chem. Phys. **19**, 977 (1951); J. Chem. Soc. **1955**, 979.
18. Blades, A. T. u. G. W. Murphy, J. Amer. Chem. Soc. **74**, 6219 (1952).
19. Agius, P. J. u. A. Maccoll, J. Chem. Soc. **1955**, 973.
20. Semenov, N. N., G. B. Sergejev u. G. A. Kapralowa, Ber. Akad. Wiss. UdSSR. **105**, 301 (1955).
21. Maccoll, A. u. P. J. Thomas, J. Chem. Soc. **1955**, 2445.
22. Sergejev, G. B., Ber. Akad. Wiss. UdSSR. **106**, 299 (1956).
23. Kale, M. N., A. Maccoll u. P. J. Thomas, J. Chem. Soc. **1958**, 3016.
24. Green, J. H. S. u. A. Maccoll, J. Chem. Soc. **1955**, 2449.
25. Harden, G. D. u. A. Maccoll, J. Chem. Soc. **1955**, 2455.
26. Kale, M. N. u. A. Maccoll, J. Chem. Soc. **1957**, 5020.
27. Price, S. J. W., R. Shaw u. A. F. Trotman-Dickenson, J. Chem. Soc. **1956**, 3855.
28. Harden, G. D., J. Chem. Soc. **1957**, 5024.
29. Harden, G. D. u. A. Maccoll, J. Chem. Soc. **1957**, 5028.
30. Maccoll, A., J. Chem. Phys. **17**, 1350 (1949).
31. Maccoll, A., J. Chem. Soc. **1955**, 965.
32. Maccoll, A. u. P. J. Thomas, Nature **176**, 392 (1955).
33. Goldberg, A. E. u. F. Daniels, J. Amer. Chem. Soc. **79**, 1314 (1957).
34. Blades, A. T., Canad. J. Chem. **36**, 1129 (1958).
34a. Thomas, P. J., J. Chem. Soc. **1959**, 1192.
34b. Green, J. H. S., A. Maccoll u. P. J. Thomas, J. Chem. Soc. **1960**, 184.
35. Blades, A. T., Canad. J. Chem. **36**, 1043 (1958).

36. Das, M. N., F. Kern, T. D. Coyle u. W. D. Walters, J. Amer. Chem. Soc. **76**, 6271 (1954).
37. Bittker, D. A. u. W. D. Walters, J. Amer. Chem. Soc. **77**, 1429 (1955).
38. Blades, A. T. u. G. W. Murphy, J. Amer. Chem. Soc. **74**, 1039 (1952).
39. Wang, S. u. C. A. Winkler, Canad. J. Res. **21B**, 97 (1943).
40. Blades, A. T., Canad. J. Chem. **31**, 418 (1953).
41. Blades, A. T., Canad. J. Chem. **52**, 366 (1954).
42. Gordon, E., S. J. W. Price u. A. F. Trotman-Dickenson, J. Chem. Soc. **1957**, 2813.
43. Maccoll, A., J. Chem. Soc. **1958**, 3398.
43a. Barnard, J. A., Trans. Faraday Soc. **55**, 947 (1959).
44. Bamford, C. H. u. M. J. S. Dewar, J. Chem. Soc. **1949**, 2877.
45. Tamaru, K., M. Boudart u. H. Taylor, J. Phys. Chem. **59**, 801 (1955).
46. Fensham, P. J., K. Tamaru, M. Boudart u. H. Taylor, J. Phys. Chem. **59**, 806 (1955).
47. Pritchard, H. O , R. G. Sowden u. A. F. Trotman-Dickenson, J. Chem. Soc. **1954**, 546.
48. Choppin, A. R., H. A. Frediani u. G. F. Kirby, J. Amer. Chem. Soc. **61**, 3176 (1939).
49. Choppin, A. R. u. G. F. Kirby, J. Amer. Chem. Soc. **62**, 1592, (1940).
50. Choppin, A. R. u. E. L. Compere, J. Amer. Chem. Soc. **70**, 3797 (1948).
51. Magee, J. L., W. Shand jr. u. H. Eyring, J. Amer. Chem. Soc. **63**, 677 (1941).
52. Burwell, R. L. jr., J. Amer. Chem. Soc. **73**, 4461 (1951).
53. Pritchard, H. O., R. G. Sowden u. A. F. Trotman-Dickenson, Proc. Roy. Soc., A **218**, 416 (1953).
54. Corner, E. S. u. R. N. Pease, J. Amer. Chem. Soc. **67**, 2067 (1945).
55. Lindquist, R. H. u. G. K. Rollefson, J. Chem. Phys. **24**, 725 (1956).
56. Pritchard, H. O., R. G. Sowden u. A. F. Trotman-Dickenson, Proc. Roy. Soc., A **217**, 563 (1953).
57. Slater, N. B., Proc. Roy. Soc., A **218**, 224 (1953); Trans. Roy. Soc. A **246**, 57 (1953).
58. McNesby, J. R. u. A. S. Gordon, J. Chem. Phys. **25**, 582 (1956).
59. Weston, R. E. jr., J. Chem. Phys. **26**, 975 (1957).
60. Rabinovitch, B. S., J. E. Douglas u. F. S. Looney, J. Chem. Phys. **20**, 1807 (1952).
61. Rabinovitch, B. S. u. M. J. Hulatt, J. Chem. Phys. **27**, 592 (1957).
62. Jones, J. L. u. R. L. Taylor, J. Amer. Chem. Soc. **62**, 3480 (1940).
63. Tamamushi, B., H. Akiyama u. K. Ishii, Z. Elektrochem. **47**, 340 (1941).
64. Schuler, F. W. u. G. W. Murphy, J. Amer. Chem. Soc. **72**, 3155 (1950).
65. Stein, L. u. G. W. Murphy, J. Amer. Chem. Soc. **74**, 1041 (1952).
66. Cooper, W. u. W. D. Walters, J. Amer. Chem. Soc. **80**, 4220 (1958).
67. Anderson, W. F., J. A. Bell, J. M. Diamond u. K. R. Wilson, J. Amer. Chem. Soc. **80**, 2384 (1958).
68. Huntsman, W. D. u. T. H. Curry, J. Amer. Chem. Soc. **80**, 2252 (1958).

69. RABINOVITCH, B. S., E. W. SCHLAG u. K. B. WIBERG, J. Chem. Phys. **28**, 504 (1958).
70. SMITH, F. T., J. Chem. Phys. **29**, 235 (1958).
70a. GORDON, A. S. u. J. R. MCNESBY, J. Chem. Phys. **31**, 853 (1959).
71. WISE, H. u. M. F. FRECH, J. Chem. Phys. **20**, 22 (1952).
72. WISE, H. u. M. F. FRECH, J. Chem. Phys. **20**, 1724 (1952).
73. KAUFMAN, F. u. J. R. KELSO, J. Chem. Phys. **21**, 751 (1953).
74. WISE, H. u. M. F. FRECH, J. Chem. Phys. **21**, 752 (1953).
75. KAUFMAN, F. u. J. R. KELSO, J. Chem. Phys. **23**, 1702 (1955).
76. VETTER, K., Z. Elektrochem. **53**, 369, 376 (1949).
77. FENIMORE, C. P. u. G. W. JONES, J. Phys. Chem. **61**, 654 (1957).
78. ZELDOVICH, J., Acta Physicochim. UdSSR **21**, 577 (1946).
79. GLICK, H. S., J. J. KLEIN u. W. SQUIRE, J. Chem. Phys. **27**, 850 (1957).
80. GRAVEN, W. M., J. Amer. Chem. Soc. **78**, 3297 (1956).
81. LEWIS, W. C. MC., J. Chem. Soc. **113**, 471 (1918).
82. BENSON, S. W. u. R. SRINIVASAN, J. Chem. Phys. **23**, 200 (1955).
83. KASSEL, L., Kinetics of Homogeneous Gas Reactions, S. **148** (New York 1932).
84. BODENSTEIN, M. u. RAMSTETTER, Z. physik. Chem. **100**, 106 (1922).
85. ROSSER, W. A. jr. u. H. WISE, J. Chem. Phys. **24**, 493 (1956).
86. ASHMORE, P. G. u. B. P. LEVITT, Research **9**, 25 (1956).
87. ROWLEY, D. u. H. STEINER, Discuss. Faraday Soc. **10**, 198 (1951).
88. KISTIAKOWSKY, G. B. u. W. W. RANSOM, J. Chem. Phys. **7**, 725 (1939).
89. LACHER, J. R., G. W. TOMPKIN u. J. D. PARK, J. Amer. Chem. Soc. **74**, 1693 (1952).
90. SZWARC, M. u. B. N. GHOSH, J. Chem. Phys. **17**, 744 (1949).
90a. SZWARC, M., Proc. Roy. Soc., A. **198**, 267 (1949).
91. JOHNSTON, H. S., J. Chem. Phys. **19**, 663 (1951).
92. FRIEDMAN, L. u. J. BIGELEISEN, J. Amer. Chem. Soc. **75**, 2215 (1953).
93. LINDARS, F. J. u. C. HINSHELWOOD, Proc. Roy. Soc., A **231**, 162, 178 (1955).
93a. REUBEN, B. G. u. J. W. LINNETT, Trans. Faraday Soc. **55**, 1543 (1959).
93b. GRAVEN, W. M., J. Amer. Chem. Soc. **81**, 6190 (1959).
94. KAUFMAN, F., N. J. GERRY u. R. E. BOWMAN, J. Chem. Phys. **25**, 106 (1956).
95. KAUFMAN, F. u. J. KELSO, Seventh Symposium on Combustion (London 1959).
96. PRESSMAN, J., L. M. ASCHENBRAND, F. F. MARMO, A. JURSA u. M. ZELIKOFF, J. Chem. Phys. **25**, 187 (1956).
97. DAVIDSON, N. u. G. L. SCHOTT, J. Chem. Phys. **27**, 317 (1957); ferner die neue Arbeit: HUFFMAN, R. E. u. N. DAVIDSON, J. Amer. Chem. Soc. **81**, 2311 (1959).
98. ASHMORE, P. G. u. B. P. LEVITT, J. Chem. Phys. **27**, 318 (1957).
98a. ASHMORE, P. G. u. M. S. SPENCER, Trans. Faraday Soc. **55**, 1868 (1959).
99. SCHOTT, G. L. u. N. DAVIDSON, J. Amer. Chem. Soc. **80**, 1841 (1958).

100. Cordes, H. F. u. H. S. Johnston, J. Amer. Chem. Soc. **76**, 4264 (1954).
101. Schumacher, H. J. u. G. Sprenger, Z. Elektrochem. **35**, 653 (1929); Naturw. **17**, 997 (1929); Z. physik. Chem. B **12**, 115 (1931).
102. Skiens, W. E. u. G. H. Cady, J. Amer. Chem. Soc. **80**, 5640 (1958).
102a. Heras, M. J., P. J. Aymonino u. H. J. Schumacher, Z. phys. Chem. N. F. **22**, 161 (1959).
103. Schumb, W. C., C. N. Satterfield u. R. L. Wentworth, Hydrogen Peroxide A. C. S. Monograph No. 128 (New York 1955).
104. Machu, W., Das Wasserstoffperoxyd und die Perverbindungen (Wien 1951).
105. Giguère, P. A. u. I. D. Liu, Canad. J. Chem. **35**, 283 (1957).
106. Satterfield, C. N. u. T. W. Stein, J. Phys. Chem. **61**, 537 (1957).
107. Conway, D. C., J. Phys. Chem. **61**, 1579 (1957).
108. Protheroe, J. B. u. A. D. Walsh, Nature **182**, 654 (1958); Hoare, D. E., J. B. Protheroe u. A. D. Walsh, Trans. Faraday Soc. **55**, 548 (1959).
109. Forst, W., Canad. J. Chem. **36**, 1308 (1958).
110. George, P. u. A. D. Walsh, Trans. Faraday Soc. **42**, 94 (1946).
111. Milas, N A. u. D. M. Surgenor, J. Amer. Chem. Soc. **68**, 205, 643 (1946).
112. Raley, J. H., F. F. Rust u. W. E. Vaughan, J. Amer. Chem. Soc. **70**, 88, 95, 1336 (1948).
113. Birss, F. W., C. J. Danby u. C. Hinshelwood, Proc. Roy. Soc., A. **239**, 154 (1957).
114. Murawski, J., J. S. Roberts u. M. Szwarc, J. Chem. Phys. **19**, 698 (1951).
115. Birss, F. W., Proc. Roy. Soc., A **247**, 381 (1958).
116. Rebbert, R. E. u. K. J. Laidler, J. Chem. Phys. **20**, 574 (1952).
117. Levy, J. B., J. Amer. Chem. Soc. **75**, 1801 (1953).
117a. Hanst, P. L. u. J. G. Calvert, J. Phys. Chem. **63**, 104 (1959).
118. Rembaum, A. u. M. Szwarc, J. Amer. Chem. Soc. **76**, 5975 (1954).
119. Tilitschejev, M. D., J. angew. Chem. (russ.) **12**, 741 (1939); Jost, W. u. L. v. Müffling, Z. Elektrochem. **47**, 766 (1941); Hein, F. u. H. J. Mésee, Berichte **76** B, 430 (1943).
120. Szwarc, M., J. Chem. Phys. **16**, 128 (1948).
121. Blades, H., A. T. Blades u. E. W. R. Steacie, Canad. J. Chem. **32**, 298 (1954).
122. Sehon, A. H. u. M. Szwarc, Ann. Rev. Phys. Chem. **8**, 439 (1957).
123. Leigh, C. H. u. M. Szwarc, J. Chem. Phys. **20**, 403 (1952).
124. Leigh, C. H. u. M. Szwarc, J. Chem. Phys. **20**, 407 (1952).
125. Leigh, C. H. u. M. Szwarc, J. Chem. Phys. **20**, 844 (1952);
125a. Levy, M., M. Szwarc u. J. Throssel, J. Chem. Phys. **22**, 1904 (1954).
126. Johnston, H. S., L. Foering, Yu-Sheng Tao u. G. H. Messerly, J. Amer. Chem. Soc. **73**, 2319 (1951); Johnston, H. S., L. Foering u. R. J. Thompson, J. Phys. Chem. **57**, 390 (1953); Johnston, H. S., L. Foering u. J. R. White, J. Amer. Chem. Soc. **77**, 4208 (1955).
127. Adams, G. K. u. C. E. H. Bawn, Trans. Faraday Soc. **45**, 494 (1949).
128. Pollard, F. H., H. S. B. Marshall u. A. E. Pedler, Trans. Faraday Soc. **52**, 59 (1956).

129. LEVY, J. B., J. Amer. Chem. Soc. **75**, 1801 (1953); **76**, 3254, 3790 (1954).
130. COTTRELL, T. L., T. E. GRAHAM u. T. J. REID, Trans. Faraday Soc. **47**, 584 (1951).
131. HILLENBRAND, L. J. jr. u. M. L. KILPATRICK, J. Chem. Phys. **19**, 381 (1951).
132. HILLENBRAND, L. J. jr. u. M. L. KILPATRICK, J. Chem. Phys. **21**, 525 (1953).
133. GRAY, P., A. D. YOFFE u. L. ROSELAAR, Trans. Faraday Soc. **51**, 1489 (1955).
133a. SMITH, T. E. u. J. G. CALVERT, J. Phys. Chem. **63**, 1305 (1959).
134. PRITCHARD, H. O., J. Chem. Phys. **25**, 267 (1956).
135. SRINIVASAN, R., J. Chem. Phys. **28**, 895 (1958).
136. CLARKE, R. P. u. R. N. PEASE, J. Amer. Chem. Soc. **73**, 2132 (1951).
137. BRAGG, J. K., L. V. McCARTY u. F. J. NORTON, J. Amer. Chem. Soc. **73**, 2134 (1951).
138. BEACHELL, H. C. u. J. F. HAUGH, J. Amer. Chem. Soc. **80**, 2939 (1958).
139. BEACHELL, H. C. u. W. C. SCHAR, J. Amer. Chem. Soc. **80**, 2943 (1958).
140. BENSON, S. W. u. A. E. AXWORTHY jr., J. Chem. Phys. **26**, 1718 (1957).
141. GLISSMANN, A. u. H. J. SCHUMACHER, Z. physik. Chem. B **21**, 323 (1933).
142. DON VANAS, W., M. N. LODGE u. W. D. WALTERS, J. Amer. Chem. Soc. **74**, 451 (1952).
142a. PAGE, M., H. O. PRITCHARD u. A. F. TROTMAN-DICKENSON, J. Chem. Soc. **1953**, 3878.
142b. Persönliche Mitteilung von Herrn A. J. TROTMAN-DICKENSON vom 9. Dezember 1958.
143. STUBBS, F. J. u. C. HINSHELWOOD, Discuss. Faraday Soc. **10**, 129 (1951).
144. STEACIE, E. W. R. u. H. D. FOLKINS, Canad. J. Research B **18**, 1 (1940).
145. ECHOLS, L. S. u. R. N. PEASE, J. Amer. Chem. Soc. **61**, 1024 (1939).
146. JACH, J., F. J. STUBBS u. C. HINSHELWOOD, Proc. Roy. Soc., A **224**, 283 (1954).
147. STUBBS, F. J. u. C. HINSHELWOOD, Proc. Roy. Soc., A **200**, 458 (1950).
148. RICE, F. O. u. M. D. DOOLEY, J. Amer. Chem. Soc. **56**, 2747 (1934).
149. CAGLE, F. W. jr., J. Chem. Phys. **25**, 1300 (1956).
150. STUBBS, F. J. u. C. HINSHELWOOD, Proc. Roy. Soc., A **200**, 458 (1950).
151. DANBY, C. J., B. C. SPALL, F. J. STUBBS u. C. HINSHELWOOD, Proc. Roy. Soc., A **223**, 421 (1954).
152. CRAWFORD, V. A. u. E. W. R. STEACIE, Canad. J. Chem. **31**, 937 (1953).
153. INGOLD, K. U., F. J. STUBBS u. C. HINSHELWOOD, Proc. Roy. Soc., A **208**, 285 (1951).
154. PARTINGTON, F. J., F. J. STUBBS u. C. HINSHELWOOD, J. Chem. Soc. **1949**, 2674; STUBBS, F. J. u. C. HINSHELWOOD, Proc. Roy. Soc., A **201**, 18 (1950); INGOLD, K. U., F. J. STUBBS u. C. HINSHELWOOD, Proc. Roy. Soc. A **203**, 286 (1950); JACH, J., F. J. STUBBS u. C. HINSHELWOOD, Proc. Roy. Soc., A **224**, 283 (1954).
155. JACH, J. u. C. HINSHELWOOD, Proc. Roy. Soc., A **229**, 143 (1955).
155a. VOEVODSKY, V. V., Trans. Faraday Soc. **55**, 65 (1959).
156. INGOLD, K. U. u. F. J. STUBBS, J. Chem. Soc. **1951**, 1749.
157. MOLERA, M. J. u. F. J. STUBBS, J. Chem. Soc. **1952**, 381

158. VOGE, H. H. u. G. M. GOOD, J. Amer. Chem. Soc. **71**, 593 (1949).
159. VARNERIN, R. E. u. J. S. DOOLING, J. Amer. Chem. Soc. **78**, 2042 (1956).
160. STEACIE, E. W. R., Atomic and Free Radical Reactions (New York 1954).
161. TROTMAN-DICKENSON, A. F., Quart. Rev. VII, 210 (1953).
162. RICE, F. O. u. R. E. VARNERIN, J. Amer. Chem. Soc. **76**, 2629 (1954).
163. SILCOCKS, C. G., Proc. Roy. Soc. A **233**, 456 (1955).
164. BARTON, D. H. R. u. K. E. HOWLETT, J. Chem. Soc. **1949**, 155.
165. HOWLETT, K. E., Trans. Faraday Soc. **48**, 25 (1952).
166. BARTON, D. H. R. u. K. E. HOWLETT, J. Chem. Soc. **1951**, 2033.
167. BARTON, D. H. R., A. J. HEAD u. R. J. WILLIAMS, J. Chem. Soc. **1951**, 2039.
168. WILLIAMS, R. J., J. Chem. Soc. **1953**, 113.
169. BARTON, D. H. R. u. P. F. ONYON, J. Amer. Chem. Soc. **72**, 988 (1950).
170. GOODALL, A. M. u. K. E. HOWLETT, J. Chem. Soc. **1954**, 2596.
171. PORTER, L. M. u. F. F. RUST, J. Amer. Chem. Soc. **78**, 5571 (1956).
172. GOODALL, A. M. u. K. E. HOWLETT, J. Chem. Soc. **1954**, 2599.
173. GOODALL, A. M. u. K. E. HOWLETT, J. Chem. Soc. **1956**, 3092.
174. SEMELUK, G. P. u. R. B. BERNSTEIN, J. Amer. Chem. Soc. **76**, 3793 (1954).
175. HOUSER, T. J. u. R. B. BERNSTEIN, J. Amer. Chem. Soc. **80**, 4439 (1958).
175a. HOARE, M. R., R. G. W. NORRISH u. G. WHITTINGHAM, Proc. Roy. Soc., A **250**, 180 (1959).
176. MACCOLL, A., J. Chem. Soc. **1955**, 965.
177. AGIUS, P. J. u. A. MACCOLL, J. Chem. Soc. **1955**, 973.
178. SMITH, R. E. u. C. HINSHELWOOD, Proc. Roy. Soc., A **183**, 33 (1944).
179. WARING, C. E. u. W. E. MUTTER, J. Amer. Chem. Soc. **70**, 4073 (1948).
180. WARING, C. E. u. M. SPECTOR, J. Amer. Chem. Soc. **77**, 6453 (1955).
181. WARING, C. E. u. C. S. BARLOW, J. Amer. Chem. Soc. **71**, 1519 (1949).
182. WARING, C. E. u. V. L. GARIK, J. Amer. Chem. Soc. **78**, 5198 (1956).
183. BARRY, W. T. jr. u. W. D. WALTERS, J. Amer. Chem. Soc. **79**, 2102 (1957).
184. SZABÓ, Z. G. u. F. MÁRTA, J. Amer. Chem. Soc. (im Druck); F. MÁRTA u. P. HUHN, Acta Phys. Chem. Szeged (Nova Series) **4**, 38 (1958).
185. YOUNG, J. R., J. Chem. Soc. **1958**, 2909.
186. BARNARD, J. A., Trans. Faraday Soc. **53**, 1423 (1957).
186a. BARNARD, J. A. u. H. W. D. HUGHES, Trans. Faraday Soc. **56**, 55 (1960).
187. BENSON, S. W., J. Chem. Phys. **25**, 27 (1956).
188. ASKEY, P. J. u. C. HINSHELWOOD, Proc. Roy. Soc., A **115**, 215 (1927).
189. LEIFER, E. u. H. C. UREY, J. Amer. Chem. Soc. **64**, 994 (1942).
189a. BENSON, S. W. u. D. V. S. JAIN, J. Chem. Phys. **31**, 1008 (1959).
190. MUELLER, K. H. u. W. D. WALTERS, J. Amer. Chem. Soc. **73**, 1458 (1951).
191. JOHNSTON, E. R. u. W. D. WALTERS, J. Amer. Chem. Soc. **76**, 6266 (1954).
192. GUENTHER, W. B. u. W. D. WALTERS, J. Amer. Chem. Soc. **73**, 2127 (1951).
193. STEWART, R. D. u. G. H. CADY, J. Amer. Chem. Soc. **77**, 6110 (1955).
194. SZABÓ, Z. G. u. T. BÉRCES, Z. physik. Chem. (Neue Folge) **12**, 168 (1957).
195. SZABÓ, Z. G., T. BÉRCES u. P. HUHN, Trans. Faraday Soc. **55**, 1129 (1959).

196. SZABÓ, Z. G., T. BÉRCES u. P. HUHN, Magyar Kémiai Folyóirat **64**, 225 (1958), ungarisch mit deutscher Zusammenfassung. Z. phys. Chem. N.F. **23**, 70 (1960).
197. BÉRCES, T. u. P. HUHN, Acta Phys. Chem. Szeged (Nova Series) **3**, 100 (1957).
198. BODENSTEIN, M. u. Z. SZABÓ, Z. physik. Chem. B **39**, 44 (1938).
199. SZABÓ, Z. G., P. HUHN u. F. MÁRTA, Trans. Faraday Soc. **55**, 1131 (1959).
200. LIPSCOMB, F. J., R. G. W. NORRISH u. B. A. THRUSH, Proc. Roy. Soc., A **223**, 455 (1956).
201. PORTER, G. u. F. J. WRIGHT, Discuss. Faraday Soc. **14**, 23 (1953).

Kapitel 8

Reaktionen zweier oder mehrerer Arten von Ausgangsmolekeln

§ 1. Einfache Reaktionen mit bimolekularem Startschritt

a) Austauschreaktionen

Die genauere kinetische Untersuchung hat ergeben, daß der größte Teil der ursprünglich als bimolekular angenommenen Reaktionen nicht einfach bimolekular, sondern mehr oder weniger zusammengesetzt ist. Nur einige der sorgfältig untersuchten Reaktionen sind wirklich einfache bimolekulare Vorgänge.

In der Theorie spielten die Bildung und die Zersetzung des Jodwasserstoffs seit BODENSTEIN eine zentrale Rolle. Es wurde festgestellt, daß die Reaktion wirklich in einem Schritt verläuft und die von BODENSTEIN bestimmten Parameter den Vorgang auch bei hohen Drucken richtig beschreiben. Die Geschwindigkeitszunahme bei hohen Drucken konnte als Auswirkung des Eigenvolumens interpretiert werden. Um die angebliche große Temperaturabhängigkeit der Aktivierungsenergie zu deuten, haben BENSON und SRINIVASAN (1) auch die Möglichkeit einer Kettenreaktion diskutiert.

$$I_2 + M \underset{k_3}{\overset{k_2}{\rightleftharpoons}} 2I + M - 35{,}6\ \text{kcal}$$

$$I + H_2 \underset{k_5}{\overset{k_4}{\rightleftharpoons}} HI + H - 32{,}8\ \text{kcal}$$

$$H + I_2 \underset{k_7}{\overset{k_6}{\rightleftharpoons}} HI + I + 35{,}5\ \text{kcal}.$$

Daraus folgt mit $k_5 < k_6$

$$\frac{d[\mathrm{HJ}]}{dt} \approx 2k_4[H_2]\,[I_2]^{1/2}\,K_{2,3}{}^{1/2}.$$

Für die bimolekulare Reaktion (Geschwindigkeitskonstante $= k_b$) bekommt man

$$\frac{d[\mathrm{HJ}]}{dt} = k_b[H_2]\,[I_2]\,(1 + B)$$

$$B = \frac{2k_4\,\mathrm{K}_{2,3}{}^{1/2}}{k_b\,[\mathrm{J}_2]^{1/2}}.$$

$K_{2,3}$ ist bekannt, das Verhältnis von k_4/k_b kann nach der Theorie der absoluten Reaktionsgeschwindigkeit berechnet werden zu

$$\frac{k_4}{k_b} \approx \frac{E_b - E_4}{RT}.$$

Die Differenz $E_b - E_4$ beträgt etwa 4–8 kcal/Mol. Damit kann B berechnet werden. Es ist zu erwarten, daß der obige Kettenmechanismus nur bei höheren Temperaturen und bei verminderten Joddrucken bedeutend wird. Nach Benson macht die Kettenreaktion bei 600° K und weniger als 400 mm Hg J_2 höchstens 10% aus. Experimentell wurde dies von Graven (2) bestätigt, der zwischen 600–775° C in einem Strömungssystem (siehe Kap. 7, § 2) gemessen hat (Reaktionsgefäß aus Quarz, Volumen 43 mm³). Die Reaktion wurde gravimetrisch verfolgt. Eine 11-fache Änderung der Wasserstoffkonzentration bei konstanter Jodkonzentration und eine 5-fache Änderung der Jodkonzentration bei konstanter Wasserstoffkonzentration veränderte den Wert der Geschwindigkeitskonstanten kaum. Wenn weiterhin die Kontaktzeit im Verhältnis 1 : 16 variiert wurde, blieben die Konstanten gleichfalls wenig beeinflußt. Der Wert der Geschwindigkeitskonstanten ergab sich zu

$$k_2 = 1{,}23 \cdot 10^{12} \exp(-41000/RT)\ \text{Liter} \cdot \text{Mol}^{-1}\,\text{sec}^{-1}$$

in guter Übereinstimmung mit Bodenstein.

Die Untersuchungen von Graven haben die Reaktion als rein bimolekular in einem Temperaturintervall größer als 500° bewiesen. Dabei änderte sich die Geschwindigkeitskonstante um acht Größenordnungen.

Einige Reaktionen mit Stickoxyd als Partner wurden als rein bimolekular gefunden. So haben Freiling, Johnston und Ogg (3) die Reaktion

$$\mathrm{ClNO_2 + NO = NO_2 + ClNO}$$

in einem Reaktionsgefäß von 22 Liter Volumen untersucht, das auch von Mills und Johnston (4) und von Johnston und Perrine (5) in den Versuchen über den Zerfall des Stickstoffpentoxyds in Anwesenheit von Stickoxyd benutzt wurde. Die Reaktion wurde optisch bei der Wellenlänge von 436 mμ verfolgt. Der Apparat wurde mit reinem Stickstoffdioxyd kalibriert, wobei auch das Gleichgewicht zwischen dem Stickstoffdioxyd und Tetroxyd berücksichtigt wurde. Die Reinheit der Gase wurde durch Molekulargewichtsbestimmung kontrolliert, ferner aus dem Endwert der Druckänderung. Der Vorgang verlief wenigstens bis zu einem Umsatz von 99%. Die Konzentrationen der reagierenden Substanzen wurden von 1 : 10 bis 10 : 1 variiert, ohne daß der Wert der Geschwindigkeitskonstanten mehr als um $\pm$ 15% schwankte. Die Versuche wurden bei Gesamtdrucken zwischen 1 und 2 mm Hg ausgeführt. Versuche in einem um zwei Größenordnungen höheren Druckgebiet führten zu derselben Geschwindigkeitskonstanten. Bei diesen Versuchen strömte das Reaktionsgemisch durch ein Gefäß von 6 mm lichter Weite. Die vierzigfache Änderung des Verhältnisses Oberfläche/Volumen brachte keine Abweichung im Werte der Geschwindigkeitskonstanten. Zwischen 27 und 71° C gilt $k = 0{,}83 \cdot 10^{13}\, e^{-E/RT}\ \mathrm{cm^3 \cdot Mol^{-1}\, sec^{-1}}$, mit

$$E = 6{,}9 \pm 0{,}3\ \mathrm{kcal/Mol}.$$

Demnach ist die Reaktion des Nitrylchlorids mit Stickoxyd eine schnelle, homogene und bimolekulare Reaktion. Auch der niedrige Wert der Aktivierungsenergie deutet darauf hin. Das Nitrylchlorid kann entweder ein Sauerstoffatom oder ein Chloratom an Stickoxyd abgeben. Diese Frage kann nur in Versuchen mit markierten Atomen entschieden werden.

Stickoxyd gibt eine zweite bimolekulare Reaktion mit Ozon

$$NO + O_3 = NO_2 + O_2.$$

Dies wurde von JOHNSTON und CROSBY (6) zwischen —75° und —43° C in der von JOHNSTON und YOST (7) beschriebenen Apparatur untersucht (siehe **6.**). Stickoxyd und Ozon wurden mit Stickstoff als Trägergas in eine Mischkammer eingeleitet. Die reagierenden Substanzen gelangen durch ein mit Teflon überzogenes Ventil aus rostfreiem Stahl in das Reaktionsgefäß. Der Reaktionsverlauf wurde optisch bei der Wellenlänge 2537 Å verfolgt. Der Wert der Konstanten der sehr schnellen Reaktion ist

$$k = 0{,}8 \cdot 10^{12} \exp(-2500/RT)\ \mathrm{cm^3 \cdot Mol^{-1}\, sec^{-1}}.$$

Die sekundären Reaktionen:

$$2NO_2 + O_3 = N_2O_5 + O_2$$
$$2NO + O_2 = 2NO_2$$

störten wegen ihrer Langsamkeit neben der außerordentlich schnellen Primärreaktion nicht. Die sehr geringe Aktivierungsenergie macht jeden anderen Mechanismus als den rein bimolekularen unwahrscheinlich [vgl. Teil I, Tab. 24 sowie GOYER (8)].

b) Assoziationsvorgänge

Neben der Assoziation von zwei gleichen Molekeln wurden bimolekulare Assoziationen von zwei verschiedenen Molekeln kinetisch untersucht. Hierher gehören besonders Assoziationen von Olefinen.

ROWLEY und STEINER (9) untersuchten die Additionsreaktion von Butadien und Äthylen nach einer Strömungsmethode zwischen 487 und 648° C. Die Reaktion wurde durch Analyse der ausgefrorenen Produkte verfolgt. Das Hauptprodukt war das erwartete Cyclohexen (Ausbeute etwa 70%). Die Reaktion ist homogen und bimolekular ohne Wandwirkung. Die Geschwindigkeitskonstante ist:

$$k = 3{,}0 \cdot 10^{10} \exp(-27\,500/RT)\ \mathrm{cm^3 \cdot Mol^{-1}\,sec^{-1}}.$$

Auffällig ist der niedrige präexponentielle Faktor und die geringe Aktivierungsenergie. Diese Werte passen jedoch gut in die Gruppe der Dien-Assoziationen hinein. Eine Übereinstimmung mit den Versuchsdaten wurde dann erzielt, wenn für den aktiven Komplex eine zyklische Form angenommen wurde. Die theoretische Geschwindigkeitskonstante betrug

$$1{,}7 \cdot 10^3\ \mathrm{cm^3\,Mol^{-1}\,sec^{-1}},$$

die experimentell gefundenen $8{,}7 \cdot 10^2\ \mathrm{cm^3\,Mol^{-1}\,sec^{-1}}$. Die Assoziation des Dicyans mit Butadien, die bei 325–450 °C 2-Cyanopyridin ergibt, wurde von HAWKINS und JANZ (10) nach einer Strömungsmethode untersucht. Aus dem Temperaturkoeffizienten ergibt sich die Geschwindigkeitskonstante der bimolekularen Reaktion zu

$$k = (6 \pm 0{,}2) \cdot 10^{12} \exp(-31600/RT)\ \mathrm{cm^3 \cdot Mol^{-1}\,sec^{-1}}.$$

Die größere Aktivierungsenergie und der dementsprechend größere A-Wert werden von den Verfassern der besonders lockeren Struktur des aktiven Komplexes

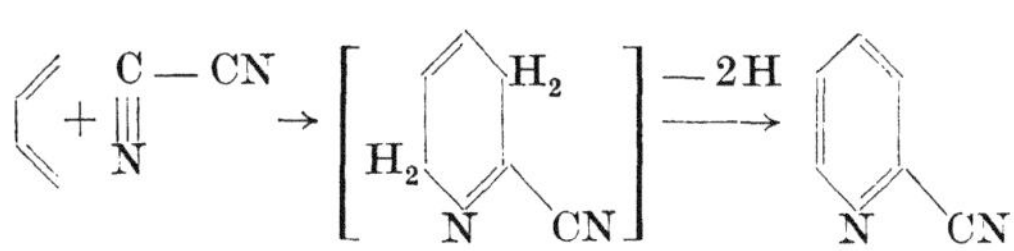

zugeschrieben.

FISCHER und STEUNENBERG (11) haben in der Assoziationsreaktion des Jodpentafluorids mit Fluor ein Beispiel für Assoziationsreaktionen zweier verschiedener Molekeln gefunden. Die Reaktion $JF_5 + F_2 \rightarrow JF_7$ wurde statisch in einem Nickelgefäß untersucht aus der Druckabnahme [mit Hilfe eines BOOTH-CROMERschen Transmitters (12)]. Füllen des Nickelgefäßes mit Nickeldrahtnetz änderte die Reaktionsgeschwindigkeit nicht. Aus dem Temperaturkoeffizienten ergab sich eine Aktivierungsenergie von 14 kcal/Mol.

§ 2. Reaktionen von scheinbar dritter Ordnung

Hier werden Reaktionen vom Typ $A + B + C \rightarrow D + E + F$ besprochen. Bei dem Typ $A + B + C \rightarrow C + D + E$ bleibt der Partner C unverändert und wirkt nur als Energieüberträger; dies soll nicht als wahre trimolekulare Reaktion betrachtet werden.

Die Existenz solcher Reaktionen wird gelegentlich bestritten. Diese Auffassung wird dadurch unterstützt, daß die bisher untersuchten trimolekularen Reaktionen nicht immer nach einer Geschwindigkeitsgleichung dritter Ordnung verlaufen. Auch ist es unmöglich, im Reaktionsverlauf der obigen trimolekularen Reaktion einen Unterschied zu finden, wenn sie über das folgende vorgelagerte Gleichgewicht

$$A + B \rightleftharpoons AB \quad \text{mit} \quad AB + C \rightarrow D + E + F$$

verläuft, vorausgesetzt, daß die Einstellung des Gleichgewichtes sehr schnell und die folgende Reaktion langsam genug ist. Bisher sind fünf Reaktionen bekannt, die trimolekular verlaufen könnten:

$$2\,NO + O_2 \rightarrow 2\,NO_2$$
$$2\,NO + Cl_2 \rightarrow 2\,NOCl$$
$$2\,NO + Br_2 \rightarrow 2\,NOBr$$
$$2\,NO + H_2 \rightarrow ?$$
$$NO + NO_2 + O_2 \rightarrow NO_2 + NO_3.$$

Hierbei ist auffällig, daß in jeder Reaktion Stickoxyd als Partner auftritt.

BODENSTEIN und Mitarb. haben diese Vorgänge ausführlich untersucht und durch die Annahme eines vorgelagerten Gleichgewichtes interpretiert. Obwohl manche thermodynamische Daten die Annahme des vorgelagerten Gleichgewichtes und die Berechnungen stützten, ist die Frage nicht genügend geklärt. Zur theoretischen Diskussion sei auf GERSHINOWITZ und EYRING (13) verwiesen.

Die Reaktion von Stickoxyd, Stickstoffdioxyd und Wassermolekeln wurde von WAYNE und YOST (14) nach JOHNSTON und YOST (7) untersucht, und zwar durch Messung der Lichtabsorption. Die Konzentrationen des Stickstoffdioxyds und Wasserdampfes wurden um das Fünffache variiert, während Stickoxyd ständig im großen Überschuß anwesend war. Die Halbwertzeit ergab sich größenordnungsmäßig zu 0,01 sec. Die Geschwindigkeit der

Reaktion hing viel stärker von der Konzentration des Wasserdampfes als von der des Stickoxyds ab, sie konnte jedoch kinetisch als von dritter Ordnung betrachtet werden. Da sich das Gleichgewicht $NO + NO_2 \rightarrow N_2O_3$ immer ohne Verzögerung einstellt, kann auch der Schritt

$$N_2O_3 + H_2O \rightarrow 2\,HNO_2$$

neben der Reaktion $NO + NO_2 + H_2O \rightarrow 2\,HNO_2$ nicht ausgeschlossen werden.

§ 3. Zusammengesetzte Reaktionen

a) Offene Reaktionsfolgen

Johnston und Yost (vgl. Kap. **6.**) haben die Kinetik der sehr schnellen Reaktion zwischen Ozon und Stickstoffdioxyd studiert (7).

Im folgenden bedeutet x den Druck von NO_2, y den von N_2O_4, z den von Ozon. Der Index Null bezieht sich immer auf die Anfangsdrucke. Die Geschwindigkeit der Reaktion wurde mit der Differentialmethode für Zeitintervalle von $^1/_{300}$ oder $^1/_{60}$ sec berechnet, ferner die Geschwindigkeitskonstante aus der Gleichung $-dz/dt = kxz$. Die Anwendbarkeit der Methode wird durch Tab. 43 illustriert.

Tabelle 43

Versuchsergebnisse bei Strömungsgeschwindigkeit von 0,594 Liter/min bei 12° C, $z_0 = 7{,}28$ Milliatmosphären

Zeiteinheit $^1/_{300}$ sec	I/I_0	Gasdruck in Milliatmosphären $NO_2/2$ $x/2$	N_2O_4 y	O_3 z	Δz	$\Delta z/\Delta t$ R	R/xz k
1	0,752	2,93	0,67	5,83	0,20	60	1,83
1	0,762	2,79	0,61	5,63	0,10	30	0,98
2	0,769	2,70	0,60	5,53	0,14	42	1,45
3	0,776	2,61	0,55	5,39	0,12	36	1,32
4	0,782	2,53	0,51	5,27	0,08	24	0,92
5	0,787	2,47	0,49	5,19	0,45	36	1,19
10	0,813	2,13	0,38	4,74	0,36	22	1,12
15	0,834	1,87	0,28	4,38	0,35	21	1,45
20	0,858	1,59	0,21	4,03	0,27	16	1,40
25	0,876	1,37	0,16	3,76	0,23	14	1,48
30	0,892	1,18	0,12	3,53	0,21	13	1,68
35	0,906	1,01	0,08	3,32	0,12	7	1,10
40	0,915	0,91	0,06	3,20	0,08	5	0,88
45	0,922	0,83	0,06	3,12	0,09	5	1,11
50	0,929	0,75	0,05	3,03			

Mittelwert in (Atm. × 10^{-3} sec)$^{-1}$ 1,29

Tab. 44 zeigt die Werte der Geschwindigkeitskonstanten.

Tabelle 44

Versuchsergebnisse bei verschiedenen Konzentrationen, bzw. verschiedenen Temperaturen

Nr.	Temperatur °C	c_0 Milliatmosphären	z_0 Milliatmosphären	Zahl der Messungen	Geschwindigkeitskonstante Mittelwert $cm^3/(Mol\,sec) \cdot 10^{-7}$
	Änderung der Anfangsdrucke bei konstanter Temperatur				
1	20	1,23	1,92	3	3,7
2	20	1,28	3,68	2	3,5
3	20	1,21	5,70	3	3,5
4	21	5,35	4,69	2	3,9
5	20	5,00	7,52	4	3,9
6	21	4,55	11,35	4	3,3
7	22	13,4	5,60	4	3,4
8	22	14,9	18,0	2	4,1
9	20	12,3	23,8	3	3,6
	Änderung der Temperatur bei konstantem Anfangsdruckverhältnis der reagierenden Substanzen				
10	13	1,23	1,92	4	2,8
1	20	1,23	1,92	3	3,7
11	29	1,23	1,92	3	5,0
12	14	5,05	7,28	8	3,0
5	20	5,00	7,52	4	3,9

Danach ist die Genauigkeit der Messungen und die Konstanz der Geschwindigkeiten recht gut. Obwohl die exotherme Reaktion die Kontrolle der Temperatur erschwerte, sind die Versuchsangaben höchstens mit einem daherrührenden Fehler von zwei Graden belastet. Die Geschwindigkeitskonstante ist

$$k = 5{,}9 \cdot 10^{12}\, e^{-E/RT} = 3{,}5 \cdot 10^{11}\,(T)^{1/2} \exp\,(-7000/RT)\ \mathrm{cm^3 \cdot Mol^{-1}\,sec^{-1}}.$$

Es ergibt sich der Mechanismus

(1) $NO_2 + O_3 = NO_3 + O_2$ (geschwindigkeitsbestimmender Schritt)

(2) $NO_2 + NO_3 + M = N_2O_5 + M$.

In (2) vorkommendes M ist der energieliefernde Partner. (1) wurde schon früher von SCHUMACHER und SPRENGER angenommen zur Deutung des durch Stickstoffpentoxyd katalysierten Ozonzerfalls. (2) ist die Umkehrung einer von SMITH und DANIELS vorgeschlagenen Reaktion zwischen Stickoxyd und Stickstoffpentoxyd.

Die Reaktion zwischen Stickoxyd und Stickstoffpentoxyd wurde zuerst von SMITH und DANIELS auf optischem Wege untersucht (15). Da Feuchtigkeit katalysiert, wurde das Reaktionsgefäß sorgfältig getrocknet, gealtert, oder mit Paraffin überzogen. Die Reaktion erwies sich als unabhängig von dem Verhältnis Oberfläche/Volumen und kann als homogen betrachtet werden. Zwischen 25° und 0° C wurde ein großer Temperaturkoeffizient gefunden, 10° Temperaturanstieg verdreifacht die Reaktionsgeschwindigkeit, Aktivierungsenergie 15700 cal/Mol. Die auf die Stickstoffpentoxydkonzentration bezogene Geschwindigkeit war von erster Ordnung und fast unabhängig von der Stickoxydkonzentration. Die Geschwindigkeitskonstante wurde nach $-d[N_2O_5]/dt = k[N_2O_5]$ bei 25° und 0° C zu $8 \cdot 10^{-3}$ sec^{-1} bzw. $7 \cdot 10^{-4}$ sec^{-1} berechnet. Dies konnte von SMITH und DANIELS durch den Mechanismus gedeutet werden.

$$N_2O_5 \rightleftharpoons NO_2 + NO_3 \quad \text{(langsam)} \tag{1}$$

$$NO_3 + NO \rightarrow 2NO_2 \quad \text{(schnell)} \tag{2}$$

Die Reaktion wurde später von MILLS und JOHNSTON (16) sehr sorgfältig untersucht. SMITH und DANIELS hatten zwischen 0,1 und 20 mm Hg gearbeitet, MILLS und JOHNSTON beobachteten bei Drucken von 10^{-1} bis 10^{-4} mm Hg. So konnten sie die untere und obere Druckgrenze des geschwindigkeitsbestimmenden unimolekularen Stickstoffpentoxydzerfalls messen. Für Drucke von 0,07–7 mm Hg („Niederdruckapparat") bestand das Reaktionsgefäß aus einem Quarzrohr von 3,3 cm Durchmesser und 145 cm Länge mit Quarzfenstern.

Bei 7–700 mm Hg entsprach die Apparatur der von JOHNSTON und YOST (siehe oben) („Mitteldruckapparat").

Für 700–7000 mm Hg diente ein mit Pyrexfenstern versehenes Reaktionsgefäß („Hochdruckapparat"). In allen drei Apparaten wurde optisch gemessen. Gleichzeitig wurde der Einfluß von neutralen Gasen untersucht. Die Druckabhängigkeit der Geschwindigkeitskonstanten zeigt Abb. 11.

Um das Verhältnis Oberfläche/Volumen zu verringern, haben JOHNSTON und PERRINE (5) die Reaktion in einem Versuchsgefäß von 22 Liter Inhalt wiederholt. Hier entsprach der Verlauf der Geschwindigkeitskonstanten dem theoretisch berechneten.

Später hat JOHNSTON (17) den Zerfall des Stickstoffpentoxyds in dem Reaktionsgefäß von 22 Liter bei 50,5° C, in Anwesenheit von Argon, Stickstoff, Kohlendioxyd und Schwefelhexafluorid untersucht. Der Druck der reagierenden Substanzen betrug 0,08 mm Hg, der von Fremdgasen variierte zwischen 0,02 und 10 mm Hg. Hier ist der Aktivierungsvorgang geschwindigkeitsbestimmend, und die Reaktion verläuft nach zweiter Ordnung. Die relativen Geschwindigkeiten sind bei der unteren Druckgrenze: *Ar* 0,14;

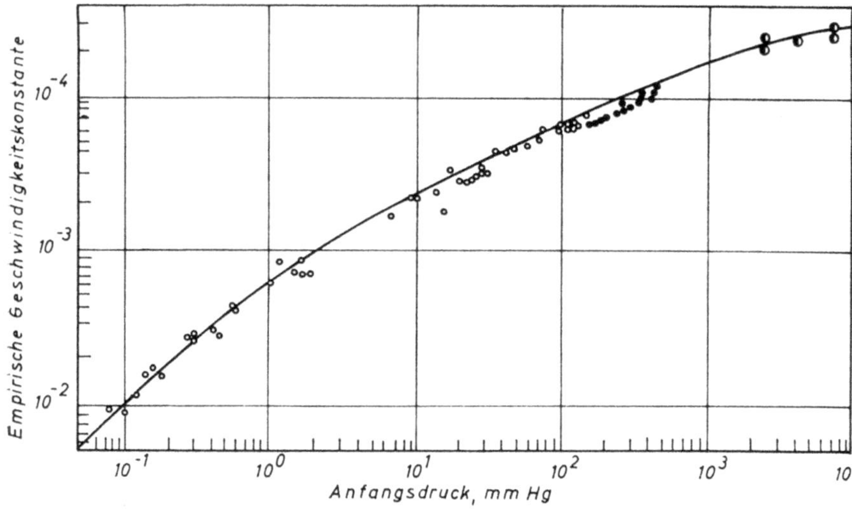

Abb. 11. Die Abhängigkeit der Geschwindigkeitskonstanten des Stickstoffpentoxydzerfalls vom Gesamtdruck. ○ Unverdünntes Reaktionsgemisch; ● Durch CO_2 verdünntes Gemisch; ● Durch N_2 verdünntes Gemisch

N_2 0,23; NO 0,30; SF_6 0,32; CO_2 0,40; N_2O_5 1,00. Daraus ergaben sich für die Lebensdauer des aktivierten Moleküls: Ar 0,97; N_2 0,84; CO_2 1,02; SF_6 0,88; $NO + N_2O_5$ $0{,}91 \cdot 10^{-7}$ sec.

Wilson und Johnston (18) fanden, daß die aktivierende Wirkung von Edelgasen mit dem Molekulargewicht zunimmt. Mehratomigen Molekeln von kleinerem Molgewicht aktivieren stärker als einatomige Gase höheren Atomgewichtes. Dagegen erreicht keines die Wirksamkeit des Stickstoffpentoxyds selbst.

In ähnlicher Weise wie Johnston hat Jach (19) die Reaktion zwischen Stickstoffpentoxyd und Stickoxyd in Anwesenheit von CO_2, SF_6, N_2, CF_4 untersucht.

Hisatsune, Crawford, Jr. und Ogg, Jr. (20) haben die Reaktion mit einem schnellregistrierenden Ultrarotspektrometer bei 20°, 25° und 30° C untersucht. Sie haben den von Smith und Daniels vorgeschlagenen Mechanismus bestätigt und für den unimolekularen Zerfallsschritt des Stickstoffpentoxyds gefunden:

$$k = 10^{14{,}1} \exp(-21000/RT) \text{ sec}^{-1} \text{ (bei 400 mm Gesamtdruck)};$$

$$k = 10^{13{,}1} \exp(-20000/RT) \text{ sec}^{-1} \text{ (bei 57 mm Gesamtdruck)},$$

vgl. a. JOHNSTON (21). Die Mechanismen der Reaktionen bauen sich nach JOHNSTON aus 8 elementaren Schritten auf:

$$N_2O_5 + M \xrightarrow{a_i M} N_2O^*_{5i} + M; \qquad N_2O^*_{5i} + M \xrightarrow{b_i M} N_2O_5 + M;$$

$$N_2O^*_{5i} \xrightarrow{c_i} NO_2 + NO_3; \qquad NO_2 + NO_3 \xrightarrow{d_i} N_2O^*_{5i};$$

$$NO_2 + NO_3 \xrightarrow{e} NO + O_2 + NO_2; \qquad NO + NO_3 \xrightarrow{f} 2\,NO_2;$$

$$NO_3 + NO_3 \xrightarrow{g} 2\,NO_2 + O_2; \qquad NO_2 + O_3 \xrightarrow{h} NO_3 + O_2.$$

* bezeichnet den angeregten Zustand, i die Zahl der über die kritische Energie angeregten Zustände des Stickstoffpentoxyds. M bezeichnet diejenige Gasmolekel, die die Anregung oder Desaktivierung des Stickstoffpentoxyds bewirkt[1]).

TREACY und DANIELS (25) untersuchten erneut die Reaktion zwischen Stickoxyd und Sauerstoff im Konzentrationsgebiet 1–20 mm Hg mittels Lichtabsorption in einem Reaktionsgefäß von 120 cm Länge und 14 cm lichter Weite. In einem parallelen Versuch betrug der Durchmesser des Reaktionsrohres bei derselben Länge nur 4 cm, durch Packen mit Glasröhren wurde die Oberfläche weiter vergrößert. Die Versuche wurden bei Temperaturen von 0°, 25° und 65° C ausgeführt.

Bei kleineren Drucken findet man einen Geschwindigkeitsausdruck dritter Ordnung. Die Ordnung des Stickoxyds ist jedoch etwas größer als 2 und die des Sauerstoffs entweder gleich 1 oder etwas kleiner. Bei größerem Druck nähern sich die Ordnungen den Grenzen 2 bzw. 1. Inertgase, die Oberfläche und die Temperatur üben nur einen sehr geringen Einfluß aus. TREACY und DANIELS schlagen den Mechanismus vor:

$$NO + O_2 \rightleftharpoons NO_3$$

(1) $$\text{Gleichgewicht, } K_A = \frac{(NO_3)}{(NO)\,(O_2)}$$

(2) $$NO_3 + NO \underset{k_2}{\overset{k_1}{\rightleftharpoons}} NO_3 \cdot NO$$

(3) $$NO_3 \cdot NO + NO_2 \xrightarrow{k_3} 2\,NO + O_2 + NO_2$$

$$NO_3 + NO_2 \rightleftharpoons N_2O_5$$

(4) $$\text{Gleichgewicht, } K_B = \frac{(N_2O_5)}{(NO_3)\,(NO_2)}$$

(5) $$NO_3 + NO \xrightarrow{k_5} 2\,NO_2$$

(6) $$NO_3 \cdot NO + NO \xrightarrow{k_6} 2\,NO_2 + NO.$$

---

[1]) Näheres zu diesen Reaktionen siehe (7), (15), (16), (21), (22), (23), (24).

Charakteristisch ist, daß in dem vorgelagerten Gleichgewicht NO_3 statt des bisher angenommenen Dimeren, $(NO)_2$, vorkommt. NO_3 ist nicht nur das beständige Zwischenprodukt in Reaktionen des Stickstoffpentoxyds, sondern wurde auch spektroskopisch unmittelbar nachgewiesen. Die Annahme des NO_3 ermöglicht die direkte Verbindung mit NO, da beide Molekeln von ungerader Elektronenzahl sind [vgl. Z. G. SZABÓ (26)]. Die Rolle des N_2O_5 im Mechanismus ergibt sich nun von selbst. Die hemmende Wirkung des NO_2 in der dritten Reaktion zeigt sich in der geringen Verminderung der Geschwindigkeit durch NO_2. Wenn für die Zwischenprodukte Quasistationarität angenommen wird, ergibt sich für die Bildungsgeschwindigkeit

$$(d[NO_2]/dt)/([NO]^2[O_2]) = k = k_5 K_A \{1 + k_6 k_1 [NO]/k_5(k_2 + k_3[NO_2] + k_6[NO])\}.$$

Diese Gleichung erklärt die höhere Ordnung von NO und zeigt, wie man trimolekulare Reaktionen umgehen kann.

JOHNSTON und LEIGHTON (27) untersuchten die Reaktion zwischen Nitrosylchlorid und Ozon: $NOCl + O_3 \rightarrow NO_2Cl + O_2$ [vgl. SCHUMACHER und SPRENGER (28)]. Sie fanden, daß die Reaktion überhaupt nicht nach der Gleichung von SCHUMACHER und SPRENGER verläuft. Als Ursache wird angenommen, daß das Ozon oder Nitrosylchlorid bei letzteren Stickoxyd bzw. Stickstoffpentoxyd enthielt, die die Hauptreaktion induzierten. Gibt man zu völlig reinem Nitrosylchlorid und Ozon eine kleine Menge Stickstoffpentoxyd so verläuft die Reaktion nach der obigen Gleichung. Der Geschwindigkeitsausdruck lautet:

$$-d[NOCl]/dt = k[NOCl]^{1/2}[O_3]^{1/2}[N_2O_5]^{1/2} .$$

Die Reaktion verläuft über folgende Stufen

$$N_2O_5 \xrightarrow{k_1} NO_2 + NO_3$$
$$NO_2 + NO_3 \xrightarrow{k_2} N_2O_5$$
$$NO_2 + O_3 \xrightarrow{k_3} NO_3 + O_2$$
$$NOCl + NO_3 \xrightarrow{k_4} NO_2Cl + NO_2,$$

und daraus folgt die Gleichung:

$$\frac{-d[NOCl]}{dt} = \left(\frac{k_1 k_3 k_4}{k_2}\right)^{1/2} [NOCl]^{1/2}[O_3]^{1/2}[N_2O_5]^{1/2},$$

die mit der experimentell gefundenen übereinstimmt. Da die Werte von k_1/k_2 und von k_3 bekannt sind [siehe H. S. JOHNSTON (21)], kann k_4 berechnet werden. Der Wert beträgt bei 40° C $0{,}7 \cdot 10^8$ cm³ Mol⁻¹ sec⁻¹. Wenn der

A-Faktor für diese Reaktion zu 10^{12} angenommen wird, bekommt man für die Aktivierungsenergie 6 kcal/Mol, also einen sehr wahrscheinlichen Wert.

Während die von SCHUMACHER und SPRENGER angegebene Gleichung einen verbotenen Elektronenübergang enthält, kommt ein solcher im Mechanismus von JOHNSTON und LEIGHTON nicht vor.

SCHMITZ und SCHUMACHER (29) stellten das Fluorchlordioxyd, $FClO_2$, in einer Reaktion von trockenem Fluor mit Chlordioxyd bei niedrigerer Temperatur (— 46 bis — 26° C) dar. Neuerdings wurde der Mechanismus von AYMONINO, SICRE und SCHUMACHER (30) untersucht und die Gleichung gefunden:

$$\frac{d\,[FClO_2]}{dt} = 2\,\frac{dp}{dt} = k_1\,[F_2]\,[ClO_2]\,.$$

Der Vorgang setzt sich aus den Stufen zusammen:

$$(1) \qquad F_2 + ClO_2 \longrightarrow FClO_2 + F$$

$$(2) \qquad F + ClO_2 \longrightarrow FClO_2$$

$$(3) \qquad F + F + M \longrightarrow F_2 + M$$

$$(4) \qquad F \xrightarrow{\text{Wand}} 1/2\,F_2\,.$$

Bei kleinen Konzentrationen von ClO_2 und bei kleinen Gesamtdrucken spielen nur (1) und (4) eine Rolle. Bei größeren Chlordioxydkonzentrationen und Gesamtdrucken treten auch (2) und (3) auf. (1) erwies sich als völlig homogen, und aus der Temperaturabhängigkeit ergibt sich eine Aktivierungsenergie von 8,5 ± 0,4 kcal/Mol, für den sterischen Faktor – wenn der Durchmesser des Fluormoleküls zu 3,0 Å, der des Chlordioxyds zu 4,3 Å angenommen wird – ein Wert von $3 \cdot 10^{-4}$, ein sehr plausibler Wert bei solchen Reaktionen.

MARTIN und KÖHNLEIN (31) haben die Reaktion zwischen Chlordioxyd und Nitrosylchlorid ausführlich untersucht. In Anwesenheit von NO_2 reagieren Chlordioxyd und Nitrosylchlorid nach der Bruttogleichung

$$2NOCl + ClO_2 \rightarrow NO_2Cl + NO_2 + Cl_2\,.$$

Die Reaktion ist autokatalytisch, im Quarzgefäß homogen und gehorcht dem Zeitgesetz

$$\frac{-d\,[ClO_2]}{dt} = k_a\,[NOCl]\,[NO_2] + k_b\,[ClO_2]\,[NO_2]$$

mit

$$k_a = 7{,}9 \cdot 10^{-4}\,;\; k_b = 1{,}5 \cdot 10^{-4}\ \text{Torr}^{-1}\ \text{min}^{-1}\ \text{bei}\ 0°\ \text{C}.$$

Im Gemisch der reinen Ausgangsgase kommt die Reaktion erst nach einer längeren Induktionsperiode in Gang; durch Vergrößerung der Oberfläche läßt sich die Induktionsperiode verkürzen, durch Zugabe von wenig NO_2 aufheben.

Die Reaktion läßt sich durch die simultanen Folgen

$$NO_2 + NOCl \xrightarrow{k_1} NO + NO_2Cl$$

$$NO + ClO_2 \xrightarrow{\text{schnell}} NO_2 + ClO$$

und

$$NO_2 + ClO_2 \xrightarrow{k_2} NO_3 + ClO$$

$$NO_3 + NOCl \xrightarrow{\text{schnell}} NO_2 + NO_2Cl$$

mit der gemeinsamen schnellen Folgereaktion

$$ClO + NOCl \xrightarrow{\text{schnell}} NO_2 + Cl_2$$

deuten. Die bimolekularen und geschwindigkeitsbestimmenden Konstanten k_1 und k_2 entsprechen den empirischen Konstanten k_a und k_b im Geschwindigkeitsausdruck. Für die Geschwindigkeitskonstante ergab sich

$$k_1 = k_a = 1{,}92 \cdot 10^{10} \exp(-10000/RT) \text{ cm}^3 \text{ Mol}^{-1} \text{ sec}^{-1}.$$

Der Mechanismus der Hydrolyse des Diborans wurde neuerlich von WEISS und SHAPIRO (32) statisch untersucht. Die Umsetzung

$$B_2H_6 + 6\,H_2O \rightarrow 2\,H_3BO_3 + 6\,H_2$$

erwies sich bei 50,5° C als homogen. Für die Geschwindigkeit ergibt sich

$$d[H_2]/dt = k[B_2H_6]^{1/2}[H_2O].$$

Es wird angenommen

(1) $$B_2H_6 \rightleftharpoons 2\,BH_3$$

(2) $$BH_3 + H_2O \rightarrow [BH_3 \cdot H_2O]^* \rightarrow BH_2OH + H_2$$

(3) $$BH_2OH + H_2O \rightarrow [BH_2OH \cdot H_2O]^* \rightarrow BH(OH)_2 + H_2$$

(4) $$BH(OH)_2 + H_2O \rightarrow [BH(OH)_2 \cdot H_2O]^* \rightarrow B(OH)_3 + H_2.$$

Die Zwischenprodukte sind nicht abzutrennen. Der Mechanismus wird auch durch die Stöchiometrie der Additionsreaktionen des Diborans und durch die Tatsache gestützt, daß auch in den Isotopenaustauschreaktionen des Diborans die Gesamtordnung des Vorganges 3/2 ist (33).

b) Geschlossene Reaktionsfolgen (Kettenreaktionen)

Eine Kettenreaktion zwischen zwei verschiedenen Molekeln beginnt nur in den seltensten Fällen mit der unmittelbaren Wechselwirkung der Reaktionspartner. Der Primärschritt ist häufig der Zerfall einer Molekel in freie Radikale, die mit der anderen Molekel reagieren und die Kette fortpflanzen.

ASHMORE und CHANMUGAM (34) beschäftigten sich mit den Reaktionen im System Wasserstoff, Chlor, Stickoxyd und Nitrosylchlorid. Die Reaktion zwischen Wasserstoff und Chlor spielt sich in den Kettenschritten der Chlorknallgasreaktion ab. In dem erweiterten System besteht der Unterschied nur darin, daß Kettenbeginn und Kettenabbruch in erster Linie durch die Zerfallsprodukte des Nitrosylchlorids verursacht werden.

Es wurden stöchiometrischem Wasserstoff-Chlor-Gemisch einige Prozent oder weniger Nitrosylchlorid zugefügt. Die Reaktion wurde durch die Änderung der Menge des nach Einfrieren zurückbleibenden Wasserstoffes verfolgt. Sie war besser reproduzierbar als die reine Chlorknallgasreaktion. Demnach scheinen die durch Nitrosylchlorid hervorgerufenen Ketteneinleitungen und -abbrüche gegen Wandwirkung indifferent zu sein. Die Versuche wurden etwa bei 300° C ausgeführt. Die Reaktion hat ohne Nitrosylchlorid keine, mit Nitrosylchlorid jedoch eine Induktionszeit (time lag) von einigen Sekunden. Es wird eine Kettenreaktion angenommen:

$$\left.\begin{array}{lr} (1) & NO + Cl_2 \xrightarrow{k_1} NOCl + Cl \\ (2) & NOCl \xrightarrow{k_2} NO + Cl \\ (3) & Cl_2 \xrightarrow[\text{Wand}]{k_3} Cl + Cl \end{array}\right\} \text{Kettenbeginn}$$

$$\left.\begin{array}{lr} (4) & Cl + H_2 \xrightarrow{k_4} HCl + H \\ (5) & H + Cl_2 \xrightarrow{k_5} HCl + Cl \end{array}\right\} \text{Kettenfortpflanzung}$$

$$\left.\begin{array}{lr} (6) & Cl + NOCl \xrightarrow{k_6} NO + Cl_2 \\ (7) & H + NOCl \xrightarrow{k_7} NO + HCl \end{array}\right\} \text{Kettenabbruch}$$

Bei den Untersuchungen von ASHMORE stellte sich heraus, daß Nitrosylchlorid ein außerordentlich wirksamer Inhibitor der Chlorknallgasreaktion ist. Deshalb könnte man erwarten, daß bei dessen Anwesenheit auch die Geschwindigkeit des stationären Vorganges kleiner würde. Wie aus Abb. 12 hervorgeht, verlaufen die kinetischen Kurven – abgesehen von der Induktionszeit – mit fast gleicher Steilheit. Da die Wirkung von Inertgasen klein ist, kann gefolgert werden, daß weitere Abbruchsreaktionen außer (6) und (7), wie z. B. Cl + Cl, H + H oder Cl + H nicht zu berücksichtigen sind.

Die Kette wird hauptsächlich von Reaktion (1) gestartet. Ihre Aktivierungsenergie beträgt 20,3 kcal/Mol und ihre Geschwindigkeitskonstante

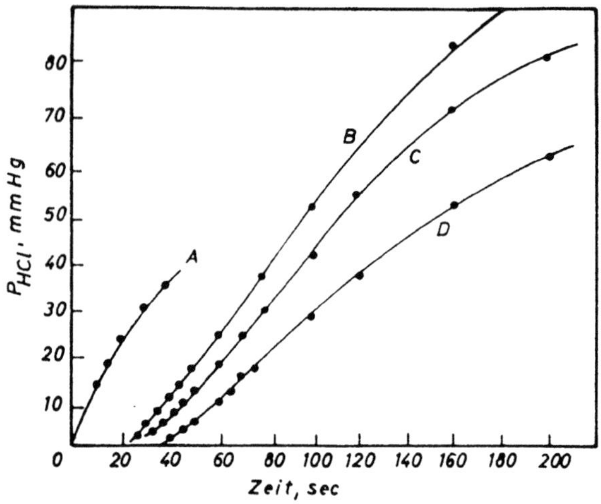

Abb. 12. Druckänderung von HCl als Funktion der Zeit bei 300° C für die Reaktionsgemische:

(A) 50 mm H_2 + 50 mm Cl_2;
(B) 70 mm H_2 + 70 mm Cl_2 + 60 mm NOCl;
(C) 60 mm H_2 + 60 mm Cl_2 + 6 mm NOCl;
(D) 50 mm H_2 + 50 mm Cl_2 + 8 mm NOCl

kann bei Kenntnis von k_6 [Burns und Dainton (35)] aus den folgenden Gleichgewichten berechnet werden.

$$2NOCl \rightleftharpoons 2NO + Cl_2 \qquad \text{Gleichgewichtskonstante } K_E$$
$$Cl \rightleftharpoons 2Cl \qquad \text{Gleichgewichtskonstante } K_D$$
$$NO + Cl_2 \rightleftharpoons NOCl + Cl \qquad \text{Gleichgewichtskonstante } k_1/k_6$$

Nach dem Prinzip der mikroskopischen Reversibilität müssen diese umkehrbaren Reaktionen im Falle des Gleichgewichtes die Gleichungen

(1) $$K_E = [NO]^2[Cl_2]/[NOCl]^2$$

(2) $$K_D = [Cl]^2/[Cl_2]$$

(3) $$k_1/k_6 = [NOCl]\,[Cl]/([NO]\,[Cl_2])$$

für jede Komponente ([NO], [NOCl] und [Cl]) erfüllen. Durch Kombination bekommt man

$$[NOCl]^2[Cl]^2/[Cl_2]^2 = K_D/K_E\,; \quad k_1/k_6 = (K_D/K_E)^{1/2}.$$

K_D und K_E sind bekannt [Dixon (36)]. Für k_6 geben Burns und Dainton an:

$$k_6 = 1{,}4 \cdot 10^{10} \exp(-1060/RT) \text{ Liter Mol}^{-1}\,\text{sec}^{-1}.$$

Daraus folgt für k_1

$$k_1 = 4 \cdot 10^9 \exp(-20300/RT) \text{ Liter Mol}^{-1} \text{ sec}^{-1}.$$

Der Beitrag der Reaktionen (2) und (3) ergibt sich aus folgendem: Die Zersetzung des Nitrosylchlorids nimmt in Anwesenheit von Chlor zu, weil dem geschwindigkeitsbestimmenden Vorgang (2) die schnelle Reaktion (6) folgt. Der präexponentielle Faktor von (2) ist etwa 10^{12}–10^{13}. Wenn der kleinere Wert genommen wird und als Aktivierungsenergie die Dissoziationsenergie der *Cl–N*-Bindung von 38 kcal/Mol eingesetzt wird, ergibt sich für k_2 bei 300° C $4 \cdot 10^{-3}$ sec^{-1}, bedeutend größer, als für das reine Nitrosylchlorid von Tolman und Waddington (37) gefunden. Um diese größere Geschwindigkeit zu erklären, nehmen Ashmore und Chanmugam an, daß die Geschwindigkeit durch die Wechselwirkung mit den bei der Dissoziation des Chlors erzeugten Chloratomen vergrößert wird.

Die Rechnung zeigt, daß die erste Reaktion etwa 90% der Kette einleitet, obwohl sich das Verhältnis der Chloratom-Produktion mit der Temperatur ändert.

Die Geschwindigkeit der Reaktion kann nach dem obigen Schema angegeben werden:

$$\frac{d[\mathrm{HCl}]}{dt} = \frac{2k_4[\mathrm{H_4}]\{k_1[\mathrm{NO}][\mathrm{Cl_2}] + k_2[\mathrm{NOCl}] + k_3[\mathrm{Cl_2}]\}}{k_6[\mathrm{NOCl}] + \dfrac{k_4k_7[\mathrm{H_2}][\mathrm{NOCl}]}{k_5[\mathrm{Cl_2}] + k_7[\mathrm{NOCl}]}}.$$

Die Reaktionen (2) und (3) sind neben (1) bei der Einleitung der Ketten zu vernachlässigen. Wenn man das Verhältnis der A-Werte der Geschwindigkeitskonstanten als 1 annimmt und die Differenz der Aktivierungsenergien abschätzt, ist das zweite Glied um etwa 15% größer als das erste Glied, und das Verhältnis zwischen den beiden ändert sich wenig. So nimmt die Geschwindigkeitsgleichung die folgende, einfachere Gestalt an:

$$\frac{d[\mathrm{HCl}]}{dt} = \alpha[\mathrm{H_2}][\mathrm{Cl_2}]\frac{[\mathrm{NO}]}{[\mathrm{NOCl}]},$$

wo $\alpha = (1{,}85 \pm 0{,}15)\, k_1k_4/k_6$ ist. Diesen Wert erhält man, wenn

$$\frac{d[\mathrm{HCl}]}{dt}\frac{[\mathrm{NOCl}]}{[\mathrm{NO}]}$$

als Funktion von $[\mathrm{H_2}][\mathrm{Cl_2}]$ dargestellt wird. Nach Abb. **13** ist der Zusammenhang linear, und so ergibt sich mit Hilfe der oben berechneten k_1 und des von Burns und Dainton mitgeteilten Wertes von k_6 für k_4 der Wert $k_4 = (4{,}8 \pm 0{,}4) \cdot 10^8$ Liter Mol^{-1} sec^{-1} und für die Aktivierungsenergie

$$E_4 = 5{,}5 \pm 0{,}2 \text{ kcal/Mol}.$$

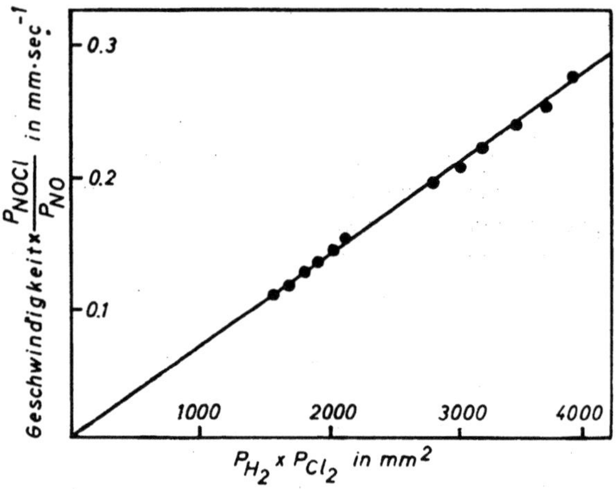

Abb. 13. Prüfung der vereinfachten Geschwindigkeitsgleichung der HCl-Bildung

Die Kinetik des Kohlenoxyd-Chlor-Phosgen-Systems [vgl. STRANKS (38)] wurde schon in 4. § 6 behandelt. BURNS und DAINTON (39) haben für die Gleichgewichtskonstante der Reaktion $COCl \rightarrow CO + Cl$ gefunden:

$$K = 10^{2,806} \exp(-6310/RT) \text{ Mol Liter}^{-1}.$$

Die Geschwindigkeitskonstante der Reaktion $COCl + Cl_2 \rightarrow COCl_2 + Cl$ ist: $k = 10^{9,4} \exp(-2960/RT)$ Liter Mol^{-1} sec^{-1}. Die Geschwindigkeitskonstante der Reaktion $COCl + Cl \rightarrow CO + Cl_2$ ist:

$$k = 10^{11,6} \exp(-830/RT) \text{ Liter Mol}^{-1} \text{ sec}^{-1}.$$

Die Phosgenbildung wird von Nitrosylchlorid durch die Reaktionen $Cl + NOCl \rightarrow NO + Cl_2$ und $COCl + NOCl \rightarrow Cl_2 + CO + NO$ gehemmt. Für die Geschwindigkeitskonstanten der letzten zwei Reaktionen haben BURNS und DAINTON (35) die Werte

$$k = 10^{10,06} \exp(-1060/RT) \text{ Liter Mol}^{-1} \text{ sec}^{-1}$$

bzw.

$$k = 10^{10,68} \exp(-1140/RT) \text{ Liter Mol}^{-1} \text{ sec}^{-1}$$

erhalten.

LEVY (40) hat die Geschwindigkeit der Wasserstoff-Brom-Reaktion nach einer Strömungsmethode im Temperaturgebiet 600–1470° K gemessen und Übereinstimmung mit den Werten von BODENSTEIN und LIND gefunden.

Die von ihm bestimmte Bruttogeschwindigkeitskonstante beträgt

$$k = 6{,}52 \cdot 10^{14} \exp(-40600/RT) \text{ cm}^3 \text{ Mol}^{-1} \text{ sec}^{-1},$$

die des Elementarschrittes $Br + H_2 \rightarrow HBr + H$,

$$k_2 = 2{,}04 \cdot 10^{12} T^{1/2} \exp(-17280/RT) \text{ cm}^3 \text{ Mol}^{-1} \text{ sec}^{-1}.$$

Diese Werte stimmen auch mit den Angaben von COOLEY und ANDERSON (41), ferner mit denen von PEASE (42) überein.

Mit dem allgemeinen Mechanismus der Halogenierungsreaktionen haben sich GOLDFINGER und Mitarb. (43) beschäftigt:

$$X_2 + M \rightarrow 2X + M \quad (1)$$

$X + RH \rightarrow XH + R$	(2)	$X + RH \rightarrow XRH$	(2′)
$R + X_2 \rightarrow RX + X$	(3)	$XRH + X_2 \rightarrow XRHX + X$	(3′)
$R + HX \rightarrow RH + X$	(4)	$XRH \rightarrow RH + X$	(4′)
$X + RX \rightarrow X_2 + R$	(5)	$X + XRHX \rightarrow X_2 + XRH$	(5′)

$$2X + M \rightarrow X_2 + M \quad (6)$$

$R + X \rightarrow RX$	(7)	$X + XRH \rightarrow XRHX$	(7′)
$2R \rightarrow R_2$	(8)	$XRH + XRH \rightarrow XRHRHX$	(8′)

Die Schritte auf der linken Seite geben die elementaren Reaktionen der Substituierungen, die auf der rechten Seite die Elementarvorgänge der Additionsreaktionen an. Die Elementar-Reaktionen (5) und (5′) besitzen eine so hohe Aktivierungsenergie, daß sie gewöhnlich vernachlässigt werden können. Die Geschwindigkeit der Reaktion wird in beiden Fällen durch die folgende Gleichung gegeben:

$$v = \frac{(k_1[M])^{1/2}[X_2]^{3/2}}{(k_6[M]\alpha^2 + k_7\alpha + k_8)^{1/2}},$$

wo α das Verhältnis $[X]/[R]$ bedeutet, das auch durch den Ausdruck $(k_3[X_2] + k_4[HX])/(k_2[RH]) = \alpha$ gegeben werden kann. Die Kettenabbrüche (6), (7) oder (8) sind abhängig von den reagierenden Substanzen, Drucken und der Temperatur. Wenn in der Geschwindigkeitsgleichung $k_1[M]$ durch den Ausdruck I_{abs} ersetzt wird, liefert die Gleichung die Geschwindigkeit der photochemischen Reaktionen. Die präexponentiellen Faktoren können in den Geschwindigkeitskonstanten abgeschätzt werden:

A_2	10^9	A_2'	10^9
A_3	10^7	A_3'	10^7
A_4	10^7	A_4'	10^{13}
A_7	10^9	A_7'	10^9
A_8	10^6	A_8'	10^6

Die Faktoren der Reaktionen (6), (7) oder (8) sind sehr sorgfältig ausgeglichen und davon abhängig, wie groß die Dissoziationsenergie der Bindungen R–X oder H–X ist. Darum sind bei der Untersuchung der thermischen, wie der photochemischen Halogenierungsreaktionen die Versuchsbedingungen zwischen sehr weiten Grenzen zu variieren, damit sich die charakteristischen Merkmale dieser Reaktionen offenbaren.

Bei der Photochlorierung des Tetrachloräthylens hat die scheinbare Aktivierungsenergie bei niedrigen Temperaturen einen negativen Wert, bei mittleren Temperaturen hat sie ein Maximum und bei hohen Temperaturen das gewöhnliche positive Vorzeichen. Dieser Vorzeichenwechsel wird dadurch erklärt, daß die Kettenabbruchsreaktion (7) mit steigender Temperatur der Reaktion (8) gegenüber immer mehr vorherrschend wird.

Die Aktivierungsenergie der Reaktion $C_2Cl_5 \rightarrow C_2Cl_4 + Cl$ wurde zu 21 kcal/Mol bestimmt. Danach beträgt die Stärke der C–Cl-Bindung in dem Radikal 22,5 kcal/Mol. Der präexponentielle Faktor der Reaktion

$$C_2Cl_5 + Cl_2 \rightarrow C_2Cl_6 + Cl \text{ ist } 10^{11,5}\ \mathrm{cm^3\,Mol^{-1}\,sec^{-1}}.$$

Die Photochlorierung des Pentachloräthans bei 130° C liefert Tetrachloräthylen und Salzsäure, die aus der Konkurrenz der Substitutionsreaktion bei niedriger Temperatur und der Dehydrochlorierungsreaktion bei höherer Temperatur herrühren [S. Ackerman, Chiltz, Goldfinger und Martens (44)]. Weitere Messungen wurden von Chiltz, Mahieu und Martens (45) durchgeführt, während die Werte der einzelnen Geschwindigkeitskonstanten von Goldfinger (46) zusammenfassend diskutiert wurden.

Der Mechanismus der Fluorierungsreaktion ist noch nicht in dem Maße aufgeklärt wie die Mechanismen der Bromierungs- oder Chlorierungsvorgänge. Infolge der Schwäche der F–F-Bindung haben auch die Reaktionen vom Typ $Y + F_2 \rightarrow YF + F$ Bedeutung, in denen Y weniger elektronegativ ist als Sauerstoff. Johnston (47) nimmt an, daß die Fluoratome nach dem Goldfingerschen Mechanismus mit wasserstoffhaltigen Substanzen reagieren. Aus energetischen Betrachtungen folgt, daß (4), (5), (4′) und (5′) gewöhnlich zu vernachlässigen sind. Die Fluorierung des Bromwasserstoffs kann mit guter Näherung durch die Gleichung

$$v = (k_a/k_6[M])^{1/2}\, k_2 [F_2]^{1/2} [HBr]^{3/2}$$

beschrieben werden, wo k_a die Geschwindigkeitskonstante der Reaktion $RH + F_2 \rightarrow R + HF + F$ ist.

In Verbindung mit dem Chlorierungsmechanismus von Trifluorchloräthylen haben Bunbury, Lacher und Park (48) festgestellt, daß sich die Chloratome an das Trifluorchloräthylen addieren und dieses Radikal als

Kettenträger die Reaktion weiterführt. Der Abbruch kann ebenfalls diesen Radikalen zugeschrieben werden.

Nach ANDERSEN, KISTIAKOWSKY und VAN ARTSDALEN (49) über die Bromierung von Kohlenwasserstoffen haben sich besonders VAN ARTSDALEN und Mitarb. (50) mit diesen Reaktionen beschäftigt.

Es wurden die Bromierungsreaktionen photochemisch und thermisch untersucht. Der Mechanismus ist völlig analog dem der Wasserstoff-Brom-Reaktion, allerdings mit dem Unterschied, daß außer Bromwasserstoff auch der Sauerstoff hemmt.

HINSHELWOOD und BRYCE (51) haben die Reaktion von Paraffinkohlenwasserstoffen mit Schwefel untersucht, (s. Abb. 14). Es bilden sich neben Schwefelwasserstoff Olefine und acetylenartige Kohlenwasserstoffe, daneben auch teerartige Produkte. Die Reaktion kann als Analogon der Oxydationsvorgänge aufgefaßt werden. Die Einzelheiten des Mechanismus sind noch unklar, doch konnten einige kinetische Eigenarten festgestellt werden.

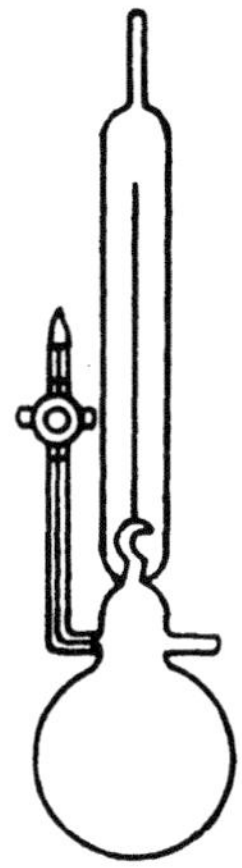

Abb. 14. Gefäß für die Reaktion zwischen Schwefel und Paraffinkohlenwasserstoffen

Der Vorgang beginnt mit einer kurzen Induktionsperiode, nach deren Verlauf er seine maximale Geschwindigkeit ziemlich rasch erreicht. Bei normalen Paraffinen nimmt die Länge der Induktionsperiode zu, der autokatalytische Verlauf dagegen vermindert sich mit der Abnahme der Zahl der Kohlenstoffatome. Die Geschwindigkeit war unabhängig von der Konzentration des Schwefels. Die Anwesenheit von flüssigem Schwefel vergrößerte die Reaktionsgeschwindigkeit beträchtlich. Aus dem log *Geschwindigkeit*- gegen log *Anfangsdruck*-Diagramm ergab sich die erste Ordnung für den Kohlenwasserstoff. Fünfzehnfache Vergrößerung des Verhältnisses Oberfläche/Volumen erhöhte nur die Anfangsgeschwindigkeit, sonst verlief die Reaktion parallel mit der im leeren Reaktionsgefäß gemessenen Kurve.

Die Reaktionsgeschwindigkeit verschiedener Kohlenwasserstoffe mit Schwefel (bei 320° C) ändert sich mit der Zahl der Kohlenstoffatome, ferner mit der Verzweigung der Kohlenstoffkette, wie Tab. 45 und 46 zeigen.

Tabelle 45

Die Reaktionsgeschwindigkeit von normalen Paraffin-Kohlenwasserstoffen bei 112 mm Hg Druck

Zahl der C-Atome	2	3	4	6	8
Geschwindigkeit (mm/min)	0,0095	0,066	0,14	0,45	4,25

Tabelle 46

Der Effekt der Verzweigung der Kohlenstoffkette bei Hexanisomeren auf die Reaktionsgeschwindigkeit

Kohlenwasserstoff	Relative Geschwindigkeit, bezogen auf 2, 3-Dimethylbutan
n-Hexan	0,5
2-Methylpentan	0,6
3-Methylpentan	0,7
2, 3-Dimethylbutan	1,0
Cyclohexan	4,0

Die Geschwindigkeit erhöht sich also von Äthan bis Octan auf etwa das 400-fache, während die Geschwindigkeitszunahme in der Reaktion mit Sauerstoff $2 \cdot 10^5$-fach ist. Die Reaktion mit Schwefel wäre mehr mit dem thermischen Zerfall von normalen Paraffinen zu vergleichen. Verzweigungen verursachen kleinere Änderungen der Geschwindigkeit. Die Änderungen sind auch kleiner als die Geschwindigkeitszunahme der Reaktionen mit Sauerstoff, die z. B. von *n*-Hexan bis 2,3-Dimethylbutan zu 1580 bestimmt wurde [Cullis, Hinshelwood, Mulcahy und Partington (52)].

Mit Kinetik und Mechanismus der zum Wassergasgleichgewicht führenden Vorgänge beschäftigten sich Graven und Long (53). Die früheren Untersuchungen führten zu abweichenden kinetischen Daten im Temperaturgebiet 600–900° C. Hier laufen homogene und heterogene Reaktionen nebeneinander. Graven und Long haben ihre Versuche zwischen 875 und 1050° C nach der Strömungsmethode im leeren und gefüllten durchsichtigen Quarzreaktionsgefäß durchgeführt. Dabei sind nur die Schritte der Hauptreaktionen $CO + H_2O \rightleftharpoons CO_2 + H_2$ verlaufen, weitere Produkte haben sich nach der massenspektrometrischen Kontrolle nicht gebildet. Die Reaktion konnte durch einfache Gasanalyse verfolgt werden und erwies sich im leeren wie im gefüllten Reaktionsgefäß als homogen und als eine lineare Funktion der Reaktionszeit. Durch Änderung der Konzentrationen der reagierenden Gase konnte für die Hinreaktion die folgende Geschwindigkeitsgleichung festgestellt werden

$$\frac{d[CO_2]}{dt} = \frac{k[CO]^{1/2}[H_2O]}{(1 + B[H_2])^{1/2}},$$

während für die Rückreaktion der hemmende Einfluß des Kohlenoxyds beobachtet wurde:

$$\frac{d[H_2O]}{dt} = \frac{k'[H_2]^{1/2}[CO_2]}{1 + A[CO]}.$$

Die Werte der Bruttogeschwindigkeitskonstanten lauten:

$$k = 5{,}0 \cdot 10^{12} \exp\,(-67300/RT)\ \text{Liter}^{1/2}\,\text{Mol}^{-1/2}\,\text{sec}^{-1},$$

$$k' = 9{,}5 \cdot 10^{10} \exp\,(-57000/RT)\ \text{Liter}^{1/2}\,\text{Mol}^{-1/2}\,\text{sec}^{-1}.$$

Die Verfasser haben für die Reaktion Kettenmechanismen angenommen mit Wasserstoffatomen und OH-Radikalen [vgl. BRADFORD (54)]. Ihr Reaktionsschema war so sehr vereinfacht, daß eine genauere Übereinstimmung mit den experimentellen Daten nicht zu erwarten war.

Aliphatische Kohlenwasserstoffe werden im Temperaturgebiet von 400 bis 500° C mit Salpetersäuredämpfen leicht nitriert. Zur Klärung des Reaktionsmechanismus haben GEISELER und REINHARDT (55) beigetragen, die von den Ergebnissen der thermischen Zersetzung von Salpetersäuredämpfen von JOHNSTON und Mitarb. (56) Gebrauch machten. Es wird das Kettenschema angegeben:

$$\begin{array}{c} RH + A \rightarrow R + HA \\ R + HNO_3 \rightarrow RNO_2 + OH \\ RH + OH \rightarrow R + H_2O \\ \hline R + NO_2 \rightarrow RNO_2 \\ R + NO_2 \rightarrow RO + NO \\ (A = \text{Protonakzeptor}) \end{array}$$

In den Versuchen gebildetes Nitroäthan zerfällt unter den Versuchsbedingungen nicht mit der gleichen Geschwindigkeit, wie wenn es allein anwesend wäre. In der Brutto-Geschwindigkeitsgleichung kommt die Konzentration der Salpetersäure in der ersten Potenz vor, und der Wert der Konstanten ist

$$k = 4{,}49 \cdot 10^{15} \exp\,(-47500/RT)\ \text{sec}^{-1}.$$

Die Aktivierungsenergie stimmt mit der Dissoziationsenergie der HNO_3-Molekel in OH- und NO_2-Radikale überein. Man kann annehmen, daß der geschwindigkeitsbestimmende und gleichzeitig primäre Schritt der Nitrierung der Zerfall der Salpetersäure ist.

Im Nitriermechanismus des Äthans werden die Elementarreaktionen berücksichtigt:

Nitrierung:

$$\begin{array}{ll} HNO_3 \rightarrow OH + NO_2 & \\ \left.\begin{array}{l} C_2H_6 + OH \rightarrow C_2H_5 + H_2O \\ C_2H_5 + HNO_3 \rightarrow C_2H_5NO_2 + OH \end{array}\right\} & \text{wahrscheinlich kurze Kette} \\ C_2H_5 + NO_2 \rightarrow C_2H_5NO_2 & \\ C_2H_5 + NO_2 \rightarrow C_2H_5ONO, & \end{array}$$

daneben Oxydationsreaktionen.

Diese elementaren Reaktionen erklären zwar einige Eigenarten der Kinetik, der Mechanismus ist jedoch heute noch nicht aufgeklärt.

Die folgenden Reaktionen, die nach ihrer Kinetik zu diesem Kapitel gehörten, wurden schon im allgemeinen Teil behandelt:

Isotopenaustausch zwischen Bromchloroform und elementarem Brom: Davidson, Sullivan; **4.** § 6 (94) S. **64.**

Isotopenaustausch zwischen Halogenwasserstoffen und freien Halogenen: Dodgen, Libby; **4.** § 6 (95) S. **64.**

Isotopenaustausch zwischen Chlorwasserstoff und chlorierten bzw. fluorierten Methanderivaten: Boggs, Brockway; **4.** § 6 (96) S. **64.**

Reaktion zwischen Bortrifluorid und Tri-, Di- und Monomethylaminen: Garvin, Kistiakowsky; **6.** (30) S. 78.

Photochemische und thermische Phosgenbildung: Stranks; **4.** § 6 (100) S. 65.

Pyrolyse des Gemisches von Äthan und völlig deuteriertem Äthan: Wall, Moore; **4.** § 6 (98) S. 65. – Rice, Varnerin; **4.** § 6 (99) S. 65.

Bromierung des Neopentans: Schweitzer, van Artsdalen; **3.** § 2 (16) S. 28.

Bromierung des Methans: Anderson, Kistiakowsky, van Artsdalen; **4.** § 3 (34) S. 51.

Literatur zu Kapitel 8

1. Benson, S. W. u. R. Srinivasan, J. Chem. Phys. **23**, 200 (1955).
2. Graven, W. M., J. Amer. Chem. Soc. 78, 3297 (1956).
3. Freiling, E. C., H. S. Johnston u. R. A. Ogg jr., J. Chem. Phys. **20**,327 (1952).
4. Mills, R. L. u. H. S. Johnston, J. Amer. Chem. Soc. **73**, 938 (1951).
5. Johnston, H. S. u. R. L. Perrine, J. Amer. Chem. Soc. **73**, 4782 (1951).
6. Johnston, H. S. u. H. J. Crosby, J. Chem. Phys. **22**, 689 (1954).
7. Johnston, H. S. u. D. M. Yost, J. Chem. Phys. **17**, 386 (1949).
8. Goyer, G. G., Canad. J. Chem. **34**, 1730 (1956).
9. Rowley, D. u. H. Steiner, Discuss. Faraday Soc. **10**, 204 (1951).
10. Hawkins, P. J. u. G. J. Janz, J. Amer. Chem. Soc. **74**, 1790 (1952).
11. Fischer, J. u. R. K. Steunenberg, J. Amer. Chem. Soc. **79**, 1876 (1957).
12. Cromer, S., The Electronic Pressure Transmitter and Self-Balancing Relay, SAM Laboratories, Columbia University MDDC-803 (1947).
13. Gershinowitz, H. u. H. Eyring, J. Amer. Chem. Soc. **57**, 985 (1935).

14. WAYNE, L. G. u. D. M. YOST, J. Chem. Phys. **18**, 766 (1950).
15. SMITH, J. H. u. F. DANIELS, J. Amer. Chem. Soc. **69**, 1735 (1947).
16. MILLS, R. L. u. H. S. JOHNSTON, J. Amer. Chem. Soc. **73**, 938 (1951).
17. JOHNSTON, H. S. J. Amer. Chem. Soc. **75**, 1567 (1953).
18. WILSON, D. J. u. H. S. JOHNSTON, J. Amer. Chem. Soc. **75**, 5763 (1953).
19. JACH, J., Trans. Faraday Soc. **53**, 41 (1957).
20. HISATSUNE, I. C., B. CRAWFORD jr. u. R. A. OGG jr., J. Amer. Chem. Soc. **79**, 4648 (1957).
21. JOHNSTON, H. S., J. Amer. Chem. Soc. **73**, 4542 (1951).
22. OGG, R. A. jr., J. Chem. Phys. **15**, 337, 613 (1947); **18**, 572, 573 (1950).
23. SCHUMACHER, H. J. u. G. SPRENGER, Z. physik. Chem. **2B**, 266 (1929).
24. SPRENGER, G., Z. Elektrochem. **37**, 674 (1931).
25. TREACY, J. C. u. F. DANIELS, J. Amer. Chem. Soc. **77**, 2033 (1955).
26. SZABÓ, Z. G., Nature **170**, 246 (1952); Acta Chim. Hung. **3**, 139 (1953).
27. JOHNSTON, H. S. u. F. LEIGHTON jr., J. Amer. Chem. Soc. **75**, 3612 (1953).
28. SCHUMACHER, H. J. u. G. SPRENGER, Z. anorg. Chem. **182**, 139 (1929).
29. SCHMITZ, H. u. H. J. SCHUMACHER, Z. anorg. allgem. Chem. **249**, 238 (1942).
30. AYMONINO, J. P., J. E. SICRE u. H. J. SCHUMACHER, J. Chem. Phys. **22**, 756 (1954).
31. MARTIN, H. u. E. KÖHNLEIN, Z. physik. Chem. Neue Folge **17**, 375 (1958).
32. WEISS, H. G. u. I. SHAPIRO, J. Amer. Chem. Soc. **75**, 1221 (1953).
33. MAYBURY, P. C. u. W. S. KOSKI, J. Chem. Phys. **21**, 742 (1953).
34. ASHMORE, P. G. u. J. CHANMUGAN, Trans. Faraday Soc. **49**, 254, 265, 270 (1953).
35. BURNS, W. G. u. F. S. DAINTON, Trans. Faraday Soc. **48**, 52 (1952).
36. DIXON, J. K., BODENSTEIN-Festband, Z. physik. Chem. 679 (1931).
37. TOLMAN, R. C. u. G. WADDINGTON, J. Amer. Chem. Soc. **57**, 689 (1935).
38. STRANKS, D. R., Trans. Faraday Soc. **51**, 499, 514, 524 (1955).
39. BURNS, W. G. u. F. S. DAINTON, Trans. Faraday Soc. **48**, 39 (1952).
40. LEVY, A., J. Phys. Chem. **62**, 570 (1958).
41. COOLEY, S. D. u. R. C. ANDERSON, Ind. Eng. Chem. **44**, 1402 (1952).
42. PEASE, R. N., Equilibrium and Kinetics of Gas Reactions (Princeton 1942), S. 112.
43. GOSSELAIN, P. A., J. ADAM u. P. GOLDFINGER, Bull. Soc. Chim. Belg. **65**, 533 (1956); ADAM, J., P. GOLDFINGER u. P. A. GOSSELAIN, Bull. Soc. Chim. Belg. **65**, 549 (1956).
44. ACKERMAN, M., G. CHILTZ, P. GOLDFINGER u. G. MARTENS, Bull. Soc. Chim. Belg. **66**, 325 (1957).
45. CHILTZ, G., A. M. MAHIEU u. G. MARTENS, Bull. Soc. Chim. Belg. **67**, 33 (1958).
46. GOLDFINGER, P., J. Chim. Phys. **1958**, 234.
47. JOHNSTON, H. S., Ann. Rev. Phys. Chem. **8**, 262 (1957).
48. BUNBURY, D. L., J. R. LACHER u. J. D. PARK, J. Amer. Chem. Soc. **80**, 5104 (1958).
49. ANDERSEN, H. C., G. B. KISTIAKOWSKY u. E. R. VAN ARTSDALEN, J. Chem. Phys. **10**, 305 (1942).

50. VAN ARTSDALEN, E. R., J. Chem. Phys. **10**, 653 (1942); KISTIAKOWSKY, G. B. u. E. R. VAN ARTSDALEN, J. Chem. Phys. **12**, 469, 479 (1944); SWEGLER, E. W., H. A. SCHERAGA u. E. R. VAN ARTSDALEN, J. Chem. Phys. **19**, 135 (1951); HORMATS, E. I. u. E. R. VAN ARTSDALEN, J. Chem. Phys. **19**, 778 (1951); SCHWEITZER, F. E. u. E. R. VAN ARTSDALEN, J. Chem. Phys. **19**, 1028 (1951); ANDERSON, H. R. jr., H. A. SCHERAGA u. E. R. VAN ARTSDALEN J. Chem. Phys. **21**, 1258 (1953); ECKSTEIN, B. H., H. A. SCHERAGA u. E. R. VAN ARTSDALEN, J. Chem. Phys. **22**, 28 (1954).
51. HINSHELWOOD, C. u. W. A. BRYCE, J. Chem. Soc. **1949**, 3379.
52. CULLIS, C. F., C. HINSHELWOOD, M. F. R. MULCAHY u. R. G. PARTINGTON, Discuss. Faraday Soc. **2**, 111 (1947).
53. GRAVEN, W. M. u. F. J. LONG, J. Amer. Chem. Soc. **76**, 2602 (1954).
54. BRADFORD, B., J. Chem. Soc. **1933**, 1557.
55. GEISELER, G. u. H. REINHARDT, Z. Elektrochem. **61**, 296 (1957).
56. JOHNSTON, H. S., L. FOERING, YU-SENG TAO u. G. H. MESSERLY, J. Amer. Chem. Soc. **73**, 2319 (1951); JOHNSTON, H. S., L. FOERING u. R. J. THOMPSON, J. Phys. Chem. **57**, 390 (1953).

Kapitel 9

Radikalreaktionen

§ 1. Die Bildungs- und unimolekularen Zerfallsreaktionen der Radikale

Die vorangehenden Kapitel zeigten, daß chemische Reaktionen sehr häufig über Radikale verlaufen. Eine gute Methode zur Untersuchung von Radikalreaktionen ist die Veränderung der Radikalkonzentration. Zur Erhöhung der Radikalreaktionen müssen die im Mechanismus vorkommenden Radikale in Reaktionen erzeugt werden, die die Hauptreaktion nicht beeinflussen und keine störenden Nebenprodukte bilden. Thermische Methoden sind meist ungeeignet, da die erforderlichen Temperaturen die Hauptreaktion schon stark beeinflussen. Tab. 47 zeigt das Ausmaß der Dissoziation einiger zweiatomiger Molekeln bei verschiedenen Temperaturen.

Eine elegante Methode für die Einführung der in thermischer Dissoziation gebildeten Radikale in die Reaktion wurde von TOLLEFSON und LEROY (1) vorgeschlagen. Die zu dissoziierende Substanz wird an einem glühenden Wolframfaden entlang geleitet, und die gebildeten Radikale werden nachher ins Reaktionsgemisch geführt.

Tabelle 47
Atomkonzentrationen bei thermischen Dissoziationen

Substanz	Dissoziations-energie kcal	Temperatur in °K mit dem Dissoziationsgrad		
		1%	0,01%	0,0001%
J_2 . . .	35,2	680	510	410
Br_2 . .	45,2	850	640	510
Cl_2 . . .	56,9	1040	800	640
HJ . .	70	1310	975	780
HBr . .	86,7	1590	1200	965
HCl . .	101,5	1830	1380	1115
H_2 . .	102,7	1910	1425	1140
D_2 . .	104,6	1920	1440	1160

[Steacie, E. W. R., Atomic and Free Radical Reactions, Sec. Ed., Vol. 1 (New York, 1954) 18.]

Aus Metallalkyl- und Metallaryl-Verbindungen entstehen schon bei mäßig hoher Temperatur die entsprechenden Alkyl- bzw. Aryl-Radikale. Bei der Zersetzung von Äthylenoxyd bilden sich Methylradikale, ebenso beim Azomethanzerfall. Manchmal ist es vorteilhafter, das in die Reaktion einzuführende Radikal indirekt herzustellen. So kann z. B. das Propylradikal dadurch hergestellt werden, daß man Dimethylquecksilber in Anwesenheit von Propan zersetzt. Die primär gebildeten Methylradikale reagieren mit Propan unter Bildung von Methan und Propyl (2).

Die bequemste Möglichkeit zur Herstellung von Radikalen ist die Photolyse. Aus Halogenmolekeln können Halogenatome, aus Metallalkylen Alkylradikale, aus Keton die mit dem Carbonylradikal verbundenen Radikale, aus Alkylhaloiden die entsprechenden Alkylradikale und Halogenatome bequem hergestellt werden. Die Blitzlichtphotolyse von Norrish und Porter (3) erzeugt eine viel höhere Radikalkonzentration als gewöhnliche Methoden. Das Blitzlicht eines explodierenden Drahtes wurde von Oster und Marcus (4), das einer kondensierten Funkenentladung von Mains, Roebber und Rollefson (5) zur Darstellung von Radikalen verwertet [vgl. auch (5a)].

Substanzen, deren Molekeln bei nicht allzu kurzen Wellenlängen dissoziieren, können als photosensibilisierende Substanzen zur Herstellung von Radikalen dienen, wie bei den durch Quecksilber sensibilisierten Dissoziationen.

Durch elektrische Entladungen werden zahlreiche Molekeln in Radikale gespalten, die man in das Reaktionsgemisch hinein bringen kann.

Auch Stoßwellen eignen sich hierzu (6).

Bei reaktionskinetischen Untersuchungen ist die Kenntnis der Konzentration der in die Reaktion hineingebrachten Radikale zur quantitativen

Auswertung der Ergebnisse unentbehrlich. Für solche Bestimmungen stehen heute schon zahlreiche Methoden zur Verfügung.

1. Die Geschwindigkeit der Entfernung geeigneter Spiegeln ist der Radikalkonzentration proportional. Diese Geschwindigkeit kann aus der zur Entfernung notwendigen Zeit, oder bei radioaktiven Spiegeln auch aus der Abnahme der Aktivität gemessen werden (7) [vgl. a. WHITTINGHAM (8), MILLER und WINKLER (9), KOHANENKO (10)].

2. Quantitative Mikromethoden der analytischen Chemie haben ebenfalls die Bestimmung der Radikalkonzentration ermöglicht. So bestimmten FELDMAN, RICCI und BURTON (11) die Menge Blei, die von einem Bleispiegel durch Radikale entfernt wurde.

3. Eine geeignete Methode zur Messung von Radikalkonzentrationen ist deren Fixierung durch Jod [GORIN (12); vgl. aber (13)]. Zur Toluol-Träger-Methode siehe SZWARC (14).

4. Eine interessante Methode von HINSHELWOOD und Mitarb. ist der Zusatz von Stickoxyd und, wie sich später zeigte, von Olefinen, Acetaldehyd usw. (15).

5. Eine der Spiegeltechnik ähnliche Methode ist die Anwendung anderer fester Detektoren [vgl. MELVILLE und ROBB (16)].

6. Die *p*—*o*-Wasserstoffumwandlung bietet eine Möglichkeit zur Bestimmung der Konzentration von Wasserstoffatomen und anderer Radikale gemäß der Reaktion $X + H_2 \rightarrow HX + H$.

7. Ähnlich ist die Methode von Isotopenaustauschreaktionen. Ein Radikal X reagiert in Anwesenheit von Deuterium nach $R + D_2 \rightarrow RD + D$, und die Konzentration des RD ist der Konzentration von R proportional.

8. Nachweis von Atomen und Radikalen durch ihre physikalischen Eigenschaften [vgl. z. B. BLADES und WINKLER (17)].

9. Anwendung des Massenspektrometers [ELTENTON (18)].

10. Optische Methoden [kinetische Spektroskopie von NORRISH und Mitarb. (19)].

Von den einfachen anorganischen Radikalen werden die Wasserstoffatome gewöhnlich durch Quecksilbersensibilisierung, die Sauerstoffatome durch Photolyse mit der Xenonlampe, die Stickstoffatome in kondensierten Entladungen hergestellt [siehe MCGRATH und NORRISH (20)]. Bildung und Zersetzung des ClO-Radikals wurde von PORTER, ferner von PORTER und WRIGHT untersucht (21):

$$Cl + O_2 \rightarrow Cl—O—O$$
$$Cl—O—O + Cl \rightarrow 2\,ClO.$$

Das Imin-Radikal, NH, wurde von RICE und FREAMO (22) durch thermische Zersetzung der Stickstoffwasserstoffsäure dargestellt, Methylimin entsprechend von RICE und GRELECKI (23). Beim thermischen Zerfall von Hydrazin [RICE und SCHERBER (24)] entsteht möglicherweise Hydrazyl und sein Dimeres, das Tetrazan. Bei der Photolyse von Trimethylamin bildet sich nach GESSER, MULHAUPT und GRIFFITHS (25) das Dimethylaminradikal, $(CH_3)_2N$.

Mit Xenonlicht der Wellenlänge 1470 Å haben JUCKER und RIDEAL (26) die photolytischen Reaktionen $CO_2 \rightarrow CO + O$ und $NH_3 \rightarrow NH_2 + H$ untersucht.

Die thermische Bildung von Methylradikalen aus Äthan wurde von LEIGH, SZWARC und BIGELEISEN (27) mit der Toluol-Träger-Technik studiert. Durch Photolyse bei der Wellenlänge 2537 Å wurde es aus Methyljodid von SCHULTZ und TAYLOR (28) dargestellt. BUCHANAN (29) studierte die Photolyse des Acetaldehyds und schloß auf die Bildungsgeschwindigkeit der Methylradikale. Durch lichtintensive Funken haben MAINS, ROEBBER und ROLLEFSON (5) Acetaldehyd photolysiert und eine so hohe Konzentration an Methylradikalen erreicht, daß diese miteinander reagierten und Äthan bildeten, während die zu Methan führende Reaktion zwischen Methyl und Acetaldehyd in den Hintergrund trat. Die durch Quecksilber photosensibilisierte Zersetzung des Acetons und Acetaldehyds unter Bildung von Methylradikalen wurde massenspektrometrisch von LOSSING (30) studiert.

Eine bequeme Darstellung von Methylradikalen beruht auf dem thermischen Zerfall von *t*-Butylperoxyd.

NOYES und DORFMAN (31) haben bei der Photolyse des Acetons festgestellt, daß die Zersetzung mit der Bildung eines Methylradikals beginnt und dann der Vorgang nach dem RICE-HERZFELDschen Mechanismus verläuft. Die Bildung von Keten kann auf die unimolekulare Zersetzung des Acetonylradikals CH_3COCH_2 zurückgeführt werden [siehe FERRIS und HAYNES (32)]. Die Blitzlichtphotolyse des Acetons wurde von OSTER und MARCUS (4) untersucht.

Methylradikale wurden auch durch photochemische Zersetzung von Azomethan von JONES und STEACIE (33) hergestellt. Die Photolyse von Metalldimethylverbindungen liefert gleichfalls Methylradikale [Quecksilberdimethyl: REBBERT und STEACIE (34), Cadmiumdimethyl: PRICE und TROTMAN-DICKENSON (35)]. Bei der Photolyse des Acetamids ist das Methylradikal neben dem $CONH_2$-Radikal ein Produkt des Primärschrittes [siehe SPALL und STEACIE (36)].

Bei der thermischen Zersetzung von Nitromethan bilden sich nach COTTRELL, GRAHAM und REID (37) im Primärschritt CH_3 und NO_2.

Das Radikal CF_3 kann aus Hexafluoraceton bequem hergestellt werden [AYSCOUGH und STEACIE (38)]. Das Radikal ist nach DODD und SMITH (39) auch aus Trifluoracetaldehyd leicht herzustellen.

Tabelle 48

Unimolekulare Zerfallsreaktionen der Radikale

Reaktion		*E* kcal/Mol	Reaktionsmechanismus	Literatur
C_2H_5	$\rightarrow C_2H_4 + H$	39,5	R. H. C_2H_6	(1)
n-C_3H_7	$\rightarrow C_2H_4 + CH_3$	19	Hg Ph. s. C_3H_8	(2) (3)
n-C_3H_7	$\rightarrow C_3H_6 + H$	46	—	(2)
i-C_3H_7	$\rightarrow C_2H_4 + CH_3$	26	—	(2)
i-C_3H_7	$\rightarrow C_3H_6 + H$	38	—	(2)
C_4H_9	$\rightarrow C_2H_5 + C_2H_4$	23	Hg Ph. s. C_4H_{10}	(4)
C_4H_9	$\rightarrow CH_3 + C_3H_6$	23	—	(4)
C_4H_9	$\rightarrow C_4H_8 + H$	40	—	(4)
C_7H_{15}	$\rightarrow C_6H_{12} + CH_3$	—	—	(5)
CHO	$\rightarrow CO + H$	13	CH_2O	(6) (7)
COOH	$\rightarrow CO + HO$	10—25	CH_3COOH	(8) (9)
CH_2OH	$\rightarrow HCHO + H$	29	Hg Ph. s. CH_3OH	(10)
CH_3O_2	$\rightarrow HCHO + OH$	—	—	(11)
CH_3O_2	$\rightarrow CHO + H_2O$	—	—	(12)
CH_3CO	$\rightarrow CH_3 + CO$	10	CH_3CHO	(13)
CH_2CHO	$\rightarrow CH_3 + CO$	—	—	(14)
CH_3COO	$\rightarrow CH_3 + CO_2$	—	CH_3CHO Ox.	(15)
C_2H_5O	$\rightarrow CH_3 + CH_2O$	—	—	(17)
C_2H_5O	$\rightarrow H + CH_3CHO$	—	—	(17)
CH_3CH_2OO	$\rightarrow CH_3CO + H_2O$	—	C_2H_6 Ox.	(17)

Tabelle 48 (Fortsetzung)

Reaktion		*E* kcal/Mol	Reaktionsmechanismus	Literatur
CH_3CH_2OO	$\rightarrow CH_3CHO + OH$	—	C_2H_6 Ox.	(17)
C_2H_5CO	$\rightarrow C_2H_5 + CO$	—	Ph. Aceton	(18) (19)
CH_2COCH_3	$\rightarrow CH_3 + CH_2 + CO$	48	Aceton-Zerfall	(13)
C_6H_5CO	$\rightarrow C_6H_5 + CO$	—	—	(20)
CH_2N	$\rightarrow HCN + H$	—	—	(21) (22)
CH_3N_2	$\rightarrow CH_3 + N_2$	gering	Azomethan-Zerfall	—
CH_3NO	$\rightarrow CH_2 + NOH$	—	—	(23) (24)
COCl	$\rightarrow CO + Cl$	6,3	$COCl_2$	(25) (26)
CO_2Cl_3	$\rightarrow COCl_2 + ClO$	15	Hg Ph. s. CCl_3Br Ox.	(27)
C_2H_4Cl	$\rightarrow C_2H_4 + Cl$	—	—	(28) (29)
C_2Cl_5	$\rightarrow C_2Cl_4 + Cl$	—	—	(30)
C_2Cl_4Br	$\rightarrow C_2Cl_4 + Br$	—	—	(31)
C_2H_4Br	$\rightarrow C_2H_4 + Br$	13	—	(32) (29)
C_2H_2J	$\rightarrow C_2H_2 + J$	—	—	(34)
$C_2H_2J_3$	$\rightarrow C_2H_2J_2 + J$	—	—	(35) (36)
C_2H_4J	$\rightarrow C_2H_4 + J$	13,4	—	(37)
$HgCH_3$	$\rightarrow Hg + CH_3$	—	—	(38) (39) (40) (41) (42)
HgC_2H_5	$\rightarrow Hg + C_2H_5$	—	—	(43)
$(CH_3)_3CO$	$\rightarrow CH_3 + (CH_3)_2CO$	17	—	(44)
$C_2H_5COC_2H_4$	$\rightarrow C_2H_5CO + C_2H_4$	17	—	(45)
n-$C_3H_7COC_3H_6$	$\rightarrow n$-$C_3H_7CO + C_3H_6$	10	—	(46)

R. H. = RICE-HERZFELD-Mechanismus; Ph. s. = Photosensibilisierung; Ox. = Oxydationsreaktion; Ph. = Photochemische Reaktion.

Literatur zu Tab. 48

1. BYWATER, S. u. E. W. R. STEACIE, J. Chem. Phys. **19**, **326** (**1951**).
2. BYWATER, S. u. E. W. R. STEACIE, J. Chem. Phys. **19**, **319** (**1951**).
3. DURHAM, R. W., G. R. MARTIN u. H. C. SUTTON, Nature **164**, 1052 (1949).
4. BYWATER, S. u. E. W. R. STEACIE, J. Chem. Phys. **19**, 172 (1951).
5. STAUFF, J. u. H. J. SCHUMACHER, Z. Elektrochem. **48**, 271 (1942).
6. STYLE, D. W. G. u. D. SUMMERS (nicht veröffentlicht).
7. CALVERT, J. G. u. E. W. R. STEACIE, J. Chem. Phys. **19**, 176 (1951).
8. BURTON, M., J. Amer. Chem. Soc. **58**, 692 (1936).
9. BURTON, M., J. Amer. Chem. Soc. **58**, 1645 (1936).
10. PHIBBS, M. K. u. B. DE B. DARWENT, J. Chem. Phys. **18**, 495 (1950).
11. EVERETT, A. J. u. G. J. MINKOFF, Third Sym. on Combustion, S. 390 (Baltimore 1949).
12. MARTIN, R. B. u. W. A. NOYES jr., J. Amer. Chem. Soc. **75**, 4183 (1953).
13. RICE, F. O. u. K. F. HERZFELD, J. Amer. Chem. Soc. **56**, 284 (1934).
14. TAYLOR, H. A. u. M. BURTON, J. Chem. Phys. **7**, 675 (1939).
15. NICLAUSE, M., J. Chim. Phys. **49**, 157 (1952).
16. GRAY, J. A. u. D. W. G. STYLE, Trans. Faraday Soc. **49**, 52 (1953).
17. LEWIS, B. u. G. VON ELBE, Combustion, Flames and Explosions of Gases (New York 1951).
18. ELLS, V. R. u. W. A. NOYES jr., J. Amer. Chem. Soc. **60**, 2031 (1938).
19. ELLS, V. R. u. W. A. NOYES jr., J. Amer. Chem. Soc. **61**, 2492 (1939).
20. SZWARC, M. u. D. WILLIAMS, J. Chem. Phys. **20**, 1171 (1952).
21. TRICK, G. S. u. C. A. WINKLER. Canad. J. Chem. **30**, 915 (1952).
22. WINKLER, C. A. u. H. I. SCHIFF, Discuss. Faraday Soc. **14**, 63 (1953).
23. DAVIS, T. W., F. P. JAHN u. M. BURTON, J. Amer. Chem. Soc. **60**, 10 (1938).
24. TAYLOR, H. A. u. H. BENDER, J. Chem. Phys. **9**, 761 (1941).
25. BODENSTEIN, M., W. BRENSCHEDE u. H. J. SCHUMACHER, Z. phys. Chem. B **40**, 121 (1938).
26. BURNS, W. G. u. F. S. DAINTON, Trans. Faraday Soc. **48**, 39 (1952).
27. FRANKE, W. K. u. H. J. SCHUMACHER, Z. physik. Chem. **B 42**, 297 (1939).
28. STEWART, T. D. u. B. WEIDENBAUM, J. Amer. Chem. Soc. **57**, 2036 (1935).
29. SCHMITZ, H., H. J. SCHUMACHER u. A. JÄGER, Z. physik. Chem. **B 51**, 281 (1942).
30. HOUSER, T J. u. R. B. BERNSTEIN, J. Amer. Chem. Soc. **80**, 4439 (1958).
31. CARRICO, J. L. u. R. G. DICKINSON, J. Amer. Chem. Soc. **57**, 1343 (1935).
32. DANIELS, F., Chemical Kinetics (Ithaca 1938).
34. TICKNER, A. W. u. D. J. LE ROY, J. Chem. Phys. **19**, 1247 (1951).
35. NOYES, R. M., J. Amer. Chem. Soc. **70**, 2614 (1948).
36. NOYES, R. M., R. G. DICKINSON u. V. SCHOMAKER, J. Amer. Chem. Soc. **67**, 1314 (1945).
37. OGG, R. A., J. Amer. Chem. Soc. **58**, 607 (1936).
38. THOMPSON, H. W. u. J. W. LINNETT, Trans. Faraday Soc. **33**, 501 (1937).
39. THOMPSON, H. W. u. J. W. LINNETT, Trans. Faraday Soc. **33**, 874 (1937).

40. Phibbs, M. K. u. B. de B. Darwent, Trans. Faraday Soc. **45**, 541 (1949).
41. Gomer, R. u. W. A. Noyes jr., J. Amer. Chem. Soc. **71**, 3390 (1949).
42. Rebbert, R. E. u. E. W. R. Steacie, Canad. J. Chem. **31**, 631 (1953).
43. Gowenlock, B. G., J. C. Polanyi u. E. Warhurst, Proc. Roy. Soc., A. **218**, 269 (1953).
44. Brinton, R. K. u. D. H. Volman, J. Chem. Phys. **20**, 25 (1952).
45. Wijnen, M. H. J. u. E. W. R. Steacie, Canad. J. Chem. **29**, 1092 (1951).
46. Masson, C. R., J. Amer. Chem. Soc. **74**, 4731 (1952).

Äthylradikale können aus Äthan in Quecksilber-sensibilisierter Reaktion dargestellt werden. Die direkte Photolyse wurde von Wijnen (40) studiert. Auch die Pyrolyse und Photolyse von Metalldiäthylverbindungen eignen sich gut (41), ferner die Photolyse von Propylaldehyd [siehe Blacet und Pitts (42)], ferner die Pyrolyse von *n*-Propylbenzol [Leigh und Szwarc (43)].

Propylradikale wurden durch Photolyse des Metalldipropyls von Caule und Steacie (44), durch Pyrolyse des Propylquecksilberchlorids von Carter, Chappell und Warhurst (45) dargestellt. Propylradikale entstehen auch in der Quecksilber-photosensibilisierten Zersetzung von Propan [Masson und Steacie (46)]. Die Pyrolyse des *n*-Butylbenzols bildet eine bequeme Darstellungsmethode des *n*-Propylradikals [siehe Leigh und Szwarc (47)]. Leigh und Szwarc (48) haben in der Pyrolyse des Cumols, *t*-Butylbenzols und des *p*-Cymols Methylradikale und die entsprechenden Stammradikale hergestellt.

Nach Szwarc und Williams (49) bilden sich Phenylradikale im thermischen Zerfall des Phenylbromids, während die Bromide von Naphthalin, Phenanthren usw. die entsprechenden Arylradikale liefern.

Das Monochlormethylradikal kann durch Photolyse des Chloracetons nach Strachan und Blacet (50) dargestellt werden.

Nach Porter (51) bildet sich das CH_2-Radikal am leichtesten bei der Photolyse des Ketens.

Bildung und Stabilität des HCO-Radikals wurde in der Photolyse des Formaldehyds von Klein und Schoen (52) untersucht.

Davidson und Mitarb. (53) haben die Dissoziationsgeschwindigkeit des Jodmoleküls mit der Stoßwellenmethode bestimmt.

Zur theoretischen Diskussion des Mechanismus der Dissoziation des Sauerstoffmoleküls siehe Herzfeld (54).

Mehratomige freie Radikale können je nach den Umständen weiter reagieren. Hier wird nur die Umwandlung der freien Radikale diskutiert, die als unimolekulare Zersetzung bezeichnet werden kann. Im allgemeinen ist eine höhere Temperatur nötig, damit das freie Radikal zerfällt, bevor es mit anderen Radikalen oder Molekeln reagiert. Wird das freie Radikal in einem ziemlich exothermen Vorgang gebildet, so entsteht es als „heißes" Radikal, was seine Zersetzung begünstigt.

Mit der thermischen Stabilität freier Radikale in Abhängigkeit von der Radikalstruktur beschäftigte sich SZWARC (55). Ein Radikal ist besonders stabil, wenn sein Zerfall nicht zur Bildung einer Doppelbindung führt (z. B. Benzyl). Zur Aktivierungsenergie vgl. SZWARC und HERK (56). Radikalzerfallsreaktionen wie bei CH_3COO, C_2H_5COO usw. spielen sich mit Aktivierungsenergien < 5 kcal/Mol ab.

Die Kohlenwasserstoffradikale spalten entweder Wasserstoff ab, in diesem Falle beträgt die Aktivierungsenergie etwa 40 kcal/Mol, oder es dissoziiert ein Methylradikal ab, wobei die Aktivierungsenergie 15–25 kcal beträgt. Wenn ein freies Radikal in der Mitte der Kette zerfällt, geschieht dies an der schwächsten Bindung, dort, wo in der Nachbarschaft eine stark elektronenanziehende Gruppe ist.

Das Äthylradikal zerfällt bei etwa 400° C nach $C_2H_5 \rightarrow C_2H_4 + H$ mit einer Aktivierungsenergie von 39,5 kcal/Mol. Die Aktivierungsenergie der Zersetzung des Propylradikals $C_3H_7 \rightarrow C_2H_4 + CH_3$ beträgt 18 kcal/Mol, dagegen in der Reaktion $C_3H_7 \rightarrow C_3H_6 + H$ 38 kcal/Mol [vgl. auch (56a), (226a) und (228a)]. Beim Butylradikal sind die entsprechenden Werte für die Vorgänge $C_4H_9 \rightarrow C_2H_4 + C_2H_5$, bzw. $C_4H_9 \rightarrow C_3H_6 + CH_3$ 23 kcal/Mol, während die Dissoziation $C_4H_9 \rightarrow C_4H_8 + H$ 40 kcal/Mol beansprucht [BYWATER und STEACIE (57)]. Der thermische Zerfall des *n*-Butylradikals verläuft hauptsächlich unter Bildung von Äthylen und Propylen (58).

Die wichtigsten Beispiele unimolekularer Zersetzung von freien Radikalen zeigt Tab. 48.

§ 2. Reaktionen von Radikalen miteinander

(Rekombination und Disproportionierung)

Zwei Radikale können auf zwei Arten miteinander reagieren:

1. $$R_1 + R_2 \rightarrow R_1R_2,$$
2. $$R_1 + R_2 \rightarrow M_1 + M_2,$$

(M_1 und M_2 Produktmolekeln). Unter den Produktmolekeln ist die eine ungesättigt, wenn mit der Wechselwirkung der Radikale ein Atom von dem einen Radikal auf das andere übertragen wurde, wie z. B. bei

$$C_2H_5 + C_2H_5 \rightarrow C_2H_6 + C_2H_4.$$

Beide Produktmolekeln sind gesättigt, wenn eine Austauschreaktion stattfand, wie z. B. $ClO + ClO \rightarrow Cl_2 + O_2$.

Die thermodynamischen Bedingungen der Reaktionen zwischen Radikalen hat BEVINGTON (59) diskutiert. [S. noch (60a)].

Die einfachsten Radikale, freie Atome, rekombinieren in einer Dreierstoßreaktion. Größere Radikale können in bimolekularer Reaktion assoziieren, unabhängig vom Gesamtdruck.

Die Rekombinationsgeschwindigkeit von Atomen steht im Zusammenhang mit der energieübertragenden Rolle des Dreierstoßpartners [vgl. Kap. **3.** § 2; für Jodatome vgl. MARSHALL und DAVIDSON (60)]. Große Rekombinationsgeschwindigkeiten in Gegenwart von Paraffinen wurden durch vorgelagerte Gleichgewichte gedeutet. [Vgl. (60b)].

BRITTON, DAVIDSON und SCHOTT (61) haben die Rekombinationsgeschwindigkeit von Jodatomen in Stoßwellen untersucht [Br-Atome siehe (62a)].

DON BUNKER und DAVIDSON (62) haben die Rekombinationsgeschwindigkeit der durch Blitzlichtphotolyse erzeugten Jodatome untersucht.

Die gleichen Verfasser (63) untersuchten die Probleme der Rekombinationsgeschwindigkeit von Halogenatomen. Die Ergebnisse werden durch die früher schon vorgeschlagene Annahme interpretiert, daß sich zwischen dem einen Atom und dem Dreierstoßpartner ein vorgelagertes Gleichgewicht einstellt, dessen Produkt mit dem zweiten Atom in Wechselwirkung tritt:

$$\mathrm{M} + \mathrm{I} \rightleftharpoons \mathrm{MI}$$
$$\mathrm{MI} + \mathrm{I} \rightarrow \mathrm{M} + \mathrm{I_2}.$$

FORST, EVANS und WINKLER (64) nehmen an, daß die Rekombination der Stickstoffatome außer nach der Reaktion $\mathrm{N} + \mathrm{N} + \mathrm{M} \rightarrow \mathrm{N_2} + \mathrm{M}$ auch nach folgendem Mechanismus verlaufen kann:

$$\mathrm{N} + \mathrm{M} \rightarrow \mathrm{NM}$$
$$\mathrm{NM} \rightarrow \mathrm{N} + \mathrm{M}$$
$$\mathrm{NM} \rightarrow \mathrm{P}$$
$$\mathrm{N} + \mathrm{NM} \rightarrow \mathrm{N_2} + \mathrm{M}$$

P bedeutet Cyanwasserstoff.

BERKOWITZ, CHUPKA und KISTIAKOWSKY (65) haben das Stickstoffnachleuchten massenspektrometrisch untersucht. Sie fanden, daß die Intensität des Nachleuchtens der Quadratwurzel der Konzentration von Stickstoffatomen im Grundzustand proportional ist und durch Zugabe kleiner Mengen Sauerstoff nicht beeinflußt wird. Edelgase steigern die Intensität des Nachleuchtens, das weiterhin linear vom Gesamtstickstoffdruck abhängt. In einem Gemisch mit etwa 1% Atom wurde die Geschwindigkeitskonstante zu $k = 2 \cdot 10^{-33}$ cm^6 Molekel^{-2} sec^{-1} gefunden.

Die Kinetik der Rekombination von Stickstoffatomen wurde von HERRON, FRANKLIN, BRADT und DIBELER (66) nach der „Titrations"-Methode untersucht. In den Gasstrom der Stickstoffatome wurde in verschiedenen Abständen Stickoxyd injiziert, und aus der Verminderung des Stickoxyd-Gehalts auf die Konzentration der Stickstoffatome geschlossen. Es stellte sich heraus, daß sich der homogenen, trimolekularen Reaktion bei niederen Drucken auch eine heterogene Rekombination anschließt. Für die homogene Rekombination erhält man die folgende Geschwindigkeitskonstante:

$$k = 5{,}4 \cdot 10^{15}\ \mathrm{cm^6\ Mol^{-2}\ sec^{-1}},$$

wenn N_2 als Dreierstoßpartner wirkt. In Anwesenheit von Argon und Helium ist die Geschwindigkeit kleiner.

WENTINK, JR., SULLIVAN und WRAY (67) bestimmten die Rekombinationsgeschwindigkeit der Stickstoffatome nach einer anderen Versuchsmethode. In einem Pyrex-Gefäß erzeugten sie durch elektrodenlose Entladung Stickstoffatome im Druckgebiet 0,1–1 mm Hg. Ihre Ergebnisse wiesen ebenfalls auf eine Wandwirkung hin. Die von ihnen bestimmte Geschwindigkeitskonstante beträgt $k = 6 \cdot 10^{15}\ \mathrm{cm^6\ Mol^{-2}\ sec^{-1}}$.

HARTECK, REEVES und MANNELLA (68) haben bei Zimmertemperatur im Druckgebiet von 0,5–1,3 mm Hg Stickstoffatome in etwa 3–6%-iger Konzentration dargestellt. Die Rekombinationsgeschwindigkeit wurde durch Titration der Stickstoffatomkonzentration mit Stickoxyd bestimmt. Die Verfasser fanden die Geschwindigkeitskonstante

$$k = (1{,}72 \pm 0{,}17) \cdot 10^{-32}\ \mathrm{cm^6\ Molekel^{-2}\ sec^{-1}},$$

unabhängig davon, ob Stickstoff oder Argon der Dreierstoßpartner gewesen war.

Im Gemisch von Chlor und Sauerstoff bilden sich bei Blitzlichtphotolyse ClO-Radikale. Durch ihr Absorptionsspektrum können sie leicht identifiziert und die Änderung ihrer Konzentration bequem verfolgt werden. LIPSCOMB, NORRISH und PORTER (69) haben die Geschwindigkeitskonstante der Reaktion $2\,ClO \rightarrow Cl_2 + O_2$ zu $k(20°\ C) = 8{,}6 \cdot 10^7$ Liter $\mathrm{Mol^{-1}\ sec^{-1}}$ bestimmt. Mit dieser Konstante konnten SZABÓ, HUHN und MÁRTA (70) in ihren Berechnungen auf Grund des Vierstufenmechanismus den Mechanismus des Cl_2O-Zerfalls aufklären.

Von KISTIAKOWSKY und SAUER (71) wurden die Reaktionen des Methylenradikals, das aus Keten durch Blitzlichtphotolyse gebildet wird, untersucht und ein angenäherter Wert der Rekombinationsgeschwindigkeit angegeben.

Bei den thermischen Zersetzungen von Hydrazin und von Benzylamin entstehen nach den Versuchen von SZWARC (72) NH_2-Radikale. Diese sind überraschend langlebig, und ihre Wechselwirkung verläuft wahrscheinlich nach der Reaktion $NH_2 + NH_2 \rightarrow N_2 + 2\,H_2$.

Um die Quantenausbeute der Photolyse von Wasserstoffperoxyd zu deuten, hat VOLMAN (73) im Zerfallsmechanismus die Reaktion

$$HO_2 + HO_2 \rightarrow H_2O_2 + O_2$$

angenommen.

Von der Rekombination der Methylradikale glaubte man früher, daß die Aktivierungsenergie der Reaktion $CH_3 + CH_3 \rightarrow C_2H_6$ gering, der sterische Faktor etwa 10^{-4} sei, [DORFMAN und GOMER, MARCUS und RICE, TROTMAN-DICKENSON und STEACIE (74)]. MILLER und STEACIE (75) haben für die Rekombination eine Stoßausbeute von $4{,}4 \cdot 10^{-5}$ berechnet.

SZWARC und ROBERTS (76) nehmen dagegen einen normalen sterischen Faktor an [vgl. GOMER und DORFMAN (77), ferner SZWARC (78)]. LUCAS und RICE (79) fanden bei der Photolyse des Acetaldehyds im intermittierenden Licht eine Stoßausbeute im kettenabbrechenden Schritt von nahezu eins. Die gleiche Reaktion wurde von DODD (80) diskutiert. Die Geschwindigkeit des Kettenabbruches in der intermittierenden Photolyse des Acetaldehyds wurde zu $k = 10^{13{,}8 \pm 0{,}6}\, T^{1/2} \exp\,[(-800 \pm 800)/RT]$ cm³ Mol⁻¹ sec⁻¹ bestimmt. LOSSING und TICKNER (81) bestimmten im Massenspektrometer die Konzentration von Methylradikalen in pyrolytischen Reaktionen und fanden für die Stoßausbeute der Rekombination bei 850° C etwa 2 bis $3 \cdot 10^{-2}$. DURHAM und STEACIE (82) untersuchten die Kinetik der Reaktion zwischen Methyl und Stickoxyd, Stoßausbeute $\sim 1{,}5 \cdot 10^{-4}$. Dieser Wert ist um eine Größenordnung höher als der von FORSYTH (83); so ergibt sich für die Stoßausbeute der Methylrekombination etwa 0,5–0,05.

GOMER (84) fand bei der Photolyse des Dimethylquecksilbers für die Stoßausbeute den Wert eins, vgl. GOMER und KISTIAKOWSKY (85). Aus ihren Messungen ergaben sich für die Rekombinationsgeschwindigkeit im Druckgebiet von 10 bis 50 mm Hg die folgenden Werte:

Radikalquelle	Temperatur °C	k cm³ Mol⁻¹ sec⁻¹
Aceton	125	$4{,}5 \cdot 10^{13}$
Aceton	175	$4{,}2 \cdot 10^{13}$
Dimethylquecksilber	175	$4{,}6 \cdot 10^{13}$
Dimethylquecksilber	250	$6{,}7 \cdot 10^{13}$

KISTIAKOWSKY und ROBERTS (86) wiederholten diese Messungen und fanden bei 165° C die Geschwindigkeitskonstante $k = 3{,}7 \cdot 10^{13}$ cm³ Mol⁻¹ sec⁻¹. Die Rekombination von deuteriertem Methyl verläuft praktisch mit der gleichen Geschwindigkeit ($k = 3{,}8 \cdot 10^{13}$ cm³ Mol⁻¹ sec⁻¹). Die Druckabhängigkeit spricht für den Dreierstoßmechanismus und erfüllt die Forderungen der Theorie von MARCUS (87).

Kistiakowsky und Roberts (88), ferner Dodd und Steacie (89) erweiterten die Messungen auf niedrigere Drucke. Mit Verminderung des Druckes nimmt die Geschwindigkeitskonstante ab, was auf Dreierstoß hinweist.

Khan, Norrish und Porter (90) haben Acetaldehyd, Diacetyl und Aceton mit Blitzlicht photolysiert. Für die Geschwindigkeitskonstante der Methylrekombination wurde der Wert $k = 4{,}6 \cdot 10^{14}$ cm³ Mol⁻¹ sec⁻¹ berechnet.

Shepp (91) hat aus der Theorie des rotierenden Sektors mit den Daten von Gomer und Kistiakowsky, bzw. Kistiakowsky und Roberts (loc. cit.) für die Methylradikalrekombination die Geschwindigkeitskonstante

$$k = 2{,}2 \cdot 10^{13}\ \mathrm{cm^3\,Mol^{-1}\,sec^{-1}}$$

berechnet. Nach derselben Theorie hat Ayscough (92) seine Versuchsdaten über die Rekombination des Trifluormethylradikals ausgewertet und die Geschwindigkeitskonstante bei 127° C zu $k = 2{,}3 \cdot 10^{13}\ \mathrm{cm^3\,Mol^{-1}\,sec^{-1}}$ gefunden. Moseley und Robb (93) bestimmten die Rekombinationsgeschwindigkeit der Methylradikale aus der Druckänderung, die durch die adiabatische Temperaturänderung hervorgerufen wurde, zu $(3{,}8 \pm 1{,}2) \cdot 10^{13}\ \mathrm{cm^3\,Mol^{-1}\,sec^{-1}}$. Dieser Wert stimmt mit den Werten von Gomer und Kistiakowsky überein. Wenn für den Durchmesser des Methylradikals $3{,}2 \cdot 10^{-8}$ cm angenommen wird, ergibt sich die Stoßausbeute zu $8 \cdot 10^{-1}$, also praktisch zu eins.

Zwischen Äthylradikalen kann nicht nur die Rekombination zu Butan, sondern auch die Disproportionierung zu Äthan und Äthylen stattfinden. Die Geschwindigkeitskonstanten dieser Vorgänge können aus den Analysendaten der Produkte von den miteinander konkurrierenden Elementarreaktionen berechnet werden (Berechnungsmethode siehe Kap. **4.** § 2).

Mit dem Mechanismus der Photolyse des Diäthylketons beschäftigten sich Kutschke, Wijnen und Steacie (94), die den von Dorfman und Sheldon (95) vorgeschlagenen Mechanismus bestätigten:

$$C_2H_5COC_2H_5 + h\nu \rightarrow 2C_2H_5 + CO \tag{1}$$

$$C_2H_5 + C_2H_5 \rightarrow C_4H_{10} \tag{2}$$

$$C_2H_5 + C_2H_5 \rightarrow C_2H_6 + C_2H_4 \tag{3}$$

$$C_2H_5 + C_2H_5COC_2H_5 \rightarrow C_2H_6 + C_2H_4COC_2H_5. \tag{4}$$

Daraus ergab sich für die Aktivierungsenergien:

$$E_4 - {}^1/_2 E_2 = 7{,}4\ \mathrm{kcal/Mol};\ E_3 - E_2 = 0\ \mathrm{kcal/Mol}.$$

Bei der Photolyse des Diäthylquecksilbers [Ivin und Steacie (96)] ergibt sich für die Differenz der Aktivierungsenergien von Disproportionierungs- und Rekombinations-Reaktionen $E - E' = 0{,}8 \pm 0{,}2$ kcal. Unter Berücksichtigung der Ergebnisse der Photolyse von teilweise deuteriertem Diäthylketon [WIJNEN und STEACIE (97)] konnten IVIN, WIJNEN und STEACIE (98) die folgenden kinetischen Parameter angeben.

	E kcal/Mol	präexponentieller Faktor
Rekombination	0	$1{,}57 \cdot 10^{13}$ cm^3 Mol^{-1} sec^{-1}
Disproportionierung	0,8	$1{,}65 \cdot 10^{13}$ cm^3 Mol^{-1} sec^{-1}

Später untersuchten BRINTON und STEACIE (99) die Photolyse des Diäthylketons in einem größeren Druck- und Temperaturgebiet. Sie fanden das Verhältnis von Äthylenbildungsgeschwindigkeit zur Geschwindigkeit der Butanbildung zu 0,12, unabhängig von der Temperatur. Dies weist darauf hin, daß Disproportionierung und Rekombination homogene und druckunabhängige Vorgänge sind. Es ist also beim Äthylradikal kein Dreierstoßpartner nötig, die Rekombinationsenergie kann sich auf die Freiheitsgrade der Molekel verteilen.

BRADLEY, MELVILLE und ROBB (100) untersuchten die Photolyse des Diäthylquecksilbers und nahmen neben der bimolekularen Rekombination auch eine Dreierstoßreaktion an. Die Verfasser (101) stellten fest, daß die Stoßausbeute in den Reaktionen zwischen Äthylradikalen 0,15 ist, woraus sich eine Geschwindigkeitskonstante von $2{,}6 \cdot 10^{13}$ cm^3 Mol^{-1} sec^{-1} ergab, in Übereinstimmung mit IVIN und STEACIE ($2{,}2 \cdot 10^{13}$ cm^3 Mol^{-1} sec^{-1}). Diese Größen beziehen sich auf die Gesamtreaktionsgeschwindigkeit des durch Disproportionierung und Rekombination verschwindenden Äthylradikals. Absolute Werte wurden von SHEPP und KUTSCHKE (102) bestimmt. Die Geschwindigkeit der Disproportionierung wurde mit Hilfe des experimentell gefundenen Verhältnisses $k_{Dis}/k_{Rek} = 0{,}12$ berechnet:

k_{Rek} cm^3 Mol^{-1} sec^{-1}	k_{Dis}	Temperatur °C
$(1{,}5 \pm 1) \cdot 10^{13}$	$2 \cdot 10^{12}$	50
$(2{,}0 \pm 0{,}5) \cdot 10^{13}$	$3 \cdot 10^{12}$	100
$(4{,}2 \pm 0{,}8) \cdot 10^{13}$	$5 \cdot 10^{12}$	150

Die Aktivierungsenergie beträgt $2{,}0 \pm 1$ kcal/Mol.

BYWATER und STEACIE (103) haben durch Sensibilisierung mit Quecksilber aus Propan das Propylradikal dargestellt. Dieses Radikal neigt mehr zum Zerfall und zur Disproportionierung als zur Rekombination. Die Zersetzung des Isopropylradikals kann nach HELLER und GORDON (104) auf zwei Wegen verlaufen:

a) $CH_3CDCH_3 \rightarrow CH_3CD{=}CH_2 + H$

b) $CH_3CDCH_3 \rightarrow CH_2{=}CHD + CH_3$

Das Verhältnis der sterischen Faktoren der Reaktionen a) und b) ist etwa 10, die entsprechenden Aktivierungsenergien sind 35 bzw. 32,5 kcal/Mol.

Die Rekombinationsgeschwindigkeit des *n*-Propylradikals wurde von WHITEWAY und MASSON (105) durch intermittierende Photolyse des Di-*n*-propylketons bei 100° C zu $k = 1 \cdot 10^{-8}$ cm³ Mol⁻¹ sec⁻¹ bestimmt. Das Verhältnis von Geschwindigkeitskonstante der Disproportionierung zur Geschwindigkeitskonstante der Rekombination beträgt 0,125 ± 0,1 [siehe noch BRADLEY, MELVILLE und ROBB (106)].

HOEY und LE ROY (107) fanden für das Verhältnis der Geschwindigkeitskonstanten der Rekombinations- und Disproportionierungs-Reaktionen des Isopropylradikals bei Zimmertemperatur den Wert 2,0.

Durch Photolyse von Perfluor-di-*n*-propylketon wurde das C_3F_7-Radikal von MILLER, PRITCHARD und STEACIE (108) dargestellt. Da nur Kohlenmonoxyd und C_6F_{14} als Reaktionsprodukte gefunden wurden, scheint das Radikal nur zu rekombinieren.

Die Assoziation $H + CH_3 \rightarrow CH_4$ ist so stark exotherm, daß sie nur im Dreierstoß verlaufen kann. Die Aktivierungsenergie ist außerordentlich gering. Weiteres ist über diese Reaktion nicht bekannt. Die Reaktion

$$H + C_2H_5 \rightarrow C_2H_6$$

wurde von SMITH, BEATTY, PINDER und LE ROY (109) untersucht.

Bei der Photolyse eines Gemisches aus Aceton und 2,2,4,4-Tetradeuteropentanon bilden sich Methyl- und Äthylradikale, deren Reaktionen von HELLER (110) untersucht wurden. Die Reaktionsprodukte wurden gaschromatisch voneinander getrennt und im Massenspektrometer identifiziert. Aus den Meßwerten kann man das Verhältnis der Rekombinationsgeschwindigkeiten von (1) Methyl-Methyl, (2) Methyl-Äthyl und (3) Äthyl-Äthyl berechnen:

$$\frac{R^2\,(\text{Propan})}{R\,(\text{Butan}) \cdot R\,(\text{Äthan})} = \frac{k_2^2}{k_3 k_1}\,.$$

Das Verhältnis ergab sich zu 4,0 ± 0,2. Aus den bekannten Geschwindigkeitskonstanten von Reaktionen (1) und (3) konnte bei 100° C für die Rekombinationsgeschwindigkeit von zwei gleichen Radikalen der Wert

$$k_2 = (4{,}2 \pm 0{,}5) \cdot 10^{13}\ \text{cm}^3\,\text{Mol}^{-1}\,\text{sec}^{-1}$$

bestimmt werden. Methyl- und Äthyl-Radikale können auch zu CH_4 und $CH_2{=}CH_2$ disproportionieren. Das Verhältnis von Disproportionierung zu Rekombination ergab sich zu 0,06. Bei der Äthyl-Äthyl-Reaktion ist das Verhältnis 0,1 und bei der Isopropyl-Isopropyl-Reaktion 0,63.

Das Verhältnis der Reaktionen

$$CH_3 + C_2H_5 \rightarrow CH_4 + C_2H_4 \quad \text{und} \quad CH_3 + C_2H_5 \rightarrow C_3H_8$$

wurde von AUSLOOS und STEACIE (111) zu 0,04 bestimmt.

Radikale von höherer Atomzahl können sich schon im einfachen, bimolekularen Stoß vereinigen. MANDELCORN und STEACIE (112) haben z. B. im Mechanismus des Acetonzerfalls die Reaktion

$$CH_3 + CH_3COCH_2 \rightarrow CH_3COC_2H_5$$

bestätigt, die von NOYES und DORFMAN schon früher (31) postuliert wurde [C_3H_7, siehe (226a) und 228a)].

Die Reaktion zwischen CH_3 und CH_3CO kann nach verschiedenen Richtungen verlaufen. HERR und NOYES (113) stellten fest, daß die zwei Radikale assoziieren können: $CH_3 + CH_3CO \rightarrow CH_3COCH_3$ [siehe auch NOYES und DORFMAN (loc. cit.)]. Die Disproportionierung verläuft in zwei Richtungen:

$$CH_3 + CH_3CO \nearrow CH_4 + CH_2CO$$

$$CH_3 + CH_3CO \searrow C_2H_6 + CO$$

Die zu Methan und Keten führende Disproportionierung wurde von AUSLOOS und STEACIE (114) im Mechanismus der Diacetylphotolyse gefunden. Sie haben auch versucht (115), manche Eigenarten der Acetonphotolyse durch diese Reaktion zu deuten.

Die zu Äthan und Kohlenoxyd führende Reaktion wird von GOMER und KISTIAKOWSKY (85) nicht für wahrscheinlich gehalten. Dagegen wird sie von ROOF und BLACET (116) sowie von NORRISH, CRONE und SALTMARSH (117) angenommen, um die Äthanausbeute zu erklären.

§ 3. Reaktionen von Radikalen mit Molekeln *) **)

Die Reaktion des *Wasserstoffatoms* mit *Wasserstoffmolekeln* ist die einfachste Radikal-Molekel-Reaktion. Experimentell wurde sie durch *p–o*-Wasserstoffumwandlung untersucht. Der präexponentielle Faktor der Reaktion wurde nach der Theorie der absoluten Reaktionsgeschwindigkeit von WILSON und JOHNSTON (119) zu $\log A = 13{,}7$ in guter Übereinstimmung mit dem experimentell gewonnenen Wert berechnet.

*) AE = Aktivierungsenergie; GK = Geschwindigkeitskonstante; SF = Sterischer Faktor; PF = Präexponentieller Faktor.

**) Zur Frage der Entropieänderung bei Radikalreaktionen siehe TROTMAN-DICKENSON (118) sowie Kap. 4. § 5.

Die Reaktion $H + Cl_2$ wurde von MARTIN und DISKOWSKI (120) nach der Molekularstrahlmethode studiert und eine AE von 9,4 ± 0,4 kcal/Mol festgestellt.

Die Kinetik der Reaktion $H + O_2 \rightarrow HO_2$ wurde von BALDWIN und WALSH (121), HOARE und WALSH (122) und von WALSH (123) diskutiert und für die Reaktionsenthalpie etwa 60 kcal/Mol angenommen. Unter Berücksichtigung späterer Versuchsdaten kann heute der Wert 55 ± 5 kcal/Mol als wahrscheinlich betrachtet werden [hierzu: BADIN (124), MCKINLEY und GARVIN (125), KLEIN, SCHEER und SCHOEN (126)]. Die *GK* der im Dreierstoß verlaufenden Reaktion wurde von LEWIS und von ELBE (127) zu $0{,}6 \cdot 10^{13}\ cm^6\ Mol^{-2}\ sec^{-1}$ angegeben; KLEIN, SCHEER und SCHOEN berechneten aus Versuchsergebnissen von MUND und VAN MEERSCHE (128)

$$k = 3{,}4 \cdot 10^{13}\ cm^6\ Mol^{-2}\ sec^{-1}.$$

Aus Stoßwellenversuchen haben SCHOTT und KINSEY (128a) für die Reaktion $H + O_2 = HO + O$

$$k = 3 \cdot 10^{11} \exp\left[(-17{,}5 \pm 0{,}3)/RT\right] \text{ Liter Mol}^{-1}\ sec^{-1}$$

gefunden. Zur Reaktion $H + CO_2 = OH + CO$ siehe FENIMORE und JONES (128b)].

Die Reaktion $H + CH_4 \rightarrow H_2 + CH_3$ wurde von BERLIE und LE ROY (129) untersucht. Die *AE*. der Reaktion ist bedeutend kleiner als früher angenommen (130).

Die *GK*. der Reaktion $H + C_2H_6 \rightarrow H_2 + C_2H_5$ ist nach BERLIE und LE ROY (131) $k = 3{,}4 \cdot 10^{12} \exp(-6800/RT)\ cm^3\ Mol^{-1}\ sec^{-1}$, der *SF* $4{,}8 \cdot 10^{-3}$. Wie schon erwähnt (4. § 2) fanden DARWENT und ROBERTS (132) in den Reaktionen zwischen Wasserstoff- bzw. Deuteriumatomen und Kohlenwasserstoffen dieselbe *AE*, die nur mit der Verringerung der Bindungsstärke des abzuspaltenden Wasserstoffes abnimmt. BERISFORD und LE ROY (133) nahmen auch die Reaktion $H + C_2H_5 \rightarrow 2\,CH_3$ an.

Die Reaktion $H + HR \rightarrow H_2 + R$ für eine Reihe verschiedener Kohlenwasserstoffe wurde von SCHIFF und STEACIE (134) untersucht und die *AE* bestimmt.

Die Reaktion $H + C_6H_5CD_3$ führt nach BLADES und STEACIE (135) zu $CD_3 + C_6H_6$ statt zu $C_6H_5 + CD_3H$ wie von SZWARC angenommen.

Das *GK*-Verhältnis der Reaktionen in der Photolyse des Gemisches von Formaldehyd und Propan-d_8,

$$H + C_3D_8 \xrightarrow{k'} HD + C_3D_7 \quad \text{und} \quad H + H_2CO \xrightarrow{k} H_2 + HCO,$$

wurde von CALVERT und STEACIE (136) untersucht und der temperaturabhängige Wert $k'/k = 0{,}020$–$0{,}045$ zwischen 203°–300° C gefunden. Die Differenz der AE beträgt 4,5 kcal/Mol [LONGFIELD und WALTERS (137) sowie KODAMA, TAKEZAKI und FUJIE (138)].

Die Reaktion $H + CH_3CN \rightarrow HCN + CH_3$ wurde von FORST und WINKLER (139) gefunden.

Zur Anlagerungsreaktion des H-Atoms s. (139a), (139b), (139d).

Die Reaktionen des D-Atoms s. (139c).

Die Reaktion $Cl + H_2 \rightarrow HCl + H$ besitzt nach ASHMORE und CHANMUGAM (140) die GK $k = 10^{13,9} \exp[(-5500 \pm 200)/RT]$ cm³ Mol⁻¹ sec⁻¹.

Die GK der Reaktion $Cl + CH_4 \rightarrow CH_3 + HCl$ ist nach PRITCHARD, PYKE und TROTMAN-DICKENSON (141)

$$k = 10^{14,5} \exp(-3800/RT) \text{ cm}^3 \text{ Mol}^{-1} \text{ sec}^{-1}.$$

TAMURA (142) gibt für die AE eine obere Grenze von 6 kcal/Mol an.

Die Reaktion $Cl + HR \rightarrow HCl + R$ wurde bei einer Reihe von Kohlenwasserstoffen von PRITCHARD, PYKE und TROTMAN-DICKENSON untersucht. Die relativen GK konnten mit Hilfe der GK der Reaktion

$$Cl + H_2 \rightarrow HCl + H$$

bestimmt werden (143) [siehe auch RUNGE (144) und KNOX und NELSON (144a)].

Tabelle 49

Geschwindigkeitskonstanten der Reaktion von Chlor mit Kohlenwasserstoffen

Reaktion	$A \cdot 10^{-14}$ cm³ Mol⁻¹ sec⁻¹	E cal/Mol
$Cl + CH_4$	0,26	3850
$Cl + CH_3Cl$	0,57	3360
$Cl + C_2H_6$	1,20	1000
$Cl + C_2H_5Cl$	0,46	1490
$Cl + CH_2(CH_3)_2$	1,76	670
$Cl + CH(CH_3)_3$	1,96	860
$Cl + C(CH_3)_4$	1,23	700
Cl + cyclo-C_5H_{10}	2,93	580

Die GK der Reaktion $Cl + NOCl \rightarrow NO + Cl_2$ ist nach BURNS und DAINTON (145) $k = 10^{10,06} \exp(-1060/RT)$ Liter Mol⁻¹ sec⁻¹. Nach der Theorie der absoluten Reaktionsgeschwindigkeit ergibt sich

$$k = 10^{12,52} \exp(-2020/RT) \text{ Liter Mol}^{-1} \text{ sec}^{-1},$$

wenn der Durchlässigkeitskoeffizient eins ist. Nach analoger Berechnung ist die GK für $Cl + JCl \rightarrow J + Cl_2$

$$k = x \cdot 10^{10,2} \exp(-2350/RT) \text{ Liter Mol}^{-1} \text{ sec}^{-1},$$

wo x der unbekannte Durchlässigkeitskoeffizient ist.

Zur GK der Reaktionen von Cl- und Br-Atomen mit ihren Molekeln siehe (145a).

Die Reaktion

$$Cl + O_2 \rightarrow Cl—O—O$$

und die Folgereaktion

$$Cl—O—O + Cl \rightarrow 2\,ClO$$

wurden von PORTER, ferner von PORTER und WRIGHT (21) studiert.

Die Reaktion vom Typ $Br + HR \rightarrow R + HBr$ wurden von ANDERSON, SCHERAGA und VAN ARTSDALEN (146), ferner von ECKSTEIN, SCHERAGA und VAN ARTSDALEN (147) untersucht. Die *GK* der Reaktion mit Toluol ergab sich bei 439,4° K zu $k = 8{,}71 \cdot 10^9$ cm³ Mol⁻¹ sec⁻¹ und die *AE* zu 7,2 kcal/Mol. Die *AE* der photochemischen Reaktion mit Isobutan beträgt 11,7, die der thermischen Reaktion 12,5 kcal/Mol.

Für die Reaktion $O + NO + M \rightarrow NO_2 + M$ hat KAUFMAN (148) die *GK* $k = 2{,}5 \cdot 10^{16}\ \text{cm}^6\,\text{Mol}^{-2}\,\text{sec}^{-1}$, für die Reaktion $O + O_2 + M \rightarrow O_3 + M$ $k = 4 \cdot 10^{14}\ \text{cm}^6\,\text{Mol}^{-2}\,\text{sec}^{-1}$, ferner für die Reaktion $O + H_2 \rightarrow OH + H$ $k = 2\text{–}4 \cdot 10^7\ \text{cm}^3\,\text{Mol}^{-1}\,\text{sec}^{-1}$ gefunden [siehe unten auch (153)]. [Die Einfrierung von *O*-Atomen siehe (148a)].

Die Reaktion $O + CO + M \rightarrow CO_2 + M$ wurde von BROIDA und GAYDON (149), ferner von GARVIN (150) untersucht.

Die Reaktion von *Sauerstoffatomen* mit *Acetaldehyd* oder *Butylen* und weiteren Olefinen studierte CVETANOVIC (151).

Die Reaktionen des *aktiven Stickstoffs* wurden von WINKLER und Mitarb. (152) untersucht, die Mechanismen diskutiert und *AE*, *SF* angegeben haben.

KISTIAKOWSKY und VOLPI (153) haben für die Reaktionen der *Stickstoffatome* und für *Sauerstoffatome* die folgenden *GK* gefunden:

$$N + NO \rightarrow N_2 + O \qquad k \geqq 4 \cdot 10^{11}\ \text{cm}^3\,\text{Mol}^{-1}\,\text{sec}^{-1}$$
$$N + O_2 \rightarrow NO + O \qquad k = 2 \cdot 10^{12} \exp(-6200/RT)\ \text{cm}^3\,\text{Mol}^{-1}\,\text{sec}^{-1}$$
$$O + NO \rightarrow NO_2 \qquad k \geqq 10^{13}\ \text{cm}^3\,\text{Mol}^{-1}\,\text{sec}^{-1}$$
$$O + NO_2 \rightarrow O_2 + NO \qquad k \geqq 10^{12}\ \text{cm}^3\,\text{Mol}^{-1}\,\text{sec}^{-1}$$

KISTIAKOWSKY und VOLPI (154) haben weitere Reaktionen des Stickstoffatoms untersucht und die *GK* der Reaktion $N + NO \rightarrow N_2 + O$ zu $5 \cdot 10^{13}\ \text{cm}^3\,\text{Mol}^{-1}\,\text{sec}^{-1}$ bestimmt [siehe auch HARTECK und DONDES (155), ferner (155a, 155b)].

In den Reaktionen von Chloroxyden spielt das Radikal *ClO* die Hauptrolle als Kettenträger. Die Erscheinung, daß nach Einfrieren und Wiedererwärmung des abgekühlten Reaktionsgemisches die Vorgänge ohne Induktionsperiode weiter verlaufen, konnte von SZABÓ (155c) durch die Annahme der Reaktionen

$$ClO + O_2 \rightleftharpoons ClO_3(\sim 0\ \text{cal}) \rightleftharpoons {}^1/_2 Cl_2O_6(+\ 850\ \text{cal})$$

gedeutet werden, die in allen Schritten fast thermisch neutral sind. Die Erkenntnis dieser Reaktionsmöglichkeit führte letzten Endes zu dem von SZABÓ (155d) ausgesprochenen Prinzip der Stabilisierung der freien Radikale.

Die Reaktion $Na + C_2H_5Cl \rightarrow NaCl + C_2H_5$ besitzt nach CVETANOVIC und LE ROY (156) eine *AE* von 10,2 ± 0,5 kcal/Mol und einen *SF* von 1,0 ± 0,3. Weitere Reaktionen von Natriumatomen in Diffusionsflammen wurden von RIDING, SCANLAN und WARHURST (157) untersucht. Die *GK* sind in der folgenden Tabelle zusammengestellt:

Tabelle 50

Geschwindigkeitskonstanten der Halogenabspaltungsreaktionen in hochverdünnten Flammen

Verbindung	$k \cdot 10^{-11}$ $cm^3\ Mol^{-1}\ sec^{-1}$
C_6H_5Br	2,60
o-BrC_6H_4Br	225
o-ClC_6H_4Br	39,0
m-ClC_6H_4Br	8,4
p-ClC_6H_4Br	4,2
o-$MeOC_6H_4Br$	8,0
p-$MeOC_6H_4Br$	3,7
o-HOC_6H_4Br	16,1
m-HOC_6H_4Br	6,6
o-MeC_6H_4Br	3,1
m-MeC_6H_4Br	1,6
p-MeC_6H_4Br	1,8
o-CNC_6H_4Br	208
m-CNC_6H_4Br	36,3
p-CNC_6H_4Br	63,8
o-$MeOOCC_6H_4Br$	605
m-$MeOOCC_6H_4Br$	40 ± 10
p-$MeOOCC_6H_4Br$	40 ± 10
2-Br-Pyridin	185
3-Br-Pyridin	7,43
C_6H_5Cl	≈ 0,023
o-ClC_6H_4Cl	1,53
o-FC_6H_4Cl	0,21
m-FC_6H_4Cl	0,061
p-FC_6H_4Cl	≈ 0,013
C_6H_5F	< 0,005
o-$MeOOCC_6H_4Cl$	261
2-Cl-Pyridin	47,7
3-Cl-Pyridin	0,110
C_2H_5Br	27,6
n-C_3H_7Cl	0,180

Vergleich einiger *GK*

Na + *n*-Propylchlorid:	$2{,}44 \cdot 10^{10}$ (261° C) (157);	$10{,}0 \cdot 10^{10}$ (261° C) (158)
Na + Äthylbromid:	$2{,}58 \cdot 10^{12}$ (248° C) (157);	$5 \cdot 10^{12}$ (263° C) (158)
Na + Brombenzol:	$3{,}6 \cdot 10^{11}$ (247° C) (157);	$20 \cdot 10^{11}$ (255° C) (159)

Gomer und Kistiakowsky (85), die die Rekombinationsgeschwindigkeit der Methylradikale zuerst bestimmt haben, untersuchten auch die Wasserstoffabspaltungsreaktion durch Methylradikale.

Die Bildungsgeschwindigkeit von Methan ist nach der Gleichung $CH_3 + HR \rightarrow CH_4 + R$:

$$d\,[CH_4]/dt \equiv R_{CH_4} = k_1\,[CH_3]\,[RH]$$

Aus der Reaktion der Methylradikale nach $CH_3 + CH_3 \rightarrow C_2H_6$ ergibt sich die Bildungsgeschwindigkeit des Äthans zu:

$$d\,[C_2H_6]/dt \equiv R_{C_2H_6} = k_2\,[CH_3]^2$$

Die erste Gleichung durch die zweite dividiert ergibt:

$$R_{CH_4}/R_{C_2H_6}^{1/2} = k_1\,[RH]/k_2^{1/2}.$$

Werden die Bildungsgeschwindigkeiten von Methan und Äthan bestimmt und ihr Quotient als Funktion der Konzentration RH dargestellt, so bekommt man das Verhältnis $k_1/k_2^{1/2}$, oder, wenn die Versuche bei verschiedenen Temperaturen stattfanden, auch das Verhältnis der präexponentiellen Faktoren und die Differenz der Aktivierungsenergien. Die Anzahl konkurrierender Elementarvorgänge kann stufenweise vermehrt werden, wenn die kinetischen Parameter des Grundreaktionspaares bekannt sind. Dies zeigt die Wichtigkeit der kinetischen Parameter der Rekombinationsreaktion des Methylradikals.

Die kinetischen Parameter der Reaktionen des Methylradikals haben zuerst Dorfman und Gomer (160), dann Trotman-Dickenson und Steacie (161), ferner Long (162) zusammengestellt.

Die Reaktion $CH_3 + H_2 \rightarrow CH_4 + H$ wurde von Anderson, Davison und Burton (163), von Majury und Steacie (164) und von Gesser und Steacie (165) untersucht. Der Isotopieeffekt kommt nur bei dem Molekelpartner zur Geltung, die Deuterierung im Radikal ändert die Konstanten nicht [siehe Long (166), Kutschke und Steacie (167)]. Die *AE* dieser Reaktionen beträgt etwa 10–12 kcal/Mol. Rebbert und Steacie (168) fanden für die Reaktion $CH_3 + D_2 \rightarrow CH_3D + D$ eine *AE* von

$$12{,}7 \pm 0{,}5 \text{ kcal/Mol.}$$

Die Reaktion $CH_3 + O_2$ wurde mehrfach (169) untersucht und eine *GK* $k = 1{,}6 \cdot 10^{-31}$ cm^6 Molekel^{-2} sec^{-1} von HOARE und WALSH (170) bestimmt [siehe auch SLEPPY und CALVERT (170a)].

Die *AE* der Reaktion $CH_3 + HCl \rightarrow CH_4 + Cl$ beträgt nach CVETANOVIC und STEACIE (171) 2,1 ± 0,1 kcal/Mol, *SF* $7 \cdot 10^{-3}$.

Die kinetischen Parameter der Reaktion $CH_3 + NO$ wurden zuerst von FORSYTH (172), dann von DURHAM und STEACIE (173) bestimmt. BIRSS, DANBY und HINSHELWOOD (174) bemerken, daß diese Reaktion schneller ist als die Wasserstoffabspaltung durch das Methylradikal [siehe auch GRAY (175), GOWENLOCK und TROTMAN (176)]. Die Eigenschaften des bei der photochemischen Zersetzung von *t*-Butylnitrit gebildeten Nitrosomethans wurden von COE und DOUMANI (177) beschrieben [siehe auch CHRISTIE 177a)].

Der Austausch von Wasserstoffatom in der Reaktion

$$CH_3 + CD_4 \rightarrow CH_3D + CD_3$$

wurde von DAINTON und MCELCHERAN (178) untersucht, und die *GK* zu $k = 1{,}8 \cdot 10^8 \exp\left[(-12930 \pm 650)/RT\right]$ Liter Mol^{-1} sec^{-1} gefunden [siehe auch (178a)].

SMITH und TAYLOR (179) untersuchten die Wasserstoffabspaltungsreaktionen durch Methylradikale und fanden, daß die *AE* vom primären Wasserstoff zum tertiären abnimmt (von Äthan und Neopentan bis Isobutan von 8,3 auf 4,2) [siehe TAYLOR und SMITH (180), GOMER (181), TROTMAN-DICKENSON, BIRCHARD und STEACIE (182), TROTMAN-DICKENSON und STEACIE (183)]. In der folgenden Tabelle sind einige Ergebnisse für die gesättigten Kohlenwasserstoffe zusammengestellt:

Tabelle 51

Kinetische Parameter der Wasserstoffabspaltungsreaktionen

Verbindung	Stoß-querschnitt Å	$E - \frac{1}{2}E'$	$k/k'^{1/2} \cdot 10^{13}$ bei 182° C	$P/P'^{1/2} \cdot 10^4$
Äthan	5,0	10,4	3,8	6
n-Butan	5,8	8,3	21	3
2-Methylpropan	5,9	7,6	42	3
n-Pentan	6,1	8,1	27	3
2,2-Dimethylpropan	6,0	10,0	6,3	6
n-Hexan	6,4	8,1	33	3
2,3-Dimethylbutan	6,4	6,9	68	2
2,3,4-Trimethylpentan	6,7	7,9	65	8
2,2,3,3-Tetramethylbutan	6,7	9,5	10	7

E' und P' sind die AE bzw. SF der Methylrekombination. Die AE für die Olefine ist fast einheitlich 7,5 ± 0,3 kcal/Mol, nur Äthylen hat den Wert 10,0 kcal/Mol. Bei anderen Verbindungen – cyclischen Verbindungen, Alkoholen, Aminen usw. – beträgt die AE 8–10 kcal/Mol, der SF etwa 10^{-3}. Für die Reaktion CH_3 + *i-Butan*, fanden JONES und STEACIE (184) die AE 6,7 ± 0,8 bzw. 9 ± 1 kcal/Mol. REBBERT und STEACIE (185) geben die AE-Werte für folgende Kohlenwasserstoffe an: 2-Methylpropan 7,4, 2,3-Dimethylbutan 6,8, *n*-Butan 8,6, Cyclohexan 8,3, 2,2-Dimethylpropan 10,4, Toluol 7,3, 3-Äthylpentan 6,8 ± 0,3 kcal/Mol.

Die Reaktion $CH_3 + C_6H_5CH_3 \rightarrow C_6H_5CH_2 + CH_4$ wurde von SZWARC und ROBERTS (186) und von PRICE und TROTMAN-DICKENSON (187) untersucht. SZWARC und ROBERTS haben für die AE 12 ± 2 kcal/Mol, für den PF 10^{11}–10^{12} cm³ Mol⁻¹ sec⁻¹ gefunden, während die GK von PRICE und TROTMAN-DICKENSON zu $\log k_1 = (12{,}92 \pm 0{,}08) - [(13030 \pm 270)/2{,}303\,RT]$ berechnet wurde.

Die Reaktion zwischen *Methylradikalen* und *Aceton* wurde von DORFMAN und NOYES, JR. (31), TROTMAN-DICKENSON und STEACIE (188), JAQUISS, ROBERTS und SZWARC (189), MANDELCORN und STEACIE (190) und von DANBY, BUCHANAN und HENDERSON (191) untersucht. Die AE beträgt etwa 9,5–9,8 kcal/Mol. Der Isotopeneffekt in den Reaktionen der Acetonphotolyse wurde von MCNESBY und GORDON (192) bestimmt. Neuere Messungen stammen von PRITCHARD, PRITCHARD und TROTMAN-DICKENSON (193), ferner von DAINTON und MCELCHERAN (194). Die GK weichen etwas voneinander ab, entsprechend den verschiedenen Radikalquellen:

$$k = 25 \cdot 10^{11} \exp(-11700/RT)\ \mathrm{cm^3\,Mol^{-1}\,sec^{-1}}$$

mit Methylradikalen aus Di-*t*-butylperoxyd,

$$k = 6{,}4 \cdot 10^{11} \exp(-9500/RT)\ \mathrm{cm^3\,Mol^{-1}\,sec^{-1}}$$

mit CH_3 aus Aceton thermisch erzeugt. Der von DAINTON und MCELCHERAN massenspektroskopisch bestimmte Wert beträgt $k = 5 \cdot 10^8 \exp(-9800/RT)$ Liter $\mathrm{Mol^{-1}\,sec^{-1}}$.

Für die Reaktion $CH_3 + CF_3COCF_3 \rightarrow CH_3COCF_3 + CF_3$ fanden PRITCHARD und STEACIE (195) die AE 6 kcal/Mol, den SF 10^{-5}.

Die Reaktion $CH_3 + C_2H_5COC_2H_5 \rightarrow CH_4 + C_2H_4COC_2H_5$ besitzt nach AUSLOOS und STEACIE (196) die AE 7 kcal/Mol, den SF $7{,}4 \cdot 10^{-4}$.

BLACET und BRINTON (197) stellten fest, daß in der Reaktion des Methylradikals mit deuteriertem Acetaldehyd der Wasserstoff aus der Acylgruppe abgespalten wird. DODD (80) gibt für die Wasserstoffabspaltungsreaktion durch das Methylradikal aus Acetaldehyd die folgende GK an:

$$k = 10^{12{,}8 \pm 0{,}4} \exp[(-10700 \pm 500)/RT]\ \mathrm{cm^3\,Mol^{-1}\,sec^{-1}}.$$

Brinton und Volman (198) geben die *GK* zu

$$k = 4{,}2 \cdot 10^{10}\, T^{1/2} \exp\,(-7500/RT)\ \text{cm}^3\ \text{Mol}^{-1}\ \text{sec}^{-1}$$

an.

Volman und Brinton (199) bestätigen ihren früheren *AE*-Wert. Pritchard, Pritchard und Trotman-Dickenson (200) stellen fest, daß die *GK* von Volman und Brinton, von Danby, Buchanan und Henderson, von Blacet und Brinton, ferner von Davison und Burton (201) übereinstimmen, während die von Dodd (202) um eine Größenordnung abweichen [siehe noch (202a)].

Ausloos und Steacie (203) finden für die *AE* der Reaktionen:

$$CH_3 + CH_3CHO \rightarrow CH_4 + CH_3CO$$
$$CH_3 + CH_3CDO \rightarrow CH_3D + CH_3CO$$

die Werte 6,8 bzw. 7,8 kcal/Mol. Eine neuere Angabe stammt von Dodd (204) $k = 10^{10{,}8}\, T^{1/2} \exp\,(-8000/RT)\ \text{cm}^3\ \text{Mol}^{-1}\ \text{sec}^{-1}$.

Raal und Danby (205) fanden für die *AE* der Reaktion

$$CH_3 + C_2H_4 \rightarrow C_3H_7$$

6,8 kcal/Mol. Über die Reaktionsfähigkeit von verschiedenen Olefinen haben Raal und Danby (206), ferner Raal, Danby und Hinshelwood (207) berichtet. Mandelcorn und Steacie (208) fanden für die Additionsreaktionen des Methylradikals mit Äthylen, Propylen, Acetylen und Butadien die folgende *AE* 7,0; 6,0; 5,5 und 2,5 kcal/Mol. Der *SF* ist etwa 10^{-4}.

Für die konkurrierenden Reaktionen

$$CH_3 + C_2H_4 \xrightarrow{k_1} C_3H_7 \quad \text{und} \quad 2\,CH_3 \xrightarrow{k_2} C_2H_6$$

fand Brinton (209).

$$k_1/k_2^{1/2} = 3{,}3 \cdot 10^{-7} \exp\,(-8660/RT)\ \text{cm}^{3/2}\ \text{Mol}^{-1/2}\ \text{sec}^{-1/2},$$

der *SF* ist $7{,}6 \cdot 10^{-3}$.

Die Aufnahmefähigkeit der Olefinbindung für Methylradikale wird von Szwarc durch die Methylaffinität charakterisiert (210, 211, 212, 213, siehe ferner 213a).

Die Reaktion $CH_3 + CH_3COOD \rightarrow CH_4 + CH_2COOD$ hat nach Ausloos und Steacie (214) die *AE* 10,2 kcal/Mol und den *SF* 10^{-3}.

Die Reaktionen $CH_3 + CH_3COCOCH_3 \rightarrow CH_4 + CH_2COCOCH_3$ und $CH_3 + CH_3COCOCH_3 \rightarrow CH_3COCH_3 + CH_3CO$ besitzen nach Blacet und Bell (215) die *AE* 7,1 bzw. 5,6 kcal/Mol.

Die Reaktion $CH_3 + CH_3N{=}NCH_3 \rightarrow CH_4 + CH_2N{=}NCH_3$ hat nach JONES und STEACIE (216) die *AE* 7,6 kcal/Mol.

Die von GOMER und NOYES (217) zu 9 kcal/Mol bestimmte *AE* der Reaktion $CH_3 + Hg(CH_3)_2$ wurde später von OSWIN, REBBERT und STEACIE (218) zu 10,2 ± 0,1 bestimmt.

RAAL und STEACIE (219) untersuchten die Wasserstoffabspaltung durch Methylradikale bei einigen halogenierten Methanverbindungen. Die *AE* (zwischen 5,8–10,1) wurde später von RIDGE und STEACIE (220) widerrufen.

Die Wasserstoffabspaltung durch Deuteromethylradikale wurde (192) erwähnt. Weitere *AE*-Werte wurden von MCNESBY und GORDON (221) bestimmt.

$$CD_3 + CH_3CD_2CD_2CH_3 \rightarrow CD_3H + CH_2CD_2CD_2CH_3 \qquad \text{AE 11,4 kcal/Mol}$$
$$CD_3 + CH_3CD_2CD_2CH_3 \rightarrow CD_4 + CH_3CDCD_2CH_3 \qquad \text{AE 11,4 kcal/Mol}$$
$$CD_3 + CH_3CH_2CH_2CH_3 \rightarrow CD_3H + CH_3CHCH_2CH_3 \qquad \text{AE 9,3 kcal/Mol}$$

In diesen Fällen ist die Wasserstoffabspaltung durch CH_3 und CD_3 von nahezu gleicher Geschwindigkeit.

WIJNEN (222) bestimmte das Verhältnis der *GK* der Reaktionen

$$CD_3 + C_2H_5COC_2H_5 \xrightarrow{k} CD_3H + C_2H_4COC_2H_5$$

und

$$CD_3 + CD_3COCD_3 \xrightarrow{k'} CD_4 + CD_2COCD_3$$

zu $k/k' = 56{,}1$, aus anderen Versuchen zu 57,2 bei 141° C.

AUSLOOS und STEACIE (223) bestimmten in der Reaktion des Äthylradikals mit Diäthylketon die *AE* zu 7,6 kcal/Mol, den *SF* zu $7{,}1 \cdot 10^{-4}$.

JAMES und STEACIE (224) haben die Reaktionen des C_2D_5-Radikals bei der Photolyse des Deca-deutero-diäthylketons untersucht und dieselben Werte erhalten wie mit Tetra-deutero-diäthylketon.

Die Addition von *Äthylradikalen* an *Äthylen* wurde von PINDER und LE ROY (225) untersucht, und die *AE* zu 5,5 kcal/Mol bestimmt [vgl. ferner (225a)].

Das *Isopropylradikal* (aus Photolyse des Diisopropylketons) wurde von HELLER und GORDON (226) untersucht. Die *AE* der Wasserstoffabspaltung aus Diisopropylketon beträgt 8,5 ± 0,1 kcal/Mol. In einer späteren Mitteilung (104) haben HELLER und GORDON die *AE* der α-*D*-Abspaltung zu 9,3, die *AE* der β-*H*-Abspaltung zu 11,7 kcal/Mol angegeben [siehe noch (226a)].

Die Reaktion $i\text{-}C_3H_7 + i\text{-}C_3H_7J \rightarrow C_3H_8 + C_3H_6 + J$ wurde von MCMILLAN und NOYES, JR. (227) in der Photolyse des Isopropyljodids nachgewiesen.

Die Wasserstoffabspaltungsreaktion durch Allylradikal s. (227a).

Die Reaktion zwischen dem *Isopropylradikal* und *Stickoxyd* wurde von CHILTON und GOWENLOCK (228) studiert. Es bilden sich Acetoxim und Nitrosoverbindungen. Die *AE* der Isomerisierung beträgt etwa 30 bis 40 kcal/Mol. Die Dimerform ist farblos, das Monomere blau. Zur Reaktion des Propylradikals siehe (228a)].

Die Reaktion zwischen *n-Butylradikal* und *Stickoxyd* wurde von CHILTON und GOWENLOCK (229) studiert. Die einfachen Nitrosoalkane sind ziemlich stabil.

Die Reaktionen $CH_2 + H_2 \xrightarrow{k} CH_3 + H$ und $CH_2 + CH_2CO \xrightarrow{k'} C_2H_4 + CO$ wurden von GESSER und STEACIE (230) bei der Ketenphotolyse in Anwesenheit von Wasserstoff untersucht. Das Verhältnis der *GK* k/k', beträgt bei den Temperaturen — 40°, 26°, 99° C 0,28; 0,40; 0,52, die Differenz der *AE* 0,8 kcal/Mol, das Verhältnis der *SF* 1. Dieselbe Reaktion wurde auch von KISTIAKOWSKY und SAUER (71) untersucht. Die Ergebnisse von GESSER und STEACIE werden von CHANMUGAM und BURTON (231) diskutiert (232).

Die Reaktion $CH_2 + O_2$ wurde von HOLROYD und NOYES (233) interpretiert. Die Reaktionsfähigkeit der Methylenradikale aus Diazomethan gegenüber Kohlenwasserstoffen wurde von FREY (234) untersucht.

Die Addition von Methylenradikalen an Kohlenoxyd wurde von WILSON und KISTIAKOWSKY (235) studiert. Aus Keten durch Photolyse erzeugte Methylenradikale wurden zu mit ^{13}C markiertem Kohlenoxyd gegeben. Dabei bildet sich wieder Keten.

Die Reaktion von Methylenradikalen mit Isobutylen wurde von KNOX, TROTMAN-DICKENSON und WELLS (236) untersucht. Die möglichen Reaktionen zeigt das Schema:

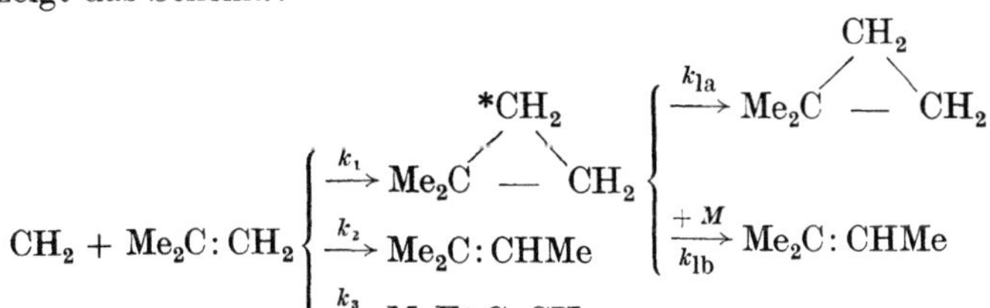

Aus Trifluoracetaldehyd bildet sich bei der Photolyse das CF_3-Radikal. Seine Reaktionen wurden von DODD und SMITH (237), von AYSCOUGH, POLANYI und STEACIE (238), von PRITCHARD, PRITCHARD und TROTMAN-DICKENSON (239), von AYSCOUGH und STEACIE (38), von SIEGER und CALVERT (240), ferner von PRITCHARD und Mitarb. (240a) untersucht. Die wichtigsten Ergebnisse sind in Tab. 52 zusammengestellt.

Tabelle 52

Relative kinetische Parameter der Wasserstoffabspaltungsreaktionen durch CF_3-Radikale

Reaktion	$k/k'^{1/2} \cdot 10^{13}$ (400° K)	$P/P'^{1/2} \cdot 10^{3}$ (400° K)	$E - \frac{1}{2}E'$ (kcal/Mol)	$k_3 \cdot 10^{18}$ (400° K)	Literatur
$CF_3 + CH_4$	3,5	6	$10{,}3 \pm 0{,}5$	2,19	(238)
		5	10,4		(237)
			$9{,}5 \pm 2$		(239)
$CF_3 + C_2H_6$	104	6	$7{,}5 \pm 0{,}5$	65	(238)
$CF_3 + C_3H_8$	418	6	$6{,}5 \pm 0{,}5$	261	(38)
$CF_3 + n\text{-}C_4H_{10}$ . . .	631	2	$5{,}1 \pm 0{,}3$	395	(38)
$CF_3 + i\text{-}C_4H_{10}$ . . .	1010	2	$4{,}7 \pm 0{,}3$	631	(38)
		1,3	4,5		(237)
$CF_3 + CF_3 \cdot CO \cdot CH_3$		0,1	6,5		(240)
$CF_3 + CH_3 \cdot CHO$.		0,8	4,0		(237)
$CF_3 + CF_3 \cdot CHO$ . .		5	8,2		(237)

In der Tabelle beziehen sich E und P auf die Wasserstoffabspaltungsreaktion, E' und P' auf die Dimerisation des CF_3-Radikals.

Die AE sind etwa um 3 kcal/Mol kleiner als beim Methylradikal.

Ayscough und Polanyi (241) untersuchten die Reaktionen

$$CF_3 + H_2 \rightarrow CF_3H; \qquad CF_3 + HD \rightarrow CF_3H;$$
$$CF_3 + HD \rightarrow CF_3D \quad \text{und} \quad CF_3 + D_2 \rightarrow CF_3D$$

und haben für die AE die folgenden Werte gefunden: $9{,}5 \pm 0{,}7$; $10{,}5 \pm 1{,}5$; $10{,}2 \pm 1{,}5$ und $10{,}2 \pm 0{,}7$ kcal/Mol. Die theoretisch berechneten und die gefundenen PF-Werte zeigt die folgende Übersicht [s. auch (242)].

Reaktion	PF berechnet		PF gefunden	
$H + H_2$	$6{,}0 \cdot 10^{13}$	(242)	$5{,}4 \cdot 10^{13}$	(243)
$CF_3 + H_2$	$1{,}9 \cdot 10^{12}$	(242)	$1{,}6 \cdot 10^{12}$	(242)
$CF_3 + H_2$	$3{,}8 \cdot 10^{11}$	(241)	$3{,}0 \cdot 10^{11}$	(242)

Die Reaktion $CF_3 + CF_3COCF_3$ hat nach Ayscough und Steacie (38) eine AE von etwa 20 kcal/Mol.

Pritchard, Pritchard, Schiff und Trotman-Dickenson (244) geben eine tabellarische Zusammenstellung der Wasserstoffabspaltung für die Reaktionen

$$CF_3 + HR \rightarrow CF_3H + R, \quad 2\,CF_3 \rightarrow C_2F_6 \quad \text{und} \quad CF_3 + D_2 \rightarrow CF_3D + D.$$

Tabelle 53

Relative kinetische Parameter der Wasserstoffabspaltungsreaktionen durch CF_3-Radikale

Reaktion	$E_3 - E_1$ kcal/Mol	A_3/A_1	$E_1 - \frac{1}{2}E_2$ kcal/Mol	$A_1/A_2^{1/2} \cdot 10^{-4}$ $Mol^{-1/2}\,cm^{3/2}\,sec^{-1/2}$	Literatur
$CF_3 + D_2$	—	—	9,7	5,8	(244)
$CF_3 + H_2$	0,86 ± 0,08	0,69	8,8	8,4	(244)
$CF_3 + CH_4$	—	—	10,3	9,7	(238)
$CF_3 + C_2H_6$	2,20 ± 0,50	0,62	7,5	9,4	(238)
CF_3 + neo-C_5H_{12} . .	2,10 ± 0,20	0,47	7,6	12	(244)
$CF_3 + C_3H_7$	3,5 ± 0,5	0,60	6,2	9,7	(244)
CF_3 + *n*-C_4H_{10} . . .	4,40 ± 0,10	0,97	5,3	6,0	(244)
CF_3 + *i*-C_4H_{10} . . .	6,7	(8,0)	(3,0)	(0,73)	(244)
CF_3 + Cyclopentan	5,0 ± 0,2	0,81	4,7	7,2	(244)
CF_3 + 2,3-Dimethyl-butan	8,0 ± 1,0	16,7	1,7	0,35	(244)
CF_3 + Aceton . . .	1,7 ± 0,5	0,85	8,0	6,8	(244)
CF_3 + Benzol . . .	2	(1,0)	(7,7)	(5,8)	(244)
CF_3 + Toluol . . .	3,7 ± 1,0	1,30	6,0	4,5	(244)

Die Indizes 1, 2 und 3 beziehen sich auf die folgenden Reaktionen:

1. $CF_3\cdot + RH \rightarrow CF_3H + R\cdot$
2. $2CF_3\cdot \rightarrow C_2F_6$,
3. $CF_3\cdot + D_2 \rightarrow CF_3D + D\cdot$

In der gleichen Mitteilung wird auch die Additionsreaktion zwischen CF_3 und dem Hexafluorazomethan diskutiert.

Die Reaktionen des ***C_3F_7-Radikals*** mit Methan und Äthan wurden von Giacometti und Steacie (245) untersucht. Die *AE* der Wasserstoffabspaltungsreaktionen sind 9,5 bzw. 9,2 kcal/Mol. Die Reaktionen mit H_2 bzw. D_2 ergaben die *AE* von 12,3 bzw. 13,8 kcal/Mol [siehe noch (245a)].

Die Reaktion des *Äthoxylradikals* in der Photolyse des Äthylpropionat wurde von Wijnen (246) untersucht.

Gray und Williams (247) berichten zusammenfassend über die Alkoxyl-Radikale.

Die folgenden hierher gehörigen Reaktionen wurden schon im allgemeinen Teil behandelt:

Rekombination der Bromatome: Strong, Chien, Graf und Willard [**3.** § 1 (21) S. 28, 29]; Brinton, Davidson [**3.** § 1 (23) S. 30].

Rekombination der Jodatome: Norrish, Christie, Porter [**3.** § 1 (18) S. 28, 29]; Marshall, Davidson [**3.** § 1 (19) S. 28]; Russell, Simons [**3.** § 1 (20) S. 28]; Strong, Chien, Graf, Willard [**3.** § 1 (21) S. 29].

Rekombination der Sauerstoffatome: Linnett, Marsden [**5.** § 2 (20) S. 76].

Dissoziation des Jods: Davidson [**3.** § 1 (22) S. 29].

Reaktion $H + D_2 \rightarrow HD + D$: Boato, Careri, Cimino, Molinari, Volpi [**4.** § 1 (11) S. 41].

Literatur zu Kapitel 9

1. TOLLEFSON, E. L. u. D. J. LE ROY, J. Chem. Phys. **16, 1057** (1948).
2. SMITH, J. O. jr. u. H. S. TAYLOR, J. Chem. Phys. **7, 390** (1939).
3. NORRISH, R. G. W. u. G. PORTER, Nature **164**, 658 (1949); NORRISH, R. G. W., G. PORTER u. B. A. THRUSH, Nature **169**, 582 (1952); NORRISH, R. G. W. u. B. A. THRUSH, Quart. Rev. **10**, 149 (1956).
4. OSTER, G. K. u. R. A. MARCUS, J. Chem. Phys. **27**, 189 (1957); **27**, 472 (1957).
5. MAINS, G. J., J. L. ROEBBER u. G. K. ROLLEFSON, J. Phys. Chem. **59**, 733 (1955).
5a. ENGELHARD, H. u. G. BREUER, Naturwiss. **46**, 554 (1959).
6. BRITTON, D., N. DAVIDSON, W. GEHMAN u. G. SCHOTT, J. Chem. Phys. **25**, 804 (1956); BRITTON, D. u. N. DAVIDSON, J. Chem. Phys. **25**, 810 (1956).
7. LEIGHTON, P. A. u. R. A. MORTENSEN, J. Amer. Chem. Soc. **58**, 448 (1936); BURTON, M., J. E. RICCI u. T. W. DAVIS, J. Amer. Chem. Soc. **62**, 265 (1940).
8. WHITTINGHAM, G., Nature **160**, 671 (1947).
9. MILLER, D. M. u. C. A. WINKLER, Canad. J. Chem. **29**, 537 (1951).
10. KOHANENKO, P. N., Acta physicochim. UdSSR **9**, 93 (1938).
11. FELDMAN, M. N., J. E. RICCI u. M. BURTON, J. Chem. Phys. **10**, 618 (1942).
12. GORIN, E., Acta physicochim. UdSSR **8**, 513 (1938).
13. PITTS, J. N. u. F. E. BLACET, J. Amer. Chem. Soc. **74**, 455 (1952).
14. SZWARC, M., J. Chem. Phys. **17**, 431 (1949).
15. HOWLETT, K. E. u. D. H. R. BARTON, Trans. Faraday Soc. **45**, 735 (1949).
16. MELVILLE, H. W., Angew. Chem. A **60**, 67 (1948); MELVILLE, H. W. u. J. C. ROBB, Discuss. Faraday Soc. **2**, 132, 150 (1947); Proc. Roy. Soc., A **196**, 445 (1949); **196**, 466 (1949); **196**, 479 (1949); Third Symposium on Combustion S. 442 (Baltimore 1949); Proc. Roy. Soc., A **202**, 181 (1950); ALLEN, P. E. M., H. W. MELVILLE u. J. C. ROBB, Proc. Roy. Soc.,A **218**, 311 (1953).
17. BLADES, H. u. C. A. WINKLER, Canad. J. Chem. **29**, 1022 (1951).
18. ELTENTON, G. C., J. chem. Phys. **10**, 403 (1942); **15**, 455 (1947); J. Phys. Coll. Chem. **52**, 463 (1948).
19. NORRISH, R. G. W., Z. Elektrochem. **56**, 705 (1952); NORRISH, R. G. W., G. PORTER u. G. A. THRUSH, Proc. Roy. Soc., A **216**, 165 (1953).
20. MCGRATH, W. D. u. R. G. W. NORRISH, Proc. Roy. Soc., A **242**, 265 (1957).
21. PORTER, G., Proc. Roy. Soc., A **200**, 284 (1950); PORTER, G. u. F. J. WRIGHT, Discuss. Faraday Soc. **14**, 23 (1953).
22. RICE, F. O. u. M. FREAMO, J. Amer. Chem. Soc. **73**, 5529 (1951).
23. RICE, F. O. u. CH. J. GRELECKI, J. Phys. Chem. **61**, 830 (1957).
24. RICE, F. O. u. F. SCHERBER, J. Amer. Chem. Soc. **77**, 291 (1955).
25. GESSER, H., J. T. MULLHAUPT u. J. E. GRIFFITHS, J. Amer. Chem. Soc. **79** 4834 (1957).
26. JUCKER, H. u. E. K. RIDEAL, J. Chem. Soc. **1957**, 1058.

27. Leigh, C. H., M. Szwarc u. J. Bigeleisen, J. Amer. Chem. Soc. **77**, 2193 (1955).
28. Schultz, R. D. u. H. A. Taylor, J. Chem. Phys. **18**, 194 (1950).
29. Buchanan, A. S., J. Chem. Soc. **1951**, 2317.
30. Lossing, F. P., Canad. J. Chem. **35**, 305 (1957).
31. Noyes, W. A. jr. u. L. M. Dorfman, J. Chem. Phys. **16**, 788 (1948).
32. Ferris, R. C. u. W. S. Haynes, J. Amer. Chem. Soc. **72**, 893 (1950).
33. Jones, M. H. u. E. W. R. Steacie, J. Chem. Phys. **21**, 1018 (1953).
34. Rebbert, R. E. u. E. W. R. Steacie, Canad. J. Chem. **31**, 631 (1953).
35. Price, S. J. W. u. A. F. Trotman-Dickenson, Trans. Faraday Soc. **53**, 939 (1957).
36. Spall, B. C. u. E. W. R. Steacie, Proc. Roy. Soc., A **239**, 1 (1957).
37. Cottrell, T. L., T. E. Graham u. T. J. Reid, Trans. Faraday Soc. **47**, 584 (1951).
38. Ayscough, P. B. u. E. W. R. Steacie, Proc. Roy. Soc., A **234**, 476 (1956); Canad. J. Chem. **34**, 103 (1956); J. Chem. Phys. **24**, 944 (1956).
39. Dodd, R. E. u. J. W. Smith, J. Chem. Soc. **1957**, 1465.
40. Wijnen, M. H. J., J. Chem. Phys. **24**, 851 (1956).
41. Carter, H. V., E. I. Chappell u. E. Warhurst, J. Chem. Soc. **1956**, 106; Ivin, K. J. u. E. W. R. Steacie, Proc. Roy. Soc., A **208**, 25 (1951).
42. Blacet, F. E. u. J. N. Pitts jr., J. Amer. Chem. Soc. **74**, 3382 (1952).
43. Leigh, C. H. u. M. Szwarc, J. Chem. Phys. **20**, 403 (1952).
44. Caule, E. J. u. E. W. R. Steacie, Canad. J. Chem. **29**, 103 (1951).
45. Carter, H. V., E. I. Chappell u. E. Warhurst, J. Chem. Soc. **1956**, 106.
46. Masson, C. R. u. E. W. R. Steacie, J. Chem. Phys. **18**, 210 (1950).
47. Leigh, C. H. u. M. Szwarc, J. Chem. Phys. **20**, 407 (1952).
48. Leigh, C. H. u. M. Szwarc, J. Chem. Phys. **20**, 844 (1952).
49. Szwarc, M. u. D. Williams, J. Chem. Phys. **20**, 1171 (1952); Ladacki, M. u. M. Szwarc, J. Chem. Phys. **20**, 1814 (1952).
50. Strachan, A. N. u. F. E. Blacet, J. Amer. Chem. Soc. **77**, 5254 (1955).
51. Porter, G. B., J. Amer. Chem. Soc. **79**, 827 (1957).
52. Klein, R. u. L. J. Schoen, J. Chem. Phys. **24**, 1094 (1956).
53. Britton, D., N. Davidson u. G. Schott, Discuss. Faraday Soc. **17**, 58 (1954).
54. Herzfeld, K. F., Seventh Symposium on Combustion (London 1959).
55. Szwarc, M., Discuss. Faraday Soc. **10**, 143 (1951).
56. Szwarc, M. u. L. Herk, J. Chem. Phys. **29**, 438 (1958).
56a. Calvert, J. G. u. W. C. Sleppy, J. Amer. Chem. Soc. **81**, 1544 (1959).
57. Bywater, S. u. E. W. R. Steacie, J. Chem. Phys. **19**, 326 (1951); **19**, 319 (1951); **19**, 172 (1951).
58. McNesby, J. R., Ch. M. Drew u. A. S. Gordon, J. Chem. Phys. **24**, 1260 (1956).
59. Bevington, J. C., Trans. Faraday Soc. **48**, 1045 (1952).
60. Marshall, R. u. N. Davidson, J. Chem. Phys. **21**, 659 (1953).

60a. Jackson, J. L., J. Chem. Phys. **31**, 154 (1959).
60b. Porter, G. u. T. A. Smith, Nature **184**, 446 (1959).
61. Britton, D., N. Davidson u. G. Schott, Discuss. Faraday Soc. **17**, 58 (1954).
62. Don Bunker, L. u. N. Davidson, J. Amer. Chem. Soc. **80**, 5085 (1958).
62a. Givens, W. G. jr. u. J. E. Willard, J. Amer. Chem. Soc. **81**, 4773 (1959).
63. Don Bunker, L. u. N. Davidson, J. Amer. Chem. Soc. **80**, 5090 (1958).
64. Forst, W., H. G. V. Evans u. C. A. Winkler, J. Phys. Chem. **61**, 320 (1957).
65. Berkowitz, J., W. A. Chupka u. G. B. Kistiakowsky, J. Chem. Phys. **25**, 457 (1956).
66. Herron, J. T., J. L. Franklin, P. Bradt u. V. H. Dibeler, J. Chem. Phys. **29**, 230 (1958); ferner Herron, J. T., J. L. Franklin, P. Bradt u. V. H. Dibeler, J. Chem. Phys. **30**, 879 (1959).
67. Wentink, T. jr., J. O. Sullivan u. K. L. Wray, J. Chem. Phys. **29**, 231 (1958).
68. Harteck, P., R. R. Reeves u. G. Mannella, J. Chem. Phys. **29**, 608 (1958).
69. Lipscomb, F. J., R. G. W. Norrish u. G. Porter, Nature **174**, 785 (1954).
70. Szabó, Z. G., P. Huhn u. F. Márta, Trans. Faraday Soc. **55**, 1131 (1959).
71. Kistiakowsky, G. B. u. K. Sauer, J. Amer. Chem. Soc. **78**, 5699 (1956).
72. Szwarc, M., Proc. Roy. Soc., A **198**, 267, 285 (1949).
73. Volman, D. H., J. Chem. Phys. **17**, 947 (1949).
74. Dorfman, L. M. u. R. Gomer, Chem. Rev. **46**, 499 (1950).
75. Miller, D. M. u. E. W. R. Steacie, J. Chem. Phys. **19**, 73 (1951).
76. Szwarc, M. u. J. S. Roberts, Trans. Faraday Soc. **46**, 625 (1950).
77. Gomer, R. u. L. M. Dorfman, J. Chem. Phys. **19**, 136 (1951).
78. Szwarc, M., J. Chem. Phys. **19**, 380 (1951).
79. Lucas, V. E. u. O. K. Rice, J. Chem. Phys. **18**, 993 (1950).
80. Dodd, R. E., Trans. Faraday Soc. **47**, 56 (1951).
81. Lossing, F. P. u. A. W. Tickner, J. Chem. Phys. **20**, 907 (1952).
82. Durham, R. W. u. E. W. R. Steacie, J. Chem. Phys. **20**, 582 (1952).
83. Forsyth, J. S. A., Trans. Faraday Soc. **37**, 312 (1941).
84. Gomer, R., J. Chem. Phys. **18**, 998 (1950).
85. Gomer, R. u. G. B. Kistiakowsky, J. Chem. Phys. **19**, 85 (1951).
86. Kistiakowsky, G. B. u. E. K. Roberts, J. Chem. Phys. **21**, 1637 (1953).
87. Marcus, R. A., J. Chem. Phys. **20**, 359, 364 (1952).
88. Kistiakowsky, G. B. u. J. S. Roberts, J. Chem. Phys. **24**, 939 (1956).
89. Dodd, R. E. u. E. W. R. Steacie, Proc. Roy. Soc., A **223**, 283 (1954).
90. Khan, M. A., R. G. W. Norrish u. G. Porter, Proc. Roy. Soc., A **219**, 312 (1953).
91. Shepp, A., J. Chem. Phys. **24**, 939 (1956).
92. Ayscough, P. B., J. Chem. Phys. **24**, 944 (1956).
93. Moseley, F. u. J. C. Robb, Proc. Roy. Soc., A **243**, 119, 130 (1937).
94. Kutschke, K. O., M. H. J. Wijnen u. E. W. R. Steacie, J. Amer. Chem. Soc. **74**, 714 (1952).

95. DORFMAN, L. M. u. Z. D. SHELDON, J. Chem Phys. **17**, 511 (1949).
96. IVIN, K. J. u. E. W. R. STEACIE, Proc. Roy. Soc., A **208**, 25 (1951).
97. WIJNEN, M. H. J. u. E. W. R. STEACIE, Canad. J. Chem. **29**, 1092 (1951).
98. IVIN, K. J., M. H. J. WIJNEN u. E. W. R. STEACIE, J. Phys. Chem. **56**, 967 (1952).
99. BRINTON, R. K. u. E. W. R. STEACIE, Canad. J. Chem. **33**, 1840 (1955).
100. BRADLEY, J. N., H. W. MELVILLE u. J. C. ROBB, Proc. Roy. Soc., A **236**, 318 (1956).
101. BRADLEY, J. N., H. W. MELVILLE u. J. C. ROBB, Proc. Roy. Soc., A **236**, 333 (1956).
102. SHEPP, A. u. K. O. KUTSCHKE, J. Chem. Phys. **26**, 1020 (1957).
103. BYWATER, S. u. E. W. R. STEACIE, J. Chem. Phys. **19**, 319 (1951).
104. HELLER, C. A. u. A. S. GORDON, J. Phys. Chem. **62**, 709 (1958).
105. WHITEWAY, S. G. u. C. R. MASSON, J. Chem. Phys. **25**, 233 (1956).
106. BRADLEY, J. N., H. W. MELVILLE u. J. C. ROBB, Proc. Roy., A **236**, 339 (1956).
107. HOEY, G. R. u. D. J. LE ROY, Canad. J. Chem. **33**, 580 (1955).
108. MILLER, G. H., G. O. PRITCHARD u. E. W. R. STEACIE, Z. physik. Chem., Neue Folge **15**, 262 (1958).
109. SMITH, M. J., P. M. BEATTY, J. A. PINDER u. D. J. LE ROY, Canad. J. Chem. **33**, 821 (1955).
110. HELLER, C. A., J. Chem. Phys. **28**, 1255 (1958).
111. AUSLOOS, P. u. E. W. R. STEACIE, Canad. J. Chem. **33**, 1062 (1955).
112. MANDELCORN, L. u. E. W. R. STEACIE, Canad. J. Chem. **32**, 79 (1954).
113. HERR, D. S. u. W. A. jr., NOYES, J. Amer. Chem. Soc. **62**, 2052 (1940).
114. AUSLOOS, P. u. E. W. R. STEACIE, Canad. J. Chem. **33**, 39 (1955).
115. AUSLOOS, P. u. E. W. R. STEACIE, Canad. J. Chem. **33**, 47 (1955).
116. ROOF, J. G. u. F. E. BLACET, J. Amer. Chem. Soc. **63**, 1126 (1941).
117. NORRISH, R. G. W., H. G. CRONE u. O. D. SALTMARSH, J. Chem. Soc. **1934**, **1456**.
118. TROTMAN-DICKENSON, A. F., J. Chem. Phys. **21**, 211 (1953).
119. WILSON, D. J. u. H. S. JOHNSTON, J. Amer. Chem. Soc. **79**, 29 (1957).
120. MARTIN, H. u. H. DISKOWSKI, Z. Elektrochem. **60**, 964 (1956).
121. BALDWIN, R. R. u. A. D. WALSH, Discuss. Faraday Soc. **17**, 96 (1954).
122. HOARE, D. E. u. A. D. WALSH, Trans. Faraday Soc. **53**, 1102 (1957).
123. WALSH, A. D., J. Chem. Soc. **1948**, 331.
124. BADIN, E. J., J. Amer. Chem. Soc. **70**, 3651 (1948).
125. MCKINLEY, J. D. jr. u. D. GARVIN, J. Amer. Chem. Soc. **77**, 5802 (1955).
126. KLEIN, R., M. D. SCHEER u. L. J. SCHOEN, J. Amer. Chem. Soc. **78**, 47 (1956).
127. LEWIS, B. u. G. VON ELBE, Combustion, Flames and Explosions of Gases, S. 59 (New York 1951).
128. MUND, W. u. M. VAN MEERSCHE, Bull. Soc. chim. Belg. **57**, 88 (1948).
128a. SCHOTT, G. L. u. J. L. KINSEY, J. Chem. Phys. **29**, 1177 (1958).
128b. FENIMORE, C. P. u. G. W. JONES, J. Phys. Chem. **62**, 1578 (1958).

129. Berlie, M. R. u. D. J. Le Roy, Canad. J. Chem. **32**, 650 (1954).
130. Steacie, E. W. R., B. de B. Darwent u. W. R. Trost, Discuss. Faraday Soc. **2**, 80 (1947).
131. Berlie, M. R. u. D. J. Le Roy, Discuss. Faraday Soc. **14**, 50 (1953).
132. Darwent, B. de B. u. R. Roberts, Discuss. Faraday Soc. **14**, 55 (1953).
133. Berisford, R. u. D. J. Le Roy, Canad. J. Chem. **36**, 983 (1958).
134. Schiff, H. I u. E. W. R. Steacie, Canad. J. Chem. **29**, 1 (1951).
135. Blades, A. T. u. E. W. R. Steacie, Canad. J. Chem. **32**, 1142 (1954).
136. Calvert, J. G. u. E. W. R. Steacie, J. Chem. Phys. **19**, 176 (1951).
137. Longfield, J. E. u. W. D. Walters, J. Amer. Chem. Soc. **77**, 810 (1955).
138. Kodama, S., Y. Takezaki u. R. Fujie, J. Chem. Soc. Japan, Pure Chem. Sect. **72**, 892 (1951).
139. Forst, W. u. C. A. Winkler, Canad. J. Chem. **33**, 1814 (1955).
139a. Rabinovitch, B. S. u. R. W. Diesen, J. Chem. Phys. **30**, 735 (1959).
139b. Boddy, P. J. u. J. C. Robb, Proc. Roy. Soc., A **249**, 518, 532, 547 (1959).
139c. Klein, R., J. R. McNesby, M. D. Scheer u. L. J. Schoen, J. Chem. Phys. **30**, 58 (1959).
139d. Turner, A. H. u. R. J. Cvetanovic, Canad. J. Chem. **37**, 1075 (1959).
140. Ashmore, P. G. u. J. Chanmugam, Trans. Faraday Soc. **49**, 254 (1953).
141. Pritchard, H. O., J. B. Pyke u. A. F. Trotman-Dickenson, J. Amer. Chem. Soc. **76**, 1202 (1954).
142. Tamura, M., Rev. Phys. Chem. Japan **15**, 86 (1941).
143. Pritchard, H. O., J. B. Pyke u. A. F. Trotman-Dickenson, J. Amer. Chem. Soc. **77**, 2629 (1955).
144. Runge, F., Z. Elektrochem. **60**, 956 (1956).
144a. Knox, J. H. u. R. L. Nelson, Trans. Faraday Soc. **55**, 937 (1959).
145. Burns, W. G. u. F. S. Dainton, Trans. Faraday Soc. **48**, 52 (1952).
145a. Christie, M. I., R. S. Roy u. B. A. Thrush, Trans. Faraday Soc. **55**, 1139 (1959); Christie, M. I., R. S. Roy u. B. A. Thrush, Trans.Faraday Soc. **55**, 1149 (1959).
146. Anderson, H. R. jr., H. A. Scheraga u. E. R. van Artsdalen, J. Chem. Phys. **21**, 1258 (1953).
147. Eckstein, B., H. A. Scheraga u. E. R. van Artsdalen, J. Chem. Phys. 22, 28 (1954).
148. Kaufman, F., Proc. Roy. Soc., A **247**, 123 (1958).
148a. Ruehrwein, R. A. u. J. S. Hashman, J. Chem. Phys. **30**, 823 (1959).
149. Broida, H. P. u. A. G. Gaydon, Trans. Faraday Soc. **49**, 1190 (1953).
150. Garvin, D., J. Amer. Chem. Soc. **76**, 1523 (1954).
151. Cvetanovic, R. J., Canad. J. Chem. **34**, 775 (1956); **36**, 970 (1958); J. Chem. Phys. **25**, 376 (1956); **23**, 1375 (1955).
152. Armstrong, D. A. u. C. A. Winkler, Canad. J. chem. **33**, 1649 (1955); Freeman, G. R. u. C. A. Winkler, J. Phys. Chem. **59**, 371, 780 (1955); Frost, W. u. C. A. Winkler, J. Phys. Chem. **60**, 1424 (1956); Dunford, B., H. G. V. Evans u. C. A. Winkler, Canad. J. Chem. **34**, 1074 (1956).
153. Kistiakowsky, G. B. u. G. G. Volpi, J. Chem. Phys. **27**, 1141 (1957).

154. KISTIAKOWSKY, G. B. u. G. G. VOLPI, J. Chem. Phys. **28**, 665 (1958).
155. HARTECK, P. u. S. DONDES, J. Chem. Phys. **29**, 234 (1958).
155a. HARTECK, P., R. R. REEVES u. G. MANNELLA, J. Chem. Phys. **29**, 1333 (1958).
155b. OGRYZLO, E. A. u. H. I. SCHIFF, Canad. J. Chem. **37**, 1690 (1959).
155c. SZABÓ, Z. G., J. Chem. Soc. **1950**, 1356.
155d. SZABÓ, Z. G., Nature **170**, 246 (1952); Acta Chim. Hung. **3**, 139 (1953).
156. CVETANOVIC, R. J. u. D. J. LE ROY, J. Chem. Phys. **20**, 1016 (1952).
157. RIDING, F., J. SCANLAN u. E. WARHURST, Trans. Faraday Soc. **52**, 1354 (1956).
158. EVANS, A. G. u. H. WALKER, Trans. Faraday Soc. **40**, 384 (1944).
159. WARHURST, E., Trans. Faraday Soc. **35**, 674 (1939).
160. DORFMAN, L. M. u. R. GOMER, Chem. Rev. **46**, 499 (1950).
161. TROTMAN-DICKENSON, A. F. u. E. W. R. STEACIE, J. Phys. Chem. **55**, 908 (1951).
162. LONG, L. H., J. Chem. Soc. **1956**, 3410.
163. ANDERSON, R. D., S. DAVISON u. M. BURTON, Discuss. Faraday Soc. **10**, 136 (1951).
164. MAJURY, T. G. u. E. W. R. STEACIE, Discuss. Faraday Soc. **14**, 45 (1953).
165. GESSER, H. u. E. W. R. STEACIE, Canad. J. Chem. **34**, 113 (1956).
166. LONG, L. H., J. Phys. Chem. **61**, 821 (1957).
167. KUTSCHKE, K. O. u. E. W. R. STEACIE, J. Phys. Chem. **62**, 866 (1958); LONG, L. H., J. Phys. Chem. **61**, 821 (1957).
168. REBBERT, R. E. u. E. W. R. STEACIE, Canad. J. Chem. **32**, 113 (1954).
169. MARCOTTE, F. B. u. W. A. NOYES jr., Discuss. Faraday Soc. **10**, 236 (1951); J. Amer. Chem. Soc. **74**, 783 (1952); MARTIN, R. B. u. W. A. NOYES jr., J. Amer. Chem. Soc. **75**, 4183 (1953); INGOLD, K. U. u. W. A. BRYCE, J. Chem. Phys. **24**, 360 (1956).
170. HOARE, D. E u. A. D. WALSH, Trans. Faraday Soc. **53**, 1102 (1957).
170a. SLEPPY, W. C. u. J. G. CALVERT, J. Amer. Chem. Soc. **81**, 769 (1959).
171. CVETANOVIC, R. J. u. E. W. R. STEACIE, Canad. J. Chem. **31**, 158 (1953).
172. FORSYTH, J. S. A., Trans. Faraday Soc. **37**, 312 (1941).
173. DURHAM, R. W. u. E. W. R. STEACIE, J. Chem. Phys. **20**, 582 (1952).
174. BIRSS, F. W., C. J. DANBY u. C. HINSHELWOOD, Proc. Roy. Soc., A **239**, 154 (1957).
175. GRAY, P., Trans. Faraday Soc. **51**, 1367 (1955); **52**, 344 (1956); Proc. Roy. Soc., A **221**, 462 (1954).
176. GOWENLOCK, B. G. u. J. TROTMAN, J. Chem. Soc. **1956**, 1670.
177. COE, C. S. u. TH. F. DOUMANI, J. Amer. Chem. Soc. **70**, 1516 (1948).
177a. CHRISTIE, M. I., Proc. Roy. Soc., A **249**, 248 (1959); CHRISTIE, M. I., Proc. Roy. Soc., A **249**, 258 (1959).
178. DAINTON, F. S. u. D. E. MCELCHERAN, Trans. Faraday Soc. **51**, 657 (1955).
178a. DAINTON, F. S., K. J. IVIN u. F. WILKINSON, Trans. Faraday Soc. **55**, 929 (1959).
179. SMITH, J. O. u. H. S. TAYLOR, J. Chem. Phys. **7**, 390 (1939).

180. TAYLOR, H. S. u. J. O. SMITH jr., J. Chem. Phys. **8**, 543 (1940).
181. GOMER, R., J. Amer. Chem. Soc. **72**, 201 (1950).
182. TROTMAN-DICKENSON, A. F., J. R. BIRCHARD u. E. W. R. STEACIE, J. Chem. Phys. **19**, 163 (1951).
183. TROTMAN-DICKENSON, A. F. u. E. W. R. STEACIE, J. Chem. Phys. **19**, 169 (1951); **19**, 329 (1951).
184. JONES, M. H. u. E. W. R. STEACIE, Canad. J. Chem. **31**, 505 (1953).
185. REBBERT, R. E. u. E. W. R. STEACIE, J. Chem. Phys. **21**, 1723 (1953); Canad. J. Chem. **32**, 40 (1954).
186. SZWARC, M. u. J. S. ROBERTS, Trans. Faraday Soc. **46**, 625 (1950).
187. PRICE, S. J. W. u. A. F. TROTMAN-DICKENSON, J. Chem. Soc. **1958**, 4205.
188. TROTMAN-DICKENSON, A. F. u. E. W. R. STEACIE, J. Chem. Phys. **18**, 1097 (1950).
189. JAQUISS, M. T., J. S. ROBERTS u. M. SZWARC, J. Amer. Chem. Soc. **74**, 6005 (1952).
190. MANDELCORN, L. u. E. W. R. STEACIE, Canad. J. Chem. **32**, 331 (1954).
191. DANBY, C. J., A. S. BUCHANAN u. I. H. S. HENDERSON, J. Chem. Soc. **1951**, 1426.
192. MCNESBY, J. R. u. A. S. GORDON, J. Amer. Chem. Soc. **76**, 1416 (1954).
193. PRITCHARD, G. O., H. O. PRITCHARD u. A. F. TROTMAN-DICKENSON, J. Chem. Soc. **1954**, 1425.
194. DAINTON, F. S. u. D. E. MCELCHERAN, Trans. Faraday Soc. **51**, 657 (1955).
195. PRITCHARD, G. O. u. E. W. R. STEACIE, Canad. J. Chem. **35**, 1216 (1957).
196. AUSLOOS, P. u. E. W. R. STEACIE, Canad. J. Chem. **32**, 593 (1954).
197. BLACET, F. E. u. R. K. BRINTON, J. Amer. Chem. Soc. **72**, 4715 (1950).
198. BRINTON, R. K. u. D. H. VOLMAN, J. Chem. Phys. **20**, 1053 (1952).
199. VOLMAN, D. H. u. R. K. BRINTON, J. Chem. Phys. **20**, 1764 (1952).
200. PRITCHARD, G. O., H. O. PRITCHARD u. A. F. TROTMAN-DICKENSON, J. Chem. Phys. **21**, 748 (1953); ferner SHAW, R. u. A. F. TROTMAN-DICKENSON, Proc. Chem. Soc. **1959**, 61.
201. DAVISON, S. u. M. BURTON, J. Amer. Chem. Soc. **74**, 2307 (1952).
202. DODD, R. E., J. Chem. Phys. **21**, 748 (1953).
202a. BLAKE, A. R. u. K. O. KUTSCHKE, Canad. J. Chem. **37**, 1462 (1959).
203. AUSLOOS, P. u. E. W. R. STEACIE, Canad. J. Chem. **33**, 31 (1955).
204. DODD, R. E., Canad. J. Chem. **33**, 699 (1955).
205. RAAL, F. A. u. C. J. DANBY, J. Chem. Soc. **1949**, 2219.
206. RAAL, F. A. u. C. J. DANBY, J. Chem. Soc. **1949**, 2222.
207. RAAL, F. A., C. J. DANBY u. C. HINSHELWOOD, J. Chem. Soc. **1949**, 2225.
208. MANDELCORN, L. u. E. W. R. STEACIE, Canad. J. Chem. **32**, 474 (1954).
209. BRINTON, R. K., J. Chem. Phys. **29**, 781 (1958).
210. SZWARC, M., J. Polimer. Sci. **16**, 367 (1955).
211. LEVY, M. u. M. SZWARC, J. Amer. Chem. Soc. **77**, 2193 (1955).
212. BUCKLEY, R. P. u. M. SZWARC, J. Amer. Chem. Soc. **78**, 5696 (1956).

213. Gazith, M. u. M. Szwarc, J. Amer. Chem. Soc. **79**, 3339 (1957).
213a. Rajenvach, A. u. M. Szwarc, Proc. Roy. Soc., A **251**, 394 (1959).
214. Ausloos, P. u. E. W. R. Steacie, Canad. J. Chem. **33**, 1530 (1955).
215. Blacet, F. E. u. W. E. Bell, Discuss. Faraday Soc. **14**, 70 (1953).
216. Jones, M. H. u. E. W. R. Steacie, J. Chem. Phys. **21**, 1018 (1953).
217. Gomer, R. u. W. A. Noyes jr., J. Amer. Chem. Soc. **71**, 3390 (1949).
218. Oswin, H. G., R. Rebbert u. E. W. R. Steacie, Canad. J. Chem. **33**, 472 (1955).
219. Raal, F. A. u. E. W. R. Steacie, J. Chem. Phys. **20**, 578 (1955).
220. Ridge, M. J. u. E. W. R. Steacie, Canad. J. Chem. **33**, 396 (1955).
221. McNesby, R. J. u. A. S. Gordon, J. Amer. Chem. Soc. **78**, 3570 (1956).
222. Wijnen, M. H., J. Chem. Phys. **22**, 1631 (1954).
223. Ausloos, P. u. E. W. R. Steacie, Canad. J. Chem. **32**, 593 (1954).
224. James, D. G. L. u. E. W. R. Steacie, Proc. Roy. Soc., A **245**, 470 (1958).
225. Pinder, J. A. u. D. J. Le Roy, Canad. J. Chem. **35**, 588 (1957).
225a. Lampe, F. W. u. F. H. Field, Canad. J. Chem. **37**, 995 (1959).
226. Heller, C. A. u. A. S. Gordon, J. Phys. Chem. **60**, 1315 (1956).
226a. Kerr, J. A. u. A. F. Trotman-Dickenson, Trans. Faraday Soc. **55**, 921 (1959).
227. McMillan, G. R. u. W. A. Noyes jr., J. Amer. Chem. Soc. **80**, 2108 (1958).
227a. Gordon, A. S., S. R. Smith u. J. R. McNesby, J. Amer. Chem. Soc. **81**, 5059 (1959).
228. Chilton, H. T. J. u. B. G. Gowenlock, J. Chem. Soc. **1953**, 3232.
228a. Kerr, J. A. u. A. F. Trotman-Dickenson, Trans. Faraday Soc. **55**, 572 (1959).
229. Chilton, H. T. J. u. B. G. Gowenlock, J. Chem. Soc. **1954**, 3174.
230. Gesser, H. u. E. W. R. Steacie, Canad. J. Chem. **34**, 113 (1956).
231. Chanmugam, J. u. M. Burton, Canad. J. Chem. **34**, 1021 (1956).
232. Chanmugam, J. u. M. Burton, J. Amer. Chem. Soc. **78**, 509 (1956).
233. Holroyd, R. A. u. W. A. Noyes, jr. J. Amer. Chem. Soc. **78**, 4831 (1956).
234. Frey, H. M., J. Amer. Chem. Soc. **80**, 5005 (1958).
235. Wilson, Th. B. u. G. B. Kistiakowsky, J. Amer. Chem. Soc. **80**, 2934 (1958).
236. Knox, J. H., A. F. Trotman-Dickenson u. C. H. J. Wells, J. Chem. Soc. **1958**, 2897.
237. Dodd, R. E. u. J. W. Smith, Research 8, 63 (1955).
238. Ayscough, P. B., J. C. Polanyi u. E. W. R. Steacie, Canad. J. Chem. **33**, 743 (1955).
239. Pritchard, G. O., H. O. Pritchard u. A. F. Trotman-Dickenson, Chem. and Industry **1955**, 564.
240. Sieger, R. A. u. J. G. Calvert, J. Amer. Chem. Soc. **76**, 5197 (1954).
240a. Pritchard, G. O. u. J. R. Dacey, Canad. J. Chem. **38**, 182 (1960).
241. Ayscough, P. B. u. J. C. Polanyi, Trans. Faraday Soc. **52**, 960 (1956).
242. Polanyi, J. C., J. Chem. Phys. **23**, 1505 (1955); **24**, 493 (1956).
243. Boato, G., G. Careri, A Cimino, E. Molinari u. G. G. Volpi, J. Chem. Phys. **24**, 783 (1956).

244. PRITCHARD, G. O., H. O. PRITCHARD, H. I. SCHIFF u. A. F. TROTMAN-DICKENSON, Trans. Faraday Soc. **52**, 849 (1956).
245. GIACOMETTI, G. u. E. W. R. STEACIE, Canad. J. Chem. **36**, 1493 (1958).
245a. MILLER, G. H. u. E. W. R. STEACIE, J. Amer. Chem. Soc. **80**, 6486 (1958); PRITCHARD, G. O. u. G. H. MILLER, J. Phys. Chem. **63**, 2074 (1959).
246. WIJNEN, M. H. J., J. Amer. Chem. Soc. **80**, 2394 (1958).
247. GRAY, P. u. A. WILLIAMS, Chem. Rev. **59**, 239 (1959); GRAY, P. u. A. WILLIAMS, Trans. Faraday Soc. **55**, 760 (1959).

Kapitel 10

Katalysierte homogene Gasreaktionen

Die homogene Gaskatalyse wurde im Kap. 5 allgemein behandelt.

BELL, ROBINSON und TRENWITH (1) untersuchten den thermischen Zerfall des Distickstoffoxyds in Anwesenheit von Fremdgasen, wie Kohlendioxyd, Tetrafluorkohlenstoff und Edelgasen, im Druckgebiet 50–100 mm Hg und im Temperaturintervall von 650 bis 750° C. Die Versuchsergebnisse lassen sich darstellen durch

$$\text{Geschwindigkeit} = k' [N_2O]^{1,55} + k'' [N_2O]^{0,55} [X]$$

Diese Gleichung kann durch den Mechanismus gedeutet werden:

(1) $N_2O + N_2O \underset{k_1'}{\overset{k_1}{\rightleftharpoons}} N_2O^* + N_2O$ (4) $O + N_2O \xrightarrow{k_4} O_2 + N_2$

(2) $N_2O + X \underset{k_2'}{\overset{k_2}{\rightleftharpoons}} N_2O^* + X$ (5) $O + N_2O \xrightarrow{k_5} 2\,NO$

(3) $N_2O^* \xrightarrow{k_3} N_2 + O$ (6) $2\,O \xrightarrow[\text{Wand}]{k_6} O_2$

Aus dem Schema folgt

$$\text{Geschwindigkeit} = \frac{k_1 [N_2O]^2 + k_2 [N_2O] [X]}{1 + k_1' [N_2O]/k_3 + k_2' [X]/k_3} \left\{ \frac{2k_4 [N_2O] + 2k_5 [N_2O] + k_6}{k_4 [N_2O] + k_5 [N_2O] + k_6} \right\}.$$

Bei kleinen Fremdgasmengen hängt die Geschwindigkeit nur von der ersten Potenz ihrer Konzentration ab, das Glied k_2, $[X]/k_3$ kann vernachlässigt werden, und die theoretische Gleichung geht in den experimentell gefundenen Ausdruck über.

Der durch Chlor, Brom oder Jod katalysierte Zerfall des Distickstoffoxyds im Temperaturgebiet 876–1031° K wurde von KAUFMAN, GERRI und PASCALE (2) untersucht. Die folgenden Geschwindigkeitskonstanten wurden experimentell gefunden:

$$k_{\mathrm{Cl}} = 1{,}3 \cdot 10^{14} \exp(-33500/RT) \text{ cm}^3 \text{ Mol}^{-1} \text{ sec}^{-1}$$
$$k_{\mathrm{Br}} = 2{,}0 \cdot 10^{14} \exp(-37000/RT) \text{ cm}^3 \text{ Mol}^{-1} \text{ sec}^{-1}$$
$$k_{\mathrm{J}} = 2{,}8 \cdot 10^{14} \exp(-38000/RT) \text{ cm}^3 \text{ Mol}^{-1} \text{ sec}^{-1}$$

Diese Konstanten der Bruttoreaktionen können als die Geschwindigkeiten der Elementarreaktionen $N_2O + X \rightarrow N_2 + XO$ angesehen werden.

Das klassische Beispiel der Übertragungskatalyse bei Gasreaktionen ist der durch Chlor katalysierte Ozonzerfall [BODENSTEIN, PADELT und SCHUMACHER (3), dann HAMANN und SCHUMACHER (4)]. Während die erste Versuchsserie zu

$$\frac{-d[O_3]}{dt} = k[Cl_2]^{1/2}[O_3]^{3/2}$$

führte, stellten HAMANN und SCHUMACHER eine Chlorhemmung fest. HUHN, TÜDÖS und SZABÓ (5) haben den Reaktionsmechanismus angegeben

(1) $$Cl_2 + O_3 \rightarrow Cl + ClO + O_2$$
(2) $$Cl + O_3 \rightarrow ClO + O_2$$
(3) $$ClO + O_3 \rightarrow Cl + 2O_2$$
(4) $$ClO + ClO \rightarrow Cl_2 + O_2$$
(5) $$Cl + Cl + M \rightarrow Cl_2 + M.$$

Wichtig ist in diesem Schema, daß auch die Chloratome zum Abbruch beitragen und die Chlormolekel ein besonders wirksamer Dreierstoßpartner ist. Der Vierstufenmechanismus (2. § 3) gibt die Chlorhemmung vollkommen wieder.

CVETANOVIC und STEACIE (6) beobachteten bei der Photolyse von Aceton-Chlorwasserstoff-Gemischen Zurückdrängung der Äthanbildung und Zunahme der Methankonzentration bei relativ kleiner Chlorwasserstoffkonzentration. Für den Effekt sind die Reaktionen

(1) $$CH_3 + HCl \rightarrow CH_4 + Cl$$
(2) $$Cl + CH_3COCH_3 \rightarrow HCl + CH_2COCH_3$$

verantwortlich. Die Stoßausbeute von (1) beträgt bei 28° C etwa $2 \cdot 10^{-4}$, entsprechend einer Aktivierungsenergie von höchstens 5,1 kcal/Mol. Schon eine relative kleine Menge Chlorwasserstoff entfernt die Methylradikale aus der Kette bzw. hemmt die Bildung des Äthans.

Bromwasserstoff spielt genau wie Jod in photochemischen Reaktionen bei niederer Temperatur die Rolle eines Inhibitors [RIDGE und STEACIE (7)].

$$CH_3 \cdot CO \cdot CH_3 + h\nu \rightarrow CH_3 \cdot CO + CH_3$$

(1) $$CH_3 \cdot CO \rightarrow CH_3 + CO$$

(2) $$CH_3 + HBr \rightarrow CH_4 + Br$$

(3) $$CH_3CO + HBr \rightarrow CH_3CHO + Br$$

(2), (3) schnell

(4) $$Br + CH_3COCH_3 \rightarrow HBr + CH_2COCH_3$$

(5) $$CH_3 + Br \rightarrow CH_3Br.$$

Bemerkenswert ist Reaktion (4), die den Bromwasserstoff zurückbildet. Das Bromatom spaltet Wasserstoff nur von Aceton, da bei diesem die *C–H*-Bindung die schwächste ist.

Die kettenabbrechende Wirkung des Jods in der photolytischen Propionaldehydzersetzung wurde von BLACET und PITTS (8), in der Butyraldehydzersetzung von BLACET und CALVERT (9) durch die folgenden Elementarvorgängen gedeutet:

(1) $$C_2H_5 + J_2 \rightarrow C_2H_5J + J$$

(2) $$HCO + J_2 \rightarrow CO + HJ + J$$

(3) $$CH_3 + J_2 \rightarrow CH_3J + J$$

(4) $$CH_2CHO + J_2 \rightarrow JCH_2CHO + J$$

(5) $$J + J + M \rightarrow J_2 + M$$

bzw. bei Butyraldehyd:

$$C_3H_7 + J_2 \rightarrow C_3H_7J + J$$
$$C_2H_4CHO + J_2 \rightarrow JC_2H_4CHO + J.$$

Folgende Reaktionen sind von geringerer Bedeutung:

$$HCO \rightarrow H + CO$$
$$H + J_2 \rightarrow HJ + J$$
$$H + C_3H_7CHO \rightarrow H_2 + C_3H_7CO.$$

Bei höheren Temperaturen, also in den eigentlichen pyrolytischen Reaktionen, wirkt Jod als Katalysator.

Die von HOLMES und MACCOLL (10) untersuchte Pyrolyse des sekundären Propyljodids ist eine Eliminationsreaktion. Jodwasserstoff wird vom Molekül abgespalten, obwohl nach der Bruttogleichung:

$$C_3H_7J \rightarrow 1/2\,C_3H_6 + 1/2\,C_3H_8 + 1/2\,J_2$$

Jod frei wird. Die folgenden Reaktionsschritte geben die Deutung:

(1) $$C_3H_7J \rightarrow C_3H_6 + HJ$$

(2) $$C_3H_7J + HJ \rightarrow C_3H_8 + J_2.$$

JONES und OGG (11) hatten die als langsam geltende Reaktion (2) nicht berücksichtigt. Nach HOLMES und MACCOLL verläuft die Reaktion jedoch bei der Pyrolysentemperatur (240–357° C) schnell. Die Versuchsergebnisse wurden durch die Gleichung

$$d[J_2]/dt = k_b [C_3H_7J] [J_2]^{1/2}$$

beschrieben, die aus folgendem Reaktionsschema hergeleitet wird:

$$(3) \qquad J_2 \rightleftharpoons 2J$$

$$(4) \qquad J + C_3H_7J \rightarrow C_3H_7 + J_2$$

$$(5) \qquad C_3H_7 + HJ \rightarrow C_3H_8 + J.$$

Der Zerfall erwies sich zwischen 285 und 357° C als homogen und von erster Ordnung, während er unterhalb 285° C autokatalytisch ist. Die Reaktion wird von Stickoxyd kaum, von Propylen beträchtlich gehemmt. Die Ursache der Hemmung liegt nach den Verfassern in der Umkehrung von (1). Dies wurde bewiesen, als sie Propylen mit Jodwasserstoff reagieren ließen, wobei die Reaktion in zwei nacheinander folgenden bimolekularen Schritten zu Propan und Jod führte. Die Aufspaltung der *C—J*-Bindung spielt als Primärreaktion keine bedeutende Rolle.

KLEIN, SCHEER und SCHOEN (12) untersuchten die durch Sauerstoff induzierte Wasserstoff-Deuterium-Austauschreaktion. Die Versuche wurden im Quarzreaktionsgefäß bei 500° C und in Anwesenheit von 2–3% Sauerstoff ausgeführt. Die Induktion durch Sauerstoff verursachte eine etwa hundertfache Vergrößerung der Geschwindigkeit. Der Austausch verläuft nach den Verfassern homogen in der Gasphase. Die Wandwirkung ist nur bei der induzierenden Primärreaktion zu berücksichtigen. Das folgende Schema gilt auch für die Reaktion mit Wasserstoffisotopen.

$$(1) \qquad H_2 + O_2 \xrightarrow[\text{Wand}]{k_1} 2\,OH$$

$$(2) \qquad OH + H_2 \xrightarrow{k_2} H_2O + H$$

$$(3) \qquad H + H_2 \xrightarrow{k_3} H_2 + H$$

$$(4) \qquad H + O_2 + M \xrightarrow{k_4} HO_2 + M.$$

Die induzierende Reaktion vergrößert die Wasserstoffatomkonzentration in der Gasphase. Die H-Atome entwickeln lange Ketten, die nur nach (4) abbrechen. Die Geschwindigkeit dieser Reaktion beträgt

$$k_4 = 3{,}4 \cdot 10^{13}\ \mathrm{cm^6\ Mol^{-2}\ sec^{-1}}\ \text{bei}\ 12°\ \mathrm{C}$$

in Übereinstimmung mit dem Wert von LEWIS und von ELBE (13):

$$k_4 = 0{,}6 \cdot 10^{13}\ \mathrm{cm^6\ Mol^{-2}\ sec^{-1}}$$

Die induzierende Wirkung von Sauerstoff wurde in den thermischen Zerfallsreaktionen von Kohlenwasserstoffen beobachtet [RICE und POLLY (14), ECHOLS und PEASE (15)]. Neuerdings untersuchten APPLEBY und Mitarb. (16) die thermische Spaltung des *n*-Butans zwischen 486 und 526° C bei verschiedenen Sauerstoffkonzentrationen (0–35 Vol.-%). Bei kleineren Sauerstoffkonzentrationen führte die Initiierung zu Buten und Wasser als Hauptprodukten. Buten bildete sich aus Butan etwa hundertmal schneller als ohne Sauerstoff. Der Sauerstoff wirkt dehydrierend und die gebildeten Radikale leiten entweder Kettenreaktionen ein oder zerfallen in ein anderes Radikal und Olefin.

Die Dehydrochlorierung von chlorierten Äthanderivaten wird nach BARTON (17) durch kleine Mengen Sauerstoff oder Chlor induziert.

Die Induzierung durch Methylradikale aus der thermischen Zersetzung des Di-*t*-butylperoxyds wurde von BOYER, NICLAUSE und LETORT (18) im homogenen thermischen Zerfall des Acetaldehyds untersucht.

Reiner Formaldehyd zerfällt erst oberhalb 500° C. Bei niedrigeren Temperaturen zersetzt er sich durch Einwirkung von Methylradikalen. LONGFIELD und WALTERS (19) sensibilisierten den Zerfall von Formaldehyd zwischen 384 und 437° C durch Äthylenoxyd. Die Zersetzung in Kohlenoxyd und Wasserstoff kann durch die Gleichung

$$dP/dt = d[H_2]/dt = k[C_2H_4O]^{n_1}[H_2CO]^{n_2}[M]^{n_3}$$

beschrieben werden, wo $n_1 \sim 0{,}6$; $n_2 \sim 0{,}8$ ist. Die Vergrößerung des Verhältnisses Oberfläche/Volumen vermindert, die Hinzufügung von Fremdgasen vergrößert die Geschwindigkeit. Die Bruttoaktivierungsenergie ergab sich zu $48 \pm 1{,}5$ kcal/Mol. Die Versuchsergebnisse lassen sich durch das Schema deuten:

(1) $$(CH_2)_2O \rightarrow CH_3 + HCO$$

(2) $$CH_3 + H_2CO \rightarrow CH_4 + HCO$$

(3) $$HCO \rightarrow H + CO$$

(4) $$H + H_2CO \rightarrow H_2 + HCO.$$

Die Reaktionen (3) und (4) leiten Ketten ein. Die beschleunigende Wirkung der Fremdgase kann durch das Auftreten der Reaktion

$$HCO + M \rightarrow H + CO + M$$

und durch die Zurückdrängung der Reaktion HCO + Wand → Produkt gedeutet werden.

Die Hemmung der Wasserstoff-Deuterium-Austauschreaktion durch Stickoxyd und Propylen wurde von STEPHEN und DANBY (20) untersucht. Die Geschwindigkeit der Bildung von HD wurde im Massenspektrometer verfolgt. Die Reaktion wird von beiden Inhibitoren in beinahe gleichem Maße und bis zu derselben Grenzgeschwindigkeit gehemmt. Der völlig gehemmte Vorgang ist von erster Ordnung, seine Aktivierungsenergie beträgt 19 kcal/Mol. Die Geschwindigkeit der gehemmten Reaktion hängt von dem Verhältnis Oberfläche/Volumen ab. Der völlig gehemmte Vorgang ist darum als eine Oberflächenreaktion zu betrachten. In der Oberflächenreaktion führen die adsorbierten Atome die Kette nach dem Schema fort:

$$H_{ads} + D_2 \rightarrow HD + D_{ads} \qquad k_1$$
$$D_{ads} + H_2 \rightarrow HD + H_{ads} \qquad k_2$$
$$H_{ads} + D_{ads} \rightarrow HD. \qquad k_3$$

Da die Konzentrationen der adsorbierten Wasserstoff- und Deuteriumatome an der Oberfläche der Quadratwurzel des Wasserstoff- und Deuterium-Partialdruckes proportional sind, ergibt sich k_3 als eine Geschwindigkeitskonstante von erster Ordnung, im Einklang mit der Erfahrung.

Weniger Auskünfte sind über den Mechanismus der Hemmung zu erhalten. Im Massenspektrometer wurden Molekeln wie HNO nicht beobachtet. Wahrscheinlich rekombinieren die Wasserstoffatome in den von SMALLWOOD (21) vorgeschlagenen Schritten: $H + NO \rightarrow HNO$ und $HNO + H \rightarrow H_2 + NO$.

Die Hemmung des thermischen Zerfalls von n-Butan durch Stickoxyd und Propylen wurde zuerst von ECHOLS und PEASE (22) untersucht. Die Wirksamkeit des Propylens betrug nur etwa $^1/_{20}$ bis $^1/_{30}$ der Stickoxydwirkung.

Die geschwindigkeitsbeeinflussende Wirkung des Stickoxyds kann bei analogen Verbindungsgruppen sehr unterschiedlich sein [siehe auch (22a)]. Während der thermische Acetonzerfall nach SMITH und HINSHELWOOD (23) und die Zersetzung des Methyl-Äthyl-Ketons nach WARING und MUTTER (24) von Stickoxyd nicht gehemmt werden, sogar – wahrscheinlich infolge der Reaktion mit intermediärem Keten – Katalyse auftritt, vermindert Propylen die Geschwindigkeiten beider Reaktionen bis zu einem Grenzwert. Beim Diäthylketon kommt schon die hemmende Wirkung des Stickoxyds in vollem Maße zur Geltung, die noch bei 20 mm Hg NO-Partialdruck besteht und nicht in Katalyse übergeht, wie von WARING und BARLOW (25) beobachtet. Dieselben Autoren bemerken weder bei dem Methyl-Propyl-Ketonzerfall noch bei der Zersetzung des Methyl-Isopropyl-Ketons eine Hemmung durch NO.

BIRSS, DANBY und HINSHELWOOD (26) haben den Einfluß des Stickoxyds auch auf die Zersetzung des Di-t-butylperoxyds untersucht. Das von ihnen vorgeschlagene Reaktionsschema

$$(CH_3)_3COOC(CH_3)_3 \xrightarrow{k_1} 2\,(CH_3)_3CO$$
$$(CH_3)_3CO \xrightarrow{k_2} CH_3COCH_3 + CH_3$$
$$2\,CH_3 \xrightarrow{k_3} C_2H_6$$
$$(CH_3)_3CO + NO \xrightarrow{k_4} (CH_3)CONO$$
$$CH_3 + NO \xrightarrow{k_5} CH_3NO \rightarrow \text{andere Produkte}$$

weist nicht nur darauf hin, in welchem Schritt Stickoxyd seine hemmende Wirkung ausübt, sondern unterstützt auch die frühere Auffassung, daß *t*-Butoxyl-Radikal, $(CH_3)_3\,CO$ in unimolekularer Reaktion, vom Stickoxyd unbeeinflußt, zerfällt [siehe Kap. **7.** § 3 und (26a)].

Der Einfluß von schweren Fremdgasen auf die Bildung und Zersetzung des Äthans wurde von Hinshelwood und Mitarb. (27) untersucht. Schwefelhexafluorid und Kohlenstofftetrafluorid beschleunigen den Äthanzerfall nach den Gleichungen

(1) $$C_2H_6 \rightarrow C_2H_4 + H_2$$
(2) $$C_2H_6 \rightarrow CH_4 + CH_2 \rightarrow \text{andere Produkte}$$

Die Geschwindigkeit der Reaktion (1) vermindert sich nach Zugabe einer entsprechenden Menge von Stickoxyd. Durch Zugabe von Schwefelhexafluorid beschleunigt sich die gehemmte Reaktion in viel größerem Maße als beim Zerfall anderer Paraffinkohlenwasserstoffe. Die Reaktion (2), die bei höheren Paraffinen nicht vorkommt, wird von Schwefelhexafluorid ebenfalls beschleunigt, Stickoxyd übt jedoch keine Wirkung aus. Dies deutet darauf hin, daß die Methanbildung aus Äthan keine Kettenreaktion ist. Der beschleunigende Einfluß ist aus Abb. 15 ersichtlich.

Die Verfasser konnten die zum Gleichgewicht führende Reaktion

$$C_2H_6 \rightleftharpoons C_2H_4 + H_2$$

von beiden Seiten her katalysieren und so einen interessanten Gleichgewichtszustand auf katalytischem Wege verwirklichen.

Bei den Versuchen über den thermischen Zerfall von Diäthyläther (28, 29, 30, 31, 32) stellte sich heraus, daß die nach 1. Ordnung berechnete Geschwindigkeitskonstante mit dem Druck monoton steigt, während die nach 1,5-ter Ordnung berechnete ziemlich konstant ist. Die Reaktion wird durch hinzugefügten Wasserstoff, ferner, bis zu einer bestimmten Konzentration, auch von Inertgasen beschleunigt. Die mit verschiedenen Geschwindigkeiten verlaufenden Vorgänge führen zu denselben Endprodukten. Kleinere Mengen Stickoxyd hemmen, größere beschleunigen die Reaktion. Bei der katalysierten Reaktion ist der Gang der Geschwindigkeitskonstante als Funktion des Druckes ähnlich wie in der nicht beeinflußten Reaktion. Wasserstoff wirkt auch in der von Stickoxyd gehemmten Reaktion beschleunigend, doch ist die Wirkung etwas geringer.

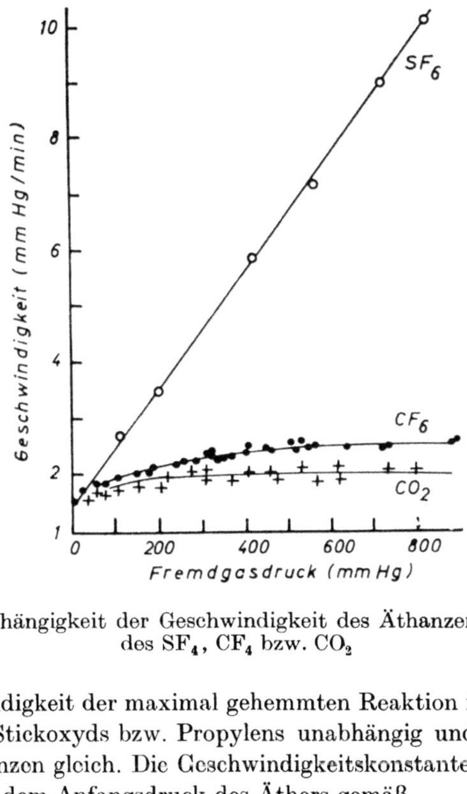

Abb. 15. Die Abhängigkeit der Geschwindigkeit des Äthanzerfalls vom Druck des SF_4, CF_4 bzw. CO_2

Die Geschwindigkeit der maximal gehemmten Reaktion ist von der Konzentration des Stickoxyds bzw. Propylens unabhängig und für beide hemmenden Substanzen gleich. Die Geschwindigkeitskonstante erster Ordnung ändert sich mit dem Anfangsdruck des Äthers gemäß

$$k_{\text{inhib}} = \frac{A\,[\text{Äther}]}{1 + B\,[\text{Äther}]} + C\,[\text{Äther}],$$

die auch die Abhängigkeit der auf gleiche Weise berechneten Geschwindigkeitskonstanten des nicht gehemmten Vorganges vom Anfangsdruck des Äthers in guter Näherung angibt. Propylen vermindert die Geschwindigkeit des von Stickoxyd katalysierten Vorganges um etwa 20–25% [vgl. hierzu JACH und HINSHELWOOD (33), ferner LINDARS und HINSHELWOOD (34)].

Die Ordnung 3/2 weist darauf hin, daß die Reaktion nach einem Kettenmechanismus verläuft. Aus den Eigenschaften des durch Stickoxyd gehemmten Vorganges folgert Freeman, daß sich die völlig gehemmte Reaktion nach molekularem Mechanismus abspielt. Für den Kettenvorgang werden die folgenden Elementarschritte angenommen:

(3) $$C_2H_5OC_2H_5 \rightarrow C_2H_5 + C_2H_5O$$

(4) $$C_2H_5 + C_2H_5OC_2H_5 \rightarrow C_2H_6 + C_2H_4OC_2H_5$$

(5) $$C_2H_4OC_2H_5 \rightarrow C_2H_5 + CH_3CHO$$

(6) $$C_2H_5O \rightarrow CH_3 + HCHO$$

(7) $$C_2H_5 \rightarrow H + C_2H_4$$

(8) $$H + C_2H_5OC_2H_5 \rightarrow H_2 + C_2H_4OC_2H_5$$

(9) $$C_2H_5 + C_2H_4OC_2H_5 \rightarrow \text{Produkte}$$

(10) $$H + C_2H_4OC_2H_5 \rightarrow \text{Produkte}$$

(11) $$NO + C_2H_4OC_2H_5 \rightarrow \text{Produkte.}$$

Das in Gleichung (6) entstandene Methylradikal wirkt ähnlich wasserstoffabspaltend wie das Äthylradikal. Nach den Bindungsstärken ist es wahrscheinlich, daß der Anfangsschritt der Kette nicht die von Freeman angenommene Reaktion (2), sondern der von ihm gleichfalls erwähnte Schritt ist

(12) $$C_2H_5OC_2H_5 \rightarrow CH_3 + CH_2OC_2H_5,$$

der in Reaktion (13) unmittelbar die Produkte des obigen Schemas liefert.

(13) $$CH_2OC_2H_5 \rightarrow HCHO + C_2H_5\,.$$

Freeman leitet für den Hemmungsfaktor $(r - r_\infty)/(r_0 - r_\infty)$ einen ähnlichen Ausdruck her wie Hobbs (35). [Vgl. auch Steacie (36)].

Nach Freeman zeigt sich der Effekt von Wasserstoff und von anderen Fremdgasen im Aktivierungsvorgang. Die beschleunigende Wirkung des Stickoxyds kann nach der Gleichung $NO + M \rightarrow R + S + NO$ in dem molekularen Umlagerungsvorgang $NO + M \rightarrow \text{Produkte} + NO$ berücksichtigt werden. Beide Gleichungen bedeuten eine wesentliche Abweichung von der früheren Auffassung der Hinshelwoodschen Schule, (siehe auch Freeman und Danby loc. cit). Daß die Addition von Stickoxyd an freie Radikale nicht unbedingt eine einseitige Reaktion ist, zeigen auch frühere Untersuchungen (37, 38, 39, 40, 41).

Beim Zerfall von Diäthyläther bildet sich neben Acetaldehyd auch Äthanol. Aus der Druckabhängigkeit kann man schließen, daß die Reaktion als molekulare Umlagerung über den aktiven Komplex:

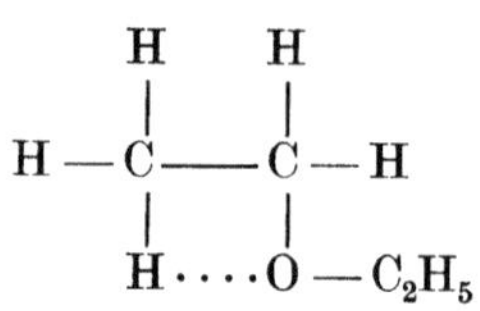

verläuft, während der zum Acetaldehyd führende Aktivierungskomplex die folgende Form hat:

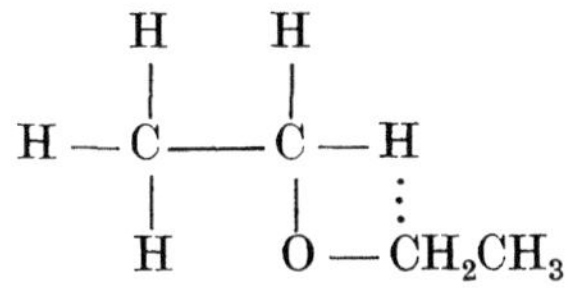

Die Pyrolyse des Äthanols kann auf zwei Wegen verlaufen:

$$C_2H_5OH \rightarrow CH_3CHO + H_2$$
$$C_2H_5OH \rightarrow H_2O + C_2H_4.$$

Diese Vorgänge werden von Stickoxyd auf ähnliche Weise beeinflußt wie die Zersetzung des Diäthyläthers. Große Mengen Stickoxyd katalysieren die Zersetzung des Äthanols und zwar die Dehydrierung stärker als die Dehydratation.

Freeman, Danby und Hinshelwood (42) untersuchten die thermische Zersetzung des Acetaldehyds in Anwesenheit von Stickoxyd. In diesem Falle wirken nur ganz niedere Konzentrationen von Stickoxyd in geringerem Maße hemmend. Sonst tritt eine starke Beschleunigung auf. Die Geschwindigkeit der durch Stickoxyd katalysierten Reaktion ist der 1.5. Potenz der Aldehydkonzentration und der 0.5. Potenz der Stickoxydkonzentration proportional. Die Geschwindigkeit des durch Stickoxyd katalysierten Vorganges wird durch Propylen bis zu einem Grenzwert vermindert. Die durch Stickoxyd hervorgerufene Beschleunigung ist vom Aldehyddruck unabhängig. Die Menge des gebildeten Cyanwasserstoffs ist der ersten Potenz des Aldehyddruckes und der 1.5. Potenz der Stickoxydkonzentration proportional. Für den Acetaldehydzerfall nehmen die Verfasser einen Rice-Herzfeld-Mechanismus an. Aus den Elementarreaktionen des reinen, nicht beeinflußten Vorganges und den infolge der Stickoxydeinwirkung stattfindenden Schritten leiten Freeman, Danby und Hinshelwood eine Geschwindigkeitsgleichung ab, die der experimentell gefundenen formal entspricht. Die bei maximaler Hemmung noch übrigbleibende Reaktion wird von den Verfassern als eine molekulare Umlagerung angesehen.

Die folgende Reaktion, die nach ihrer Kinetik zur Reaktionsgruppe dieses Kapitels gehört, wurde schon im allgemeinen Teil behandelt:

Durch Jod katalysierte Photolyse des Acetons; Martin, Sutton [**3.** § 3 (34)].

Literatur zu Kapitel 10

1. Bell, T. N., P. L. Robinson u. A. B. Trenwith, J. Chem. Soc. **1957**, 1474.
2. Kaufman, F., N. J. Gerri u. D. A. Pascale, J. Chem. Phys. **24**, 32 (1956).
3. Bodenstein, M., E. Padelt u. H. J. Schumacher, Z. physik. Chem. B **5**, 209 (1929).
4. Hamann, A. u. H. J. Schumacher, Z. physik. Chem. B **17**, 293 (1932).
5. Huhn, P., F. Tüdös u. Z. G. Szabó, M. T. A. Kém. Oszt. Közl. **5**, 409 (1954).
6. Cvetanovic, R. J. u. E. W. R. Steacie, Canad. J. Chem. **31**, 158 (1953).
7. Ridge, M. J. u. E. W. R. Steacie, Canad. J. Chem. **33**, 383 (1955).
8. Blacet, F. E., J. N. Pitts jr., J. Amer. Chem. Soc. **74**, 3382 (1952).
9. Blacet, F. E. u. J. G. Calvert, J. Amer. Chem. Soc. **73**, 667 (1951).
10. Holmes, J. L. u. A. Maccoll, Proc. Chem. Soc. **1957**, 175.
11. Jones, J. L. u. R. A. Ogg, J. Amer. Chem. Soc. **59**, 1931 (1937).
12. Klein, R., M. D. Scheer u. L. J. Schoen, J. Amer. Chem. Soc. **78**, 47 (1956).
13. Lewis, B. u. G. von Elbe, Combustion, Flames and Explosions of Gases, S. 59 (New York 1951).
14. Rice, F. O. u. O. L. Polly, J. Chem. Phys. **6**, 278 (1938).
15. Echols, L. S. u. R. N. Pease, J. Amer. Chem. Soc. **61**, 208 (1939).
16. Appleby, W. G., W. H. Avery, W. K. Meerbott u. A. F. Sartor, J. Amer. Chem. Soc. **75**, 1809 (1953).
17. Barton, D. H. R., J. Chem. Soc. **1949**, 148.
18. Boyer, A., M. Niclause u. M. Letort, Compt. Rend. **231**, 475 (1950).
19. Longfield, J. E. u. W. D. Walters, J. Amer. Chem. Soc. **77**, 810, 6098 (1955).
20. Stephen, M. J. u. C. J. Danby, Proc. Roy. Soc., A **232**, 271 (1955).
21. Smallwood, H. M., J. Amer. Chem. Soc. **51**, 1985 (1929).
22. Echols, L. S. u. R. M. Pease, J. Amer. Chem. Soc. **61**, 1024 (1929).
22a. Voevodsky, V. V., Trans. Faraday Soc. **55**, 65 (1959).
23. Smith, R. E. u. C. Hinshelwood, Proc. Roy. Soc., A **183**, 33 (1944).
24. Waring, C. E. u. W. E. Mutter, J. Amer. Chem. Soc. **70**, 4073 (1948).
25. Waring, C. E. u. C. S. Barlow, J. Amer. Chem. Soc. **71**, 1519 (1949).
26. Birss, F. W., C. J. Danby u. C. Hinshelwood, Proc. Roy. Soc., A **239**, 154 (1957).
26a. Bose, A. N. u. C. Hinshelwood, Proc. Roy. Soc., A **249**, 173 (1959).
27. Parsons, B. N., C. J. Danby u. C. Hinshelwood, Proc. Roy. Soc., A **240**, 333 (1957).
28. Freeman, G. R., C. J. Danby u. C. Hinshelwood, Proc. Roy. Soc., A **245**, 28 (1958).
29. Danby, C. J. u. G. R. Freeman, Proc. Roy. Soc., A **245**, 40 (1958).
30. Freeman, G. R., Proc. Roy. Soc., A **245**, 49 (1958).
31. Freeman, G. R. u. C. J. Danby, Proc. Roy. Soc., A **245**, 68 (1958).
32. Freeman, G. R., Proc. Roy. Soc., A **245**, 75 (1958).
33. Jach, J. u. C. Hinshelwood, Proc. Roy. Soc., A **229**, 143 (1955).

34. LINDARS, F. J. u. C. HINSHELWOOD, Proc. Roy. Soc., A **231**, 162, 178 (1955).
35. HOBBS, J. E., Proc. Roy. Soc., A **167**, 456 (1938).
36. STEACIE, E. W. R., Atomic and Free Radical Reactions 2nd Ed., Vol. 1, S. 115 (New York 1954).
37. COE, C. S. u. T. F. DOUMANI, J. Amer. Chem. Soc. **70**, 1516 (1948).
38. CHILTON, H. T. J. u. B. G. GOWENLOCK, J. Chem. Soc. **1953**, 3232; **1954**, 3171.
39. GOWENLOCK, B. G. u. J. TROTMAN, J. Chem. Soc. **1956**, 1670.
40. BRYCE, W. A. u. K. U. INGOLD, J. Chem. Phys. **23**, 1968 (1955).
41. TAYLOR, H. A. u. H. BENDER, J. Chem. Phys. **9**, 761 (1941).
42. FREEMAN, G. R., C. J. DANBY u. C. HINSHELWOOD, Proc. Roy. Soc., A **245**, 456 (1958).

Namenverzeichnis

Sachverzeichnis

In der Reihe

FORTSCHRITTE DER PHYSIKALISCHEN CHEMIE

erschienen bisher:

Band 1: **Diffusion. Methoden der Messung und Auswertung**
von Prof. Dr. **W. Jost** (Göttingen). X, 177 Seiten, 57 Abb. 1957. Kart. DM 25,—

Band 2: **Ausgewählte moderne Trennverfahren zur Reinigung organischer Substanzen**
von Dr. **H. Röck** (Trostberg/Obb.). VIII, 149 Seiten, 114 Abb. 1957. Kart. DM 24,—

Band 3: **Chemische Reaktionen in Stoßwellen**
von Prof. Dr. **E. F. Greene** und Dr. **P. Toennies** (Providence, R. I.) XV, 202 Seiten, 85 Abb., 15 Tab. 1959. Kart. DM 25,—

Band 4: **Gleichgewichts- und Wachstumsformen von Kristallen**
von Dr. **B. Honigmann** (Ludwigshafen). XII, 161 Seiten, 80 Abb. 1958. Kart. DM 26,—

Band 5: **Destillation im Laboratorium. Extraktive und azeotrope Destillation**
von Dr. **H. Röck** (Trostberg/Obb.). XIII, 164 Seiten, 65 Abb. 24 Tab. 1960. Kart. DM 26,—

Aus Besprechungen zu Band 5 „Destillation“:

„Das Buch stellt eine wertvolle Zusammenfassung und Ergänzung der auf diesem Gebiet existierenden Veröffentlichungen dar“. **Erdöl und Kohle**

„Das Buch wird jedem, der sich mit Destillation beschäftigt, wertvolle Dienste leisten“. **Chimia**

„Die vorliegende Monographie wendet sich hauptsächlich an den Chemiker, wird aber auch für den Verfahrenstechniker von Interesse sein“. **Chemisches Zentralblatt**

DR. DIETRICH STEINKOPFF VERLAG · DARMSTADT

Zwei Standardwerke aus dem

DR. DIETRICH STEINKOPFF VERLAG · DARMSTADT

Prinzipien des chemischen Gleichgewichts

Von Prof. Dr. **K. Denbigh**-Edinburg, übersetzt von Dr. **H. Oel**-Würzburg

Mit einem Geleitwort von Prof. Dr. **Wilhelm Jost**-Göttingen

XVIII, 474 Seiten mit 47 Abb. und 15 Tab. 1959. Ganzleinen DM 50,—

„Das Lehrbuch kann jedem, der sich in das Gebiet gründlich einarbeiten will, bestens empfohlen werden“. **Glas- und Instrumenten-Technik**

„Das Buch ist nicht nur eine Einführung, sondern ein ausgezeichnetes Lehrbuch und kann sowohl Studierenden wie auch vielen Chemie- und Erdöl-Ingenieuren sowie Chemikern wärmstens empfohlen werden“. **Erdöl und Kohle**

„Es ist verdienstvoll, das im englischen Sprachgebrauch gut eingeführte Werk durch die Übersetzung auch einem größeren deutschsprachigen Leserkreis zugänglich gemacht zu haben“. **Zeitschrift für Elektrochemie**

Kurzes Lehrbuch der physikalischen Chemie

Von Prof. Dr. **Hermann Ulich** †

12./13. Auflage von Prof. Dr. **Wilhelm Jost**-Göttingen

XVI, 420 Seiten mit 113 Abb. und 63 Tab. 1960. Ganzleinen DM 18,—

Nachdem schon die vorausgegangenen Auflagen weitgehend modernisiert worden waren, wurde in der vorliegenden Auflage vor allem das Kapitel „Chemische Kinetik“, besonders in seinem Abschnitt „Reaktionen in homogenen Systemen“, erheblich erweitert und überarbeitet. Bei einer kritischen Beschränkung der weiteren Ergänzungen und Änderungen von Literaturhinweisen konnte es erreicht werden, daß trotz einer Umfangsvermehrung um nahezu ein Viertel der Preis des Lehrbuches nicht erhöht zu werden brauchte.

Aus einer Besprechung der 10. und 11. Auflage:

„Im übrigen ist das Buch viel zu bekannt, als daß es noch nötig sein sollte, auf anderes als auf den Umstand hinzuweisen, daß die jetzt vorliegende Doppelauflage in kaum mehr als einem Jahr nach der Herausgabe der ergänzten 9. Auflage erscheinen mußte“. **Chemiker-Zeitung**

GPSR Compliance

The European Union's (EU) General Product Safety Regulation (GPSR) is a set of rules that requires consumer products to be safe and our obligations to ensure this.

If you have any concerns about our products, you can contact us on ProductSafety@springernature.com

In case Publisher is established outside the EU, the EU authorized representative is:

Springer Nature Customer Service Center GmbH
Europaplatz 3
69115 Heidelberg, Germany

Batch number: 10577896

Printed by Printforce, the Netherlands